光电设备电磁兼容技术

葛欣宏　赵　宇　聂真威 ◎ 编著

PHOTOELECTRIC EQUIPMENT ELECTROMAGNETIC COMPATIBILITY TECHNOLOGY

北京理工大学出版社
BEIJING INSTITUTE OF TECHNOLOGY PRESS

内 容 简 介

本书从电磁兼容的基本原理出发，在对典型光电设备电磁兼容要素进行分析的基础上，系统论述了光电设备的电磁兼容技术。重点包括基本概念和原理、光电设备电磁兼容预测方法、光电设备的电磁兼容测试、器件与印制电路板级电磁兼容设计及设备级电磁兼容设计，并以车载和机载光电设备为例，进行了电磁兼容设计及验证。

本书适合作为高等院校光学工程类、机械电子工程类研究生相关课程的参考教材，也可供从事光电设备电磁兼容论证、设计和试验等工作的科研和技术人员参考使用。

图书在版编目（CIP）数据

光电设备电磁兼容技术 / 葛欣宏，赵宇，聂真威编著. --北京：北京理工大学出版社，2022.7

ISBN 978-7-5763-1551-6

Ⅰ. ①光…　Ⅱ. ①葛…　②赵…　③聂…　Ⅲ. ①光电器件—电磁兼容性—研究生—教材　Ⅳ. ①TN15

中国版本图书馆 CIP 数据核字（2022）第 133898 号

出版发行 / 北京理工大学出版社有限责任公司
社　　址 / 北京市海淀区中关村南大街 5 号
邮　　编 / 100081
电　　话 /（010）68914775（总编室）
（010）82562903（教材售后服务热线）
（010）68944723（其他图书服务热线）
网　　址 / http://www.bitpress.com.cn
经　　销 / 全国各地新华书店
印　　刷 / 三河市华骏印务包装有限公司
开　　本 / 710 毫米×1000 毫米　1/16
印　　张 / 16
字　　数 / 238 千字
版　　次 / 2022 年 7 月第 1 版　2022 年 7 月第 1 次印刷
定　　价 / 88.00 元

责任编辑 / 刘　派
文案编辑 / 李丁一
责任校对 / 周瑞红
责任印制 / 李志强

图书出现印装质量问题，请拨打售后服务热线，本社负责调换

序

电磁兼容（EMC）是电子领域正在蓬勃发展的综合性工程技术，它以电磁场理论为基础，综合数学仿真、电路分析、天线与电波传播、通信和信号处理等技术，涉及了电磁计算、屏蔽材料、搭接和接地工艺等方法。

随着微光夜视、红外和激光技术的发展，光电综合技术应用的数量和种类不断增加，各种光电设备面临的电磁环境日益复杂，尤其是对于搭载于航空、航天、舰船和车辆等平台的光电设备，其信息处理部分是典型的电磁敏感电路，而具备高能激光等高能电路的光电设备是潜在的电磁干扰源，由于腔体上的光学系统构成较大的电磁开口，在有限的平台空间内与众多电子设备的有意及无意电磁发射相互作用，潜在的电磁兼容问题非常严重。在系统级、雷达、高功率脉冲、各种制式的通信设备交织构成了复杂电磁环境，对光电设备的正常工作性能具有较大的威胁，甚至具备毁伤效应。电磁不兼容会导致严重的后果。

为推动光电设备电磁兼容技术的发展，编写光电设备电磁兼容科技书籍十分必要。葛欣宏博士编写的《光电设备电磁兼容技术》一书，具有以下特点：

第一、在对电磁兼容的基本概念、标准体系、计量单位进行了详细的介绍的基础上，提出了光电设备电磁兼容的研究内容及方法，并阐述了光电设备电磁兼容的特点；

第二、以电磁兼容数学物理分析为基础，研究了光电设备电磁兼容预测的方法，并以车载光电设备为例阐述了光电设备电磁兼容预测的具体实施过程；

第三、分别从印刷电路板级、设备级论述了电磁兼容设计的基本方法，并以车载光电设备为对象，进行了系统化电磁兼容设计，以舰载光电设备为对象，研究了高功率微波防护设计的方法。

纵览全书，本书系统地论述了光电设备的电磁兼容技术，内容全面、实用性强，特为之推荐。

中国空间技术研究院　张　华

前　　言

现代光电设备的发展日新月异，伴随着电子技术的快速发展，各个光电设备所处平台上的高频、高速电子器件和设备不断增多，导致电磁环境越来越恶劣、越来越复杂。在此背景下，光电设备的电磁兼容技术成为设备研制、生产过程中重要的技术之一。

电磁兼容技术作为综合性交叉学科正处于迅速发展过程中。本书注重结合研究生教学的特点，做到基础理论适当，相应拓宽知识范围，引导学生自主学习和创新。本书可作为光学工程类、机械电子工程类研究生相关课程的参考教材，也可供从事光电设备电磁兼容论证、设计和试验等工作的科研和技术人员参考使用。

全书内容安排如下：第 1 章介绍电磁兼容的基本概念、标准体系、光电设备电磁兼容的特点等内容；第 2 章介绍电磁兼容分析的理论基础；第 3 章介绍光电设备电磁兼容预测的方法，重点以车载光电设备为例讲述电磁兼容预测的过程；第 4 章介绍光电设备电磁兼容的测试方法；第 5 章介绍印制电路板级电磁兼容的设计方法；第 6 章介绍设备级电磁兼容的设计方法；第 7 章以车载光电设备为例，介绍电磁兼容的设计方法；第 8 章以舰载光电设备为例，介绍高功率微波防护的设计方法。

本书由葛欣宏、赵宇、聂真威编著。在编著过程中，得到了其他同志的大力支持。葛欣宏编写了第 1、3、6 章，聂真威编写了第 7 章，赵宇编写了第 8 章，宋健编写了第 2 章，王鹤淇、郑智勇编写了第 4 章，韩景壮、罗瑞琪编写了第 5 章。全书由葛欣宏统稿。感谢中国科学院长春光学精密机械与物理研究所研究生部的各位老师对本书出版的大力支持。感谢长春职业技术学院的李晓林同志对全书进行了详细的校对，并从学习者的角度对书中不适合教学的部分提出了修改意见。

本书在编写过程中，郭立红研究员、贺庚贤研究员、宁飞副研究员提出了宝贵的建议，对此表示衷心的感谢；同时参阅了近年来多位专家学者的专著、文献、论文等资料，在此向提供帮助的专家学者表示衷心的感谢。鉴于目前电磁兼容技术发展迅速，加上编著者的水平有限，书中难免存在不妥与疏漏之处，敬请广大读者批评指正。

编著者

2022 年 2 月

目　录

第1章 绪论

光电设备是很多地基、船舶、航空、航天平台上的重要应用系统或有效载荷，在光电探测、对地与天文观测、航天器定标和交会对接等任务中起主导作用。随着电子技术的快速发展，各个平台上高频、高速电子器件和设备不断增多，导致光电设备所处的电磁环境越来越恶劣、越来越复杂。以光电传感器为核心的光电设备通常属于电磁敏感设备，容易受到电磁干扰的影响导致工作性能降低或失效；此外，光电设备内部的电子器件也会出现电磁互扰。另外，部分种类的光电设备对外有较强的电磁发射，容易导致同一平台内的其他电子设备受到干扰。因此，光电设备的电磁兼容（Electromagnetic Compatibility，EMC）技术成为光电设备设计过程中不可或缺的技术。本章作为导引，重点介绍了电磁兼容的基本概念、标准体系、计量单位及光电设备电磁兼容研究的内容及方法。

1.1 电磁兼容的基本概念

1.1.1 概述

电磁兼容是电子学领域正在蓬勃发展的综合性交叉学科，它以电磁场理论为核心，综合了数学、电路与电子学、天线理论、通信理论和电波传播等理论，涉及了计算机、材料和机械工艺等学科。国家军用标准 GJB72A—2002《电磁、干扰与电磁兼容术语》对电磁兼容的定义为：设备、分系统和系统在共同的电磁环境中能一起执行各自功能的共存状态。包括以下两个方面。

（1）设备、分系统和系统在预定的电磁环境中运行时，可按规定的安全裕度实现设计的工作性能，而且不因电磁干扰而受损或产生不可接受的降级；

（2）设备、分系统、系统在预定的电磁环境中正常地工作且不会给环境（或其他设备）带来不可接受的电磁干扰。

实施电磁兼容性的目的是保证系统和设备的电磁兼容性。从总体上看，电子和电气设备或系统的电磁兼容性实施，必须采取技术和组织两个方面的措施。技术措施是系统工程方法、电路技术方法、设计和工艺方法的总和，其目的是改善电子和电气设备性能，降低干扰源产生的干扰电平，增加干扰在传输途径上的衰减，降低敏感设备对干扰的敏感性等。组织措施是对各种设备和系统进行合理的频谱分配，并选择设备或系统分布的空间位置，还制定和采用了某些限制和规定，其目的在于改进电子和电气设备的工作，以便排除非有意干扰。

进一步讲，电磁兼容学是研究在有限的空间、有限的时间、有限的频谱资源条件下，各种用电设备或系统（广义的还包括生物体）可以共存，并不致引起性能降级的一门学科。电磁兼容的理论基础涉及数学、电磁场理论、电路基础和信号分析等学科与技术，其应用范围几乎涉及所有用电领域。由于其理论基础宽、工程实践综合性强、物理现象复杂，因此在观察与判断物理现象或解决实际问题时，试验与测试具有重要的意义。

电磁兼容设计结果的验证强烈地依赖于测试。在电磁兼容领域中，时域特性和频域特性都十分复杂。研究对象的频谱范围非常宽，使得电路中的集总参数与分布参数同时存在，近场与远场同时存在，传导与辐射同时存在。为了对这些物理现象有统一的评价标准和统一实现设备或系统电磁兼容的技术要求，国际上对测试设备与设施的特性以及测试方法等均予以严格的规定，并制定了大量的技术标准。

图 1-1 所示为典型的光电经纬仪系统，其电磁兼容要求为系统在全状态工作下，系统内各用电设备应能正常工作，互相不产生电磁干扰。在系统中，力矩电机、伺服系统、电视设备和光电编码器等用电设备在工作时均对外辐射电磁波，在系统内构成了一个电磁环境。GJB72A—2002 对电磁兼容的定义：① 光电经纬仪系统中的编码器和电视设备等设备在电磁环境内工作时，系统工作性能应正常，不产生降低等现象，通俗地说，就是不受电磁干扰；② 力矩电机、伺服系统、电视设备和光电编码器等用电设备构成的电磁环境应该不超过某个量级，通俗地说，就是不产生电磁干扰。

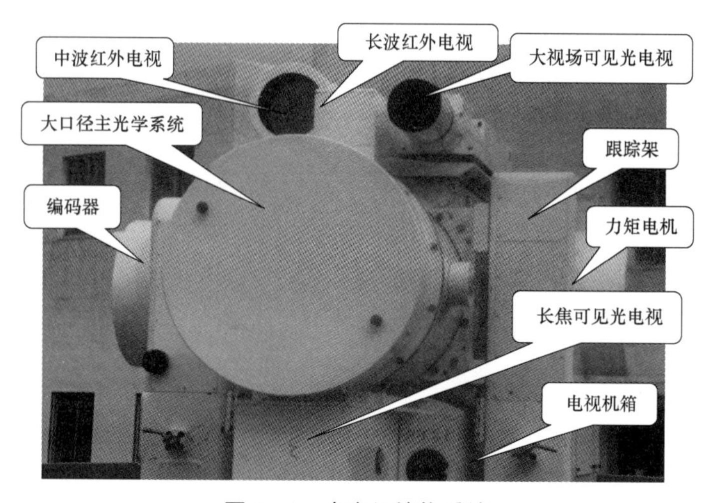

图 1-1 光电经纬仪系统

随着现代科学技术的发展，电气及电子设备的数量和种类不断增加，各种光电设备面临的电磁环境日益复杂，尤其是对于搭载于航空、航天和舰船等平台中的一些光电设备。由于在有限的空间内配备了众多电子设备，造成电磁频率异常拥挤，众多有意电磁发射和无意发射综合作用下，光电设备的潜在电磁兼容问题非常严重。在系统级，雷达、高功率脉冲和各种制式的通信设备交织构成了复杂电磁环境，对光电设备的正常工作性能具有较大的威胁，甚至具备毁伤效应。电磁不兼容会导致严重的后果。

典型案例：1964 年，美国的“侦察兵”火箭发射后飞行正常，但在Ⅱ级发动机点火后不久即炸毁。原因是在级间分离插头的点火电路接点与自毁电路接点之间出现电弧放电，电弧放电形成的低电阻电离通道使Ⅱ级自毁系统引爆而失败。在马岛海战中，“谢菲尔德”号驱逐舰就是因为本舰雷达与通信网络相互干扰，不能同时工作。当“谢菲尔德”驱逐舰与英国本土进行通信时不得不关闭雷达，恰遇阿根廷的“飞鱼”导弹来袭，导致舰毁人亡的惨剧。上述事件分别是由系统内部和系统间电磁干扰引起的严重后果。

1.1.2 学科发展

由于电磁兼容是通过控制电磁干扰来实现的，因此电磁兼容学是在认识电磁干扰（Electromagnetic Interferenc，EMI）、研究电磁干扰、对抗电磁干扰和管理电磁干扰的过程中发展起来的。

电磁干扰是人们早就发现的电磁现象，它几乎与电磁效应的现象同时被发现。早在 19 世纪初，随着电磁学的萌芽和发展，1823 年安培提出了电流产生磁力的基本定律；1831 年法拉第发现了电磁感应现象，总结出电磁感应定律，揭示了变化的磁场在导线中产生感应电动势的规律；1840 年，亨利成功地获得了高频电磁振荡；1864 年，麦克斯韦综合了电磁感应定律和安培全电流定律，总结出了麦克斯韦方程，提出了位移电流的理论，全面地论述了电和磁的相互作用并预言了电磁波的存在。麦克斯韦的电磁场理论为认识和研究电磁干扰现象奠定了理论基础。

电磁干扰问题虽然由来已久，但电磁兼容学科却是到近代才形成的。在干扰问题的长期研究中，研究者从理论上认识了电磁干扰产生的原因，明确了干扰的性质及其数学物理模型，逐渐完善了干扰传输及耦合的计算方法，提出了抑制干扰的一系列技术措施，建立了电磁兼容的各种组织及电磁兼容系列标准和规范，解决了电磁兼容分析、预测设计及测试等方面一系列理论问题和技术问题，逐渐形成一门新的分支学科——电磁兼容学。

20 世纪以来，由于电气电子技术的发展和应用，随着通信和广播等无线电事业的发展，人们逐渐认识到需要对各种电磁干扰进行控制，特别是工业发达国家格外重视控制干扰，成立了国家级以及国际间的组织，并发布了一些标准和规范性文件。例如，德国电气工程师协会、国际电工委员会（IEC）、国际无线电干扰特别委员会（CISPR）等，开始对电磁干扰问题进行世界性有组织的研究。为了解决电磁干扰问题，保证设备可靠性，20 世纪 40 年代初提出电磁兼容性的概念。1944 年，德国电气工程师协会制定了世界上第一个电磁兼容性规范 VDE－0878；1945 年，美国颁布了美国最早的规范 JAN－I－225。

20 世纪 60 年代以后，电气与电子工程技术迅速发展，其中包括数字计算机、信息技术、测试设备、电信和半导体技术的发展。在所有这些技术领域内，电磁噪声和克服电磁干扰产生的问题引起人们的高度重视，促进了在世界范围内开始电磁兼容技术的研究。

20 世纪 70 年代，电磁兼容技术逐渐成为非常活跃的学科领域之一。较大规模的国际性电磁兼容学术会议每年召开一次。美国最有影响的电子电气工程师协会（IEEE）的权威杂志，专门设有电磁兼容分册。美国学者 B. E. 凯瑟撰写了系统性的论著《电磁兼容原理》；美国国防部编辑出版了各种电磁兼容性手册，广泛应用于电磁兼容的工程设计。

世界各国对电磁兼容技术十分重视，成立了各种研究机构来解决大型系统研发和运行中的电磁兼容问题。伴随国民经济和国防装备的快速发展，我国的电磁兼容技术发展也越来越获得重视。电磁兼容技术已成为现代工程生产过程中的重要组成部分。目前，电磁兼容工程的技术跨度从依据电磁兼容测试结果的电磁兼容整改发展到产品设计阶段的电磁兼容预测设计。目前，通行的做法是在方案设计阶段就开展有针对性的电磁兼容预测工作，把用于研制后期的电磁兼容试验、处理及出现干扰的事后补救费用节省一部分安排到电磁兼容预测工作中。

1.1.3 常用术语及定义

（1）系统：执行或保障某项工作任务的若干设备、分系统、专职人员及技术的组合。一个完整的系统除包括有关的设施、设备、分系统、器材和辅助设备外，还包括保障该系统在规定的环境中正常运行的操作人员。

（2）分系统：系统的一个部分，它包含两个或两个以上的集成单元，可以单独设计、测试和维护，但不能完全执行系统的特定功能。每一个分系统内的设备或装置在工作时可以彼此分开，安装在固定或移动的台站、运载工具或系统中。为了满足电磁兼容性要求，以下内容均应看作是分系统。

① 作为独立整体行使功能的许多装置或设备的组合，但并不要求其中的任何一个设备或装置能独立工作。

② 设计和集成为一个系统的主要分支，而且完成一种功能的设备和装置。

需要注意的是，“系统”与“分系统”的概念是相对的，因为在“系统”的定义中若排除操作人员，那么同一个物理系统在某一种环境中可能是“分系统”，而在另一种环境中也可能是“系统”。例如，车载通信系统就是电子战系统的分系统，然而当其单独执行通信任务时就是相对独立的系统。

（3）设备：任何可作为一个完整单元、完成单一功能的电气、电子、机电装置或器件的集合。

（4）电磁环境：存在于某场所的所有电磁现象的总和。

（5）电磁环境效应：电磁环境对电气电子系统、设备和装置的运行能力的影响。它涵盖所有的电磁学科，包括电磁兼容性、电磁干扰、电磁易损性、电磁脉冲、电子对抗、电磁辐射对武器装备和易挥发物质的危害，以及雷电和静电等自然效应。

（6）电磁兼容性故障：由于电磁干扰或敏感性原因，使系统或相关的分系统及设备失效。它可导致系统损坏、人员受伤、性能降级或系统有效性发生不允许的永久性降低。

（7）电磁敏感性：设备、元器件或系统因电磁干扰可能导致工作性能降级的特性。

（8）电磁抗扰性：元器件、设备、分系统或系统在电磁干扰存在的情况下性能不降级的能力。

（9）电磁干扰：任何可能中断、阻碍，甚至降低、限制无线电通信或其他电气电子设备性能的传导或辐射的电磁能。

（10）电磁干扰控制：对辐射和传导能量进行控制，使设备、分系统或系统运行时尽量减少或降低不必要的发射。所有辐射和传导的电磁发射不论它们来源于设备、分系统或系统，都应加以控制，以避免引起不可接受的系统降级。若在控制敏感度的同时还能成功地控制电磁干扰，就可实现电磁兼容。

（11）电磁干扰传输途径：电磁干扰能量传播的途径，通常分为辐射传输和传导传输两类。

1.1.4　电磁兼容要素

电磁兼容学研究的主要内容围绕电磁兼容“三要素”（图 1-2）进行，即电磁干扰源、干扰传输途径和电磁敏感设备。

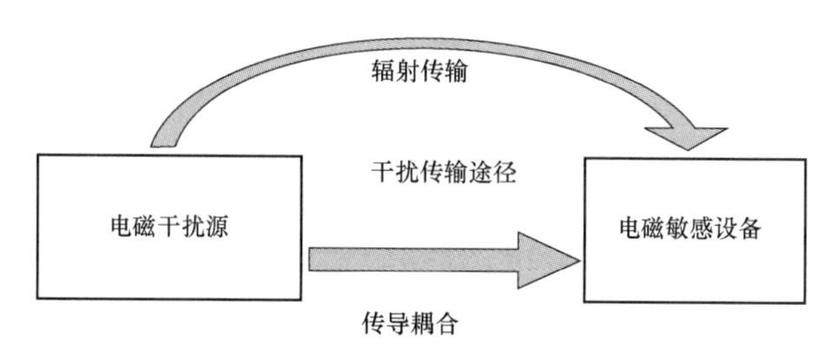

图 1-2　电磁兼容“三要素”

电磁干扰源为任何可能引起装置、设备或系统性能降低或对有生命或无生命物质产生损害作用的电磁现象。其来源为用电设备本身在工作过程中所产生不利于其他系统的电磁噪声，对所在环境产生的电磁干扰不能超过一定的限值。值得注意的是，一些功能性的信号，如短波电台、雷达和通信信号等，本身是有用信号，但如果干扰其他设备的正常工作，则对被干扰的设备而言，它们就是电磁干扰源。

电磁干扰的传输途径包括辐射传输和传导传输。辐射传输主要研究电磁干扰以电磁波的形式传递的规律；传导传输则讨论电磁干扰信号沿导体传播的规律。

电磁敏感设备即易受电磁干扰的设备，设备的抗干扰能力用电磁敏感度来表示，设备的电磁干扰敏感性电平阈值越低，对电磁干扰越灵敏，抗干扰能力越差，或称抗扰度越低；反之，设备的电磁敏感度越低，抗干扰能力也越高。不同的结构及元器件对设备的抗扰度起决定性作用，需要在设备或系统的设计阶段考虑。

用时间 t、频率 f、距离 r 和方位 θ 的函数 $S(t, f, r, \theta)$、$C(t, f, r, \theta)$和$R(t, f, r, \theta)$分别表示电磁干扰源、电磁干扰的传输途径和电磁敏感设备的敏感性，则产生电磁干扰时，必须满足如下关系：

$$S(t,f,r,\theta) \cdot C(t,f,r,\theta) \geqslant R(t,f,r,\theta) \tag{1-1}$$

电磁干扰源及电磁敏感设备的定义是相对的。以光电经纬仪为例，伺服系统在工作过程中，容易在电源线上产生较强的传导干扰，为典型的传导干扰源，相应地，编码器和电视系统等容易受到电源线干扰信号影响的设备为电磁敏感设备；但是，当光电经纬仪与雷达系统联合工作时，雷达是典型的辐射干扰源，当伺服系统受到雷达辐射影响工作性能降级时，伺服系统就是电磁敏感设备。

在电磁兼容性工程设计中，电磁兼容性工程师需要对电磁干扰源的特性、电磁敏感设备的性能提出具体的电磁兼容技术要求，由供应商按要求提供低电磁发射、高抗扰度的器件或组件。电磁兼容工程师需要依据系统的组成、布局和系统的电磁兼容性技术要求，采用电磁兼容预测技术结合电磁兼容测试试验，从总体上进行系统化设计。

1.2 电磁兼容的标准体系

为了确保系统及各项设备必须满足的电磁兼容工作特性，国际有关机构、各国政府和军事部门，以及其他相关组织制定了一系列的电磁兼容标准和规范，以对设备或系统进行规定和限制，所以执行标准和规范是实现电磁兼容性、提高系统和设备性能的重要保证。

1.2.1 标准和规范的主要内容及特点

标准和规范是两个不同的概念：标准是一个一般性准则，由它可以导出各种规范；规范是一个包含详细数据，且必须按合同遵守的文件。标准和规范的类别与数量相当多，其主要内容可以归纳为四个部分：① 规定名词术语；② 规定电磁发射和敏感度的极限值；③ 规定统一的测试方法；④ 规定电磁兼容控制方法或设计方法。

电磁兼容标准和规范表示的是，如果每个部件都符合该规范的要求，则设备的电磁兼容性就能得到保障。由于电磁兼容讨论和处理的是设备或系统的非设计性能和非工作性能，很自然，电磁兼容标准和规范也要强调设备或系统的非预期方面，并用相应的词句描述。

1.2.2 国外电磁兼容的标准和规范

国外在研究、制定和实施电磁兼容标准方面已有较长的历史。美国从20世纪40年代起已先后制定了100多个有关的标准和规范。

国际无线电干扰特别委员会（CISPR）作为国际电工技术委员会（IEC）的下属机构，是国际间从事无线电干扰研究的权威组织。IEC以出版物的形式向世界各国推荐各种电磁兼容标准和规范，并已被许多国家直接采纳，成为电磁兼容民用标准和通用标准。

IEC 成立于 1906 年，是世界上最早的国际性电工标准化机构，总部设在日内瓦。IEC 的宗旨是促进电工、电子领域中标准化及有关其他问题的国际合作，增进相互了解。为了实现这一目的，IEC 出版了包括国际标准在内的各种出版物，并希望各国家委员会在其本国条件许可的情况下，使用这些国际标准。IEC 的工作领域包括了电力、电子、电信和原子能方面的电工技术。

目前，IEC 下设 104 个技术委员会（Technical Committee，TC）和 143 个分技术委员会（Sub－Committee，SC）。其中，涉及电磁兼容方面的标准的主要为国际无线电干扰特别委员会（CISPR）、第 77 技术委员会（TC77）以及其他相关的技术委员会。

CISPR 于 1934 年 6 月成立于法国巴黎，1950 年巴黎会议后，CISPR 成为 IEC 所属的一个特别委员会，但其地位略不同于 IEC 的其他技术委员会。CISPR 是世界上最早成立的国际性关心无线电干扰的组织，其成员由各国委员会及关心无线电干扰控制的其他组织构成。

CISPR 的目的是促进国际无线电干扰达成一致意见，以利于国际贸易。

CISPR 的组织机构包括全体会议、指导委员会、分委员会、工作组（Working Group，WG）和特别工作组（Special Working Group，SWG）。

CISPR 全体会议由 CISPR 全体成员国的代表组成，它是 CISPR 的最高权力机构。指导委员会的主要职责是协助 CISPR 主席处理日常事务，并提供咨询；分委员会由 CISPR 成员单位的代表组成。

由于各个国家的实际情况不同，各国制定的电磁兼容标准和规范也不尽相同，这给电子设备的国际贸易带来了一定的不便，较好的解决方法是制定一个全球统一的电磁兼容标准和规范。显然这是一项艰巨的任务，需要国际间长期不懈的努力与合作。

1.2.3 国内电磁兼容的标准和规范

我国的电磁兼容标准规范制度工作开展较晚，与国际先进水平还存在一定差距。国内第一个无线电干扰标准是于 1966 年制定的 JB 854—66《船用电气设备工作无线电端子电压测试方法与允许值》，它比美国的第一个无线电干扰标准晚了20年。1981年，由国家标准局召集有关部门和单位成立了“全国无线电干扰标准化工作组”，提出制定包括国家级和部级共32项电磁兼容标准和规范计划。随后，国防科工委正式颁布了GJB 151—86《军用设备和分系统电磁发射的敏感度要求》、GJB 152—86《军用设备和分系统电磁发射和敏感度测试》和GJB 72—86《电磁干扰和电磁兼容名词术语》等我国第一套陆、海、空“三军”通用的电磁兼容标准。

这些标准和规范的制定及实施，使我国电子、电气产品的工作可靠性和稳定性得到了显著提高，环境的电磁污染也得到了一定的控制。电磁兼容标准的规范对电子设备和系统的研制及生产提出了新的要求，相关工厂、研究院所都把电子设备的电磁兼容性设计作为重要的设计内容。

我国电磁兼容标准化组织主要有以下两个委员会。

（1）全国无线电干扰标准化技术委员会。为了开展我国在无线电干扰方面的标准化工作，1986年8月在国家技术监督局的领导下，成立了全国无线电干扰标准化技术委员会。该委员会的主要任务是发展我国无线电干扰标准化体系表，组织制定、修订和审查国家标准，开展与IEC/CISPR相对应的工作，目前下设6个分委员会。全国无线电干扰标准化技术委员会均与CISPR的各分会相对应（包括工作范围），只有H分会除与CISPR/H的工作范围相对应外，还研究我国无线电系统与非无线电系统之间的干扰。各分会秘书处的挂靠单位如表1–1所列。全国无线电干扰标准化技术委员会及各分委会自成立以来，在无线电干扰标准化方面开展了大量的工作。

表1–1　全国无线电干扰标准化技术委员会及其各分会的秘书处挂靠单位

委员会（分会）	秘书处挂靠单位
全国无线电干扰标准化技术委员会	上海电器科学研究院
A分会	中国电子技术标准化研究所（北京）
B分会	上海电器科学研究院
D分会	中国汽车技术研究中心（天津）

续表

委员会（分会）	秘书处挂靠单位
F 分会	中国电器科学研究院（广州）
H 分会	国家无线电监测中心（北京）
I 分会	中国电子技术标准化研究所（北京）

（2）全国电磁兼容标准化技术委员会。为了加快我国电磁兼容标准化工作，2000 年 4 月成立了全国电磁兼容标准化技术委员会，秘书处设在国家电网电力科学研究院。该标委会是在电磁兼容领域内从事全国性标准化技术工作与协调工作的组织，主要负责协调 IEC/TC77 的国内归口工作，推进对应 IEC61000 系列有关电磁兼容标准的国家标准的制定和修订工作，并对电磁兼容需制定的政策、法规、标准化工作及组织建设提出建议。

全国电磁兼容标准化技术委员会自成立以来，在电磁兼容标准化方面已完成了大量与 IEC61000 系列相对应的国家标准的制定工作。目前，全国电磁兼容标准化技术委员会已成立三个分技术委员会，如表 1－2 所列。

表 1－2　全国电磁兼容标准化技术委员会及其各分会的秘书处挂靠单位

委员会（分会）	秘书处挂靠单位
全国电磁兼容标准化技术委员会	国网电力科学研究院（武汉）
A 分会	国网电力科学研究院（武汉）
B 分会	上海市计量测试技术研究院
C 分会	国网电力科学研究院（武汉）

参照国际上的分类方法，结合我国实际情况，我国的电磁兼容标准也分为四类：① 基础标准；② 通用标准；③ 产品类标准；④ 系统间电磁兼容标准。

标准体系分基础标准、通用标准和产品（类）标准三个纵向层次，每个层次都包含两个方面的标准：发射和抗扰度。通用标准又按产品的使用环境将产品标准分为 A 类和 B 类。产品（类）标准通常是基于基础标准和通用标准基础上的更简明的技术文件，层次越低，规定越详细、明确，操作性越强；反之，标准的包容性越强，通用性越广。系统间电磁兼容标准则属于不同系统间的纵向联系。

我国的电磁兼容标准大多数引自国际标准，其来源包括：① CISPR 出版物；② IEC/TC77 制定的 61000 系列标准；③ 部分标准，如 GB 15540—1995 引自美国军用标准 MIL－STD；④ 部分标准，如 GB/T 15658—2012《无线电噪声测试方法》引自 ITU 有关文件；⑤ 部分标准，如 GB/T 6833—87 系列标准引自国外先进企业标准。但是大量的系统间电磁兼容标准，是根据我国自己的科研成果制定的。

目前，我国正在强制性地推进电磁兼容认证工作。由于电磁兼容国家标准大多数引自国际标准（尤其是产品类标准），因而做到了与国际标准接轨，这为我国电子、电工产品的出口奠定了电磁兼容方面的基础。电动工具等获取“CE”认证，进入欧洲市场的过程证实了这一点。就国内一般情况而言，含有（骚扰和抗扰度）限值的产品类标准均为强制性标准。这意味着凡有电磁兼容性要求的电子产品，在进入中国市场时，该产品均应满足相应的电磁兼容国家标准。

1.2.4 军用电磁兼容标准

军用电磁兼容标准的发展可以追溯到 20 世纪 40 年代，当时需要控制点火系统的射频干扰来保证可靠的无线电通信，如 1945 年美国陆军和海军联合编制的 JANI225《无线电干扰测量方法》（150 kHz～20 MHz）及 1947 年陆军和海军联合编制的 ANI40《推进系统无线电干扰限值》。军用电磁兼容规范的后续发展密切跟随电子技术的进步，最初制定射频干扰的军用规范限值是为了保护陆军、海军、空军装备的最低有用磁场，随着更灵敏设备的研制，制定了敏感度（抗扰度）限值。

军用电磁兼容标准可以分为特定设备类、设备和分系统级及系统级。在设备和分系统级，国际上代表最先进水平的是美军标 MIL－STD－461 系列。国内设备和分系统电磁兼容标准为 GJB 151—86 系列。美军标最新的是

MIL－STD－461G，国军标最新的是 GJB 151B—2013。

美军历来重视电磁干扰及其试验考核，并颁布了一系列的相关标准，其中 MIL－STD－461《对分系统及设备的电磁干扰控制特性的要求》为其基础标准之一，发挥着重要作用。2015 年 3 月，针对旧版标准实施过程中出现的问题，结合武器装备研制、生产、使用中面临的新挑战，考虑到新仪器新技术的发展趋势，美军将旧版 MIL－STD－461F 修订为 MIL－STD－461G，在修订过程中对试验项目、试验频段、试验方法等内容进行了重大更新，这些更新反映了电磁兼容技术的进步和电磁兼容检测技术水平的提高。

MIL－STD－461G 共包括 6 个部分，分别为概述、适用文件、定义、一般要求、详细要求及附注。同时，该标准中共规定了四类 19 项试验，分别从传导发射、传导敏感度、辐射发射、辐射敏感度四个方面对设备和系统的电磁发射和敏感度进行试验和考核。

我国第一套电磁兼容军用标准 GJB 151—86 和 GJB 152—86 等效采用美国军标 MIL－STD－461B 和 MIL－STD－462。GJB 151—86《军用设备和分系统电磁发射和敏感度要求》和 GJB 152—86《军用设备和分系统电磁发射和敏感度测量》于 1986 年正式颁布实施，成为我国第一套“三军”通用的电磁兼容性标准。1997 年在原标准基础上等效采用 MIL－STD－461D 和 MIL－STD－462D 颁布了“三军”通用的电磁兼容性标准 GJB151A—97 和 GJB152A—97，2013 年等效采用 MIL－STD－461F 颁布了 GJB151B—2013，也是目前现行标准。

系统级电磁兼容标准是 GJB1389A—2005《系统电磁兼容性要求》，2016 年颁布了配套标准 GJB8848—2016《系统电磁环境效应试验方法》，规定了系统电磁环境效应的试验方法，包括安全裕度试验与评估方法、系统内电磁兼容性试验方法、外部射频电磁环境敏感性试验方法、雷电试验方法、电磁脉冲试验方法、分系统和设备电磁干扰试验方法、静电试验方法、电磁辐射危害试验方法、电搭接和外部接地试验方法、防信息泄漏试验方法、发射控制试验方法、频谱兼容性试验方法和高功率微波试验方法。GJB8848—2016 适用于各种武器系统，包括飞机、舰船、空间和地面系统及其相关军械等。

1.3 电磁兼容计量单位与换算关系

1.3.1 概述

测试单位的特殊性是电磁兼容学科的主要特点。在电磁兼容测试中，常用不同的单位表示测试值的大小。电磁兼容学科的基本计量单位包括传导发射（电压，以伏特（V）为单位；电流，以安培（A）为单位）和辐射发射（电场，以伏特每米（V/m）为单位；磁场，以安培每米（A/m）为单位）。与电压、电流、电场和磁场相联系的就是以瓦特（W）为单位的功率和以瓦特每平方米（W/m^2）为单位的功率密度。

电磁兼容领域中这些量的动态范围相当大。例如，电场可以从 1 μV/m 到 200 V/m，这意味着电场幅值的动态范围达到了 8 个数量级（10^8）。因为电磁兼容领域中以 V、A、V/m、A/m、W 和 W/m^2 为单位表示的量的范围相当大，所以电磁兼容单位常采用分贝（dB）来表示。数量以分贝（dB）表示的单位，不是它的绝对单位，它具有能够将较大的数量压缩成较小数量的特性。

1.3.2 功率

在电信技术中，一般都是选择某一特定的功率为基准，取另一个信号相对于这一基准的比值的对数来表示信号功率传输变化的情况，经常是取以 10 为底的常用对数或以 e 为底的自然对数来表示，其所取的相应单位分别为贝尔（B）和奈培（Np）。贝尔（B）和奈培（Np）都是没有量纲的对数计量单位。分贝（dB）的英文为 decibel，意思是 B/10。

电磁兼容测试中，干扰的幅度可用功率来表述。功率的基本单位为瓦（W），为了表示变化范围很宽的数值关系，常常应用两个相同量比值的对数，

以贝尔（bel）为单位。对于功率损失，贝尔定义为

$$\text{bel} = \lg \frac{\text{输入功率}}{\text{输出功率}} \tag{1-2}$$

当输入功率等于10倍的输出功率时，其损失为lg10=1 bel；换言之，1 bel的损失对应于10∶1的功率损失。

但是，贝尔是一个较大的值，为使用方便，工程技术人员常采用分贝（dB），dB可定义为

$$\text{dB} = 10\lg \frac{\text{输入功率}}{\text{输出功率}} \tag{1-3}$$

dB也常用来表示两个相同量比值的大小，如功率 P_1 和 P_2 的比值为 P_{dB}：

$$P_{\text{dB}} = 10\lg \frac{P_2}{P_1} \tag{1-4}$$

式（1-4）中，P_1 和 P_2 应采用相同的单位。必须明确dB仅为两个量的比值，是无量纲的。随着dB表示式中的基准参考量的单位不同，dB在形式上也带有某种量纲。例如，基准参考量 P_1 为1 W，则 P_1/P_2 是相对于1 W的比值，即以1 W为0 dBW。此时，是以带有功率量纲的分贝瓦（dBW）表示 P_2，即

$$P_{\text{dBW}} = 10\lg \frac{P_{\text{W}}}{1\ \text{W}} = 10\lg P_{\text{W}} \tag{1-5}$$

式中，P_{W} 为实际测试值（W）；P_{dBW} 为用dBW表示的测试值。

功率测试单位通常还采用分贝毫瓦（dBmW），它是以1 mW为基准参考量表示0 dBmW，即

$$P_{\text{dBmW}} = 10\lg \frac{P_{\text{mW}}}{1\ \text{mW}} = 10\lg P_{\text{mW}} \tag{1-6}$$

式中，P_{dBm} 表示以1 mW为基准的功率电平的分贝值；P_{mW} 表示需要计量的绝对功率值（mW），0 dBm=1 mW。不同的绝对功率值对应以1 mW为基准的功率电平值。

显然，有

$$0\ \text{dBmW} = -30\ \text{dBW} \tag{1-7}$$

类似地，以 1 μW 作为基准参考量表示 0 dBμW，称为分贝微瓦。dBW、dBmW 和 dBμW 的换算关系如下：

$$\begin{cases} P_{\mathrm{dBW}} = 10\lg(P_{\mathrm{W}}) \\ P_{\mathrm{dBmW}} = 10\lg(P_{\mathrm{mW}}) = 10\lg(P_{\mathrm{W}}) + 30 \\ P_{\mathrm{dB\mu W}} = 10\lg(P_{\mathrm{\mu W}}) = 10\lg(P_{\mathrm{mW}}) + 30 = 10\lg(P_{\mathrm{W}}) + 60 \end{cases} \tag{1-8}$$

1.3.3 电压与电流

电压的单位有伏（V）、毫伏（mV）和微伏（μV），电压的分贝单位为 dBV、dBmV 和 dBμV。电压以 V、mV 和μV 为单位和以 dBV、dBmV 和 dBμV 为单位的换算关系如下：

$$U_{\mathrm{dBV}} = 20\lg\frac{U_{\mathrm{V}}}{1\ \mathrm{V}} = 20\lg U_{\mathrm{V}} \tag{1-9}$$

$$U_{\mathrm{dBmV}} = 20\lg\frac{U_{\mathrm{mV}}}{1\ \mathrm{mV}} = 20\lg U_{\mathrm{mV}} \tag{1-10}$$

$$U_{\mathrm{dB\mu V}} = 20\lg\frac{U_{\mathrm{\mu V}}}{1\ \mathrm{\mu V}} = 20\lg U_{\mathrm{\mu V}} \tag{1-11}$$

电压以 V、mV 和μV 为单位和以 dBV、dBmV 和 dBμV 为单位的换算关系如下：

$$U_{\mathrm{dBmV}} = 20\lg\frac{U_{\mathrm{V}}}{10^{-3}\ \mathrm{V}} = 20\lg U_{\mathrm{V}} + 60 = 20\lg U_{\mathrm{mV}} \tag{1-12}$$

$$U_{\mathrm{dB\mu V}} = 20\lg\frac{U_{\mathrm{V}}}{10^{-6}\ \mathrm{V}} = 20\lg U_{\mathrm{V}} + 120 = 20\lg U_{\mathrm{mV}} + 60 \tag{1-13}$$

电流的单位分别为安（A）、毫安（mA）、微安（μA），电流的分贝单位为 dBA、dBmA 和 dBμA，电流以 A、mA 和μA 为单位以及以 dBA、dBmA 和 dBμA 为单位的换算关系如下：

$$I_{\mathrm{dBA}} = 20\lg\frac{I_{\mathrm{A}}}{1\ \mathrm{A}} = 20\lg I_{\mathrm{A}} \tag{1-14}$$

$$I_{\mathrm{dBmA}} = 20\lg\frac{I_{\mathrm{mA}}}{1\ \mathrm{mA}} = 20\lg I_{\mathrm{mA}} \tag{1-15}$$

$$I_{\mathrm{dB\mu A}} = 20\lg\frac{I_{\mathrm{\mu A}}}{1\ \mathrm{\mu A}} = 20\lg I_{\mathrm{\mu A}} \tag{1-16}$$

电流以 A、mA 和μA 为单位以及以 dBA、dBmA 和 dBμA 为单位的换算关系如下：

$$I_{\mathrm{dBmA}} = 20\lg\frac{I_{\mathrm{A}}}{10^{-3}\ \mathrm{A}} = 20\lg I_{\mathrm{A}} + 60 = 20\lg I_{\mathrm{mA}} \tag{1-17}$$

$$I_{\mathrm{dB\mu A}} = 20\lg\frac{I_{\mathrm{A}}}{10^{-6}\ \mathrm{A}} = 20\lg I_{\mathrm{A}} + 120 = 20\lg I_{\mathrm{mA}} + 60 \tag{1-18}$$

1.3.4 磁路与磁场

在磁场中画一些曲线，使这些曲线上任意一点的切线都在该点的磁场方向上，这些曲线就称为磁通。磁场的强弱和方向可用撒铁屑的方法以磁力线的形式表示出来。磁通（磁力线）Φ 的单位在国际单位制中为韦伯，简称韦（Wb）。磁体周围的磁力线方向，规定从 N 极出来，通过空间进入 S 极，走最近的路线，优先通过磁导率高的物质。

除了用磁通外，还要用到磁通密度 B 这个物理量，它是在与磁场相垂直的单位面积内的磁通，在均匀磁场中，有

$$B = \frac{\Phi}{S} \tag{1-19}$$

式中，Φ 与磁场相垂直的面积 S 中所有的磁通；磁通密度 B 表示磁路中某一点的磁场性质。

在国际单位制中，磁通密度 B 的单位为特斯拉（Tesla），简称特（T）。特斯拉即韦/米 ^{2}（$\mathrm{Wb/m^2}$）。

磁场是由电流产生的。在磁路中，电流越大，线圈匝数越多，产生的磁场强度越强，即磁场取决于电流与线圈匝数的乘积 NI，这一乘积称为磁动势（Magneto Motive Force）或磁通势，以 F 表示，即

$$F=NI \tag{1-20}$$

磁通势是磁路中产生磁通的"推动力"，磁通势的国际制单位为安（A）。

磁场的强弱用磁场强度 H 表示。对于粗细均匀的磁路，若磁路的平均长度（磁路中心线的长度）为 l，则

$$H=\frac{F}{l}=\frac{NI}{l} \tag{1-21}$$

磁场强度是磁力线路径每单位长度的磁动势，在国际单位制中 H 的单位为安每米（A/m）。磁场强度是这样规定的：一个向量磁场中某点磁场方向为磁场中小磁针受磁场力的作用，发生偏转停止后小磁针的 N 极所指的方向就是小磁针所在磁场强度的方向。而磁场中某点的磁场强度 H 在数值上等于该点上单位磁极所受的力。磁路不论是由什么材料做成的，只要 F、l 对应相等，则磁路的磁场强度相等。因此，磁场强度是反映由电流产生磁场强弱的一个物理量。

磁力线从 N 极到 S 极的途径称为磁路，在磁路中阻止磁力线通过的力量称为磁阻，而导磁的力量则称为磁导。实际上，即使几何尺寸完全相同的磁路，在相同的磁动势的作用下，磁场的强弱程度也有很大的差别，这是由于不同的物质导磁能力不同的缘故，用来衡量物质导磁能力的物理量称为磁导率，用 μ 来表示。

所有物质根据磁性分为三大类：顺磁质、反磁质和铁磁质。磁性大小则根据物质的磁导率（不同物质被磁化的程度）的大小 μ 表示，规定真空时 $\mu_0=1$。

顺磁质的磁导率略大于真空中的磁导率，即$\mu>1$，如空气、银、铜、镁、铝、铂等。

反磁质的磁导率略小于真空中的磁导率，即$\mu<1$，如水、玻璃、水银、铍、铋和锑等。

铁磁质属于顺磁质，但它们的磁导率很大，即$\mu\ll1$。在外加磁场作用下极易被磁化，是良好的磁性材料，如铁、镍、钴和磁性合金等，其磁导率μ可达几十、几百和几千，甚至达数百万。人体组织多属反磁质，也有少数顺磁质，如自由基等。人体的磁导率近似于 1，即$\mu\approx1$。

为便于比较，通常将磁性材料的磁导率 μ 与真空（空气或其他非磁性材料）磁导率μ_0的比值称为这种材料的相对磁导率μ_r，即

$$\mu_r = \frac{\mu}{\mu_0} \tag{1-22}$$

磁导率与磁场强度的乘积称为磁感应强度 B，即

$$B = \mu H \tag{1-23}$$

式（1-23）表明，在相同的磁场强度的情况下，物质的磁导率越高，整体的磁场效应将越强。由此可知，磁场强度 H 是正比于电流 I 的。因此，磁感应强度（磁通密度）B 既体现励磁电流大小，又是体现磁性材料性质的一个反映整体磁场强弱的物理量。

1.3.5 电场强度与磁场强度

电场强度的单位有伏每米（V/m）、毫伏每米（mV/m）和微伏每米（μV/m），电场强度的分贝单位为 dBV/m、dBmV/m 和 dBμV/m，可表示为

$$E_{\mathrm{dB(\mu V/m)}} = 20\lg\frac{E_{\mathrm{\mu V/m}}}{1\ \mathrm{\mu V/m}} = 20\lg E_{\mathrm{\mu V/m}} \tag{1-24}$$

因为

$$1\ \mathrm{V/m} = 10^3\ \mathrm{mV/m} = 10^6\ \mathrm{\mu V/m} \tag{1-25}$$

则

$$1\ \mathrm{V/m} = 0\ \mathrm{dBV/m} = 60\ \mathrm{dBmV/m} = 120\ \mathrm{dB\mu V/m} \tag{1-26}$$

磁场强度的分贝 dBA/m 是以 1 A/m 为基准的磁场强度的分贝数。同理，可定义 dBmA/m 和 dBA/m 等。在 GJB151B—2013 等标准中，用的是磁通密度 B，有

$$B = \mu H \tag{1-27}$$

在真空中，有

$$\mu_0 = 4\pi \times 10^{-7}\ \mathrm{H/m} \tag{1-28}$$

所以在数量上存在如下关系：

$$B_{\mathrm{dBT}} = H_{\mathrm{dBA/m}} - 118\ \mathrm{dB} \tag{1-29}$$

因为

$$1\ \mathrm{T} = 10^{12}\ \mathrm{pT} \tag{1-30}$$

则 0 dBT = 240 dBpT，所以，有

$$B_{\mathrm{dBpT}} = H_{\mathrm{dBT}} + 240\ \mathrm{dB} \tag{1-31}$$

$$B_{\mathrm{dBpT}} = H_{\mathrm{dBA/m}} + 122\ \mathrm{dB} \tag{1-32}$$

1.4 光电设备电磁兼容的研究内容与方法

1.4.1 研究内容

围绕电磁兼容“三要素”，光电设备电磁兼容研究的主要内容如下。

（1）电磁干扰源的特性分析。以电磁辐射理论、天线理论、计算电磁学、电路理论为基础，分析光电设备中主要电磁干扰源的电磁发射情况。

电磁兼容学科的核心仍然是电磁场与电磁波。大部分电磁干扰源产生的电磁干扰，往往以电磁场的形态出现。分析这样的电磁干扰源的干扰特性、预测其对敏感设备的潜在威胁和探索控制干扰的措施都要采用电磁场理论的方法和结论。电磁兼容性仿真、电磁兼容性测试和试验、电磁干扰的数值分析方法在电磁兼容性工程中的广泛应用也离不开电磁场理论的支持，所以电磁兼容原理和技术的基础是电磁场理论。

（2）电磁兼容预测技术。在对电磁干扰源的特性进行分析的基础上，应用电波传播、电路及传输线等理论预测电磁敏感设备耦合的干扰电平，找出系统潜在的电磁不兼容环节。

干扰电平主要是通过辐射传输途径和传导传输途径从电磁干扰源传输到电磁敏感设备的。辐射传输途径的研究以电磁场理论为基础，研究电波传

播及场与导线、机壳和天线间的耦合问题。传导传输途径的研究以电源线、控制线、信号线以及其他金属体传输的共模干扰和差模干扰为主，还研究由于不同设备共电源或共地线而生成的共阻抗干扰。

电磁敏感设备在受到电磁干扰注入后会降低工作性能或产生误动作，甚至产生毁伤效应，主要研究电磁敏感设备对电磁干扰的响应以及与抗干扰能力相关的指标。接收器的规模根据研究层次不同可以分为系统、分系统、设备、印制电路板和各种元件，其研究对象涉及通信、导航、雷达、广播、电视、信息处理、遥控遥测和自动控制等很多领域中的电磁敏感设备。

（3）电磁兼容测试方法。电磁兼容测试包括辐射发射测试、传导发射测试、辐射敏感度测试和传导敏感度测试等。针对光电设备的具体特点和技术要求，设计系统的电磁兼容测试方案，开展相应的试验。

电磁兼容学科理论基础宽广，工程实践综合性强，形成电磁干扰的物理现象复杂，所以在观察与判断物理现象或解决实践问题时，实验与测试具有重要的意义。正如美国肯塔基大学的 C.R.Paul 教授在一篇文章中所说："对于最后的成功验证，也许没有任何其他领域像电磁兼容那样强烈地依赖于测试"。在电磁兼容领域中，我们所面对的研究对象无论其频域特性还是时域特性都十分复杂；研究对象的频率范围非常宽，使得电路中的集总参数与分布参数同时存在，近场与远场同时存在，传导与辐射同时存在。

此外，用电设备或系统的整个设计和试制阶段为确保其电磁兼容性必须进行电磁兼容性测试，这种诊断性的测试有助于识别潜在的干扰问题范围，有助于测试各种补救方法的有效性。这些测试完全处于设计者和测试工程师的控制下，所以根据情况需要，可以使用有效的控制干扰的技术和措施。在产品制造完成后，必须依据电磁兼容性标准进行严格的试验测试，以确保设备或系统符合规定的电磁兼容性要求，保证用电设备或系统在规定的电磁环境中能够可靠安全地运行。

（4）电磁兼容设计。采用屏蔽、滤波、接地与搭接、抗脉冲设计及组合应用等方法，抑制电磁干扰源的电磁发射，切断或削弱干扰传播途径的电磁能量传播能力，保护敏感设备。

屏蔽技术主要用于切断通过空间辐射干扰的传输途径，根据其性质可分为电场屏蔽、磁场屏蔽和电磁屏蔽。屏蔽体可能很小，如元件的屏蔽壳；也可能很大，如屏蔽室。衡量屏蔽的好坏，采用屏蔽效能这一指标来衡量。屏蔽问题主要研究各种材料（如金属和磁性材料）、各种结构（如多层、单层、孔缝等）及各种形状的屏蔽体的屏蔽效能以及屏蔽体的设计。

滤波技术用来抑制沿导线传输的传导干扰，该技术主要研究滤波电路和装置的设计。

接地技术除了提供设备的安全保护地以外，还提供了设备运行必需的信号参考地。该技术主要研究如何正确地布置地线以及接地体的设计等，搭接是实现接地的实际技术，如何减小搭接电阻也是接地需要研究的问题之一。

屏蔽、接地和滤波技术主要用来切断干扰的传输途径。广义上，电磁干扰的抑制还应包括抑制干扰源的发射和提高敏感器的抗干扰能力，但由于干扰源和敏感器种类繁多、功能不同，其控制技术已延伸到了其他学科领域。

1.4.2 研究方法

目前，推荐对光电设备的电磁兼容性采用系统法进行研究，其核心思想是采用计算电磁学、天线理论和电磁拓扑理论等基础理论，在设备的模样或初样阶段，就对电磁干扰源、电磁传输途径和电磁敏感设备进行建模、分析与计算，通过理论计算，找出系统的潜在电磁不兼容环节，为有针对性地采取电磁兼容抑制和防护措施提供依据。在系统研发的同时进行电磁兼容工作，可以避免出现电磁兼容的欠设计或过设计，对系统的研制成功具有极大的现实意义。

在电磁兼容理论发展过程中，先后出现了问题解决法、规范法和系统法来实施设备和系统的电磁兼容性。

问题解决法是先行研制，不考虑设备的电磁兼容性。根据研制成的设备和系统在电子学联试中出现的电磁兼容问题，采用电磁兼容控制手段进行处理。这种方法相当冒险，因为在设备已经装配好后，为了解决电磁兼容问题，可能要进行大量的拆卸和修改，甚至还要对部分组件进行重新设计，代价较大。但是，问题解决法实施过程中伴随了电磁兼容整改技术的发展，而对电磁兼容整改技术的研究是必要的。

规范法是依据电磁兼容标准和规范进行设备制造，在一定程度上能预防电磁干扰问题的出现，但存在过量设计的问题。需要注意的是，对于要求通过电磁兼容达标性测试的设备，如要求通过 GJB151B—2013 鉴定试验，仍然需要依据电磁兼容标准进行设备制造。

系统法从设计开始就预测和分析设备与系统的电磁兼容性，并在设备与系统设计、制造、组装和试验过程中不断地对其电磁兼容性进行预测分析。若预测结果表明存在不兼容问题或存在太大的过量设计，则可修改设计后再进行预测，直到测试结果表明完全合理，再进行硬件生产。用这种方法进行系统与设备的设计和研制，基本上可以避免一般出现的电磁干扰问题或过量的电磁兼容性设计。

通过利用系统法对系统和设备进行电磁干扰预测和分析后，还应进行系统的电磁兼容性设计，这与干扰的预测、分析是紧密相连的。同时，还必须进行系统的电磁兼容性试验或预测试予以验证。这是实施电磁兼容设计的三大步骤。

电磁兼容数学模型预测是总体电磁环境处理的重要手段，国外在 20 世纪 70 年代便开始采用。它是以数学模型为基础，采用计算机及相应软件进行电磁兼容预测分析。预测的具体内容是在预定的电磁环境内，探讨系统中可能会出现电磁不兼容的设备，对这些设备采取相应的电磁兼容控制措施后获得的效果。电磁兼容预测对及早发现电磁兼容问题，减少总体不兼容的技术风险有着重要的意义。

1.5 光电设备电磁兼容的特点

1.5.1 概述

光电设备种类繁多，基本可以归为如下几类。

1. 光学仪器

光学仪器主要指可见光波段范围内的普通光学仪器，在军事上应用最早，技术比较成熟，有扩大和延伸人的视觉、发现人眼看不清或看不见的目标、测定目标的位置和对目标瞄准等功能。通常可分为观测仪器和摄影测试仪器两大类，前者是以人眼作为光信息接收器；后者是用感光胶片记录景物信息。普通光学仪器主要由光学系统（物镜、转像镜、分划镜、目镜等）、镜筒和精密机械零部件等组成。观察测试仪器的光学系统主要是望远系统，它能放大视角，使人看清远方的景物，便于测试和瞄准。摄影仪器的光学系统主要是照相物镜，为了适应不同的使用要求，发展了大口径、长焦距和变焦距等多种镜头。

军用可见光仪器主要有望远镜、炮队镜、方向盘、潜望镜、瞄准镜、测距仪、光学经纬仪、照相机和判读仪等。尽管从 20 世纪 50 年代以来，出现了红外、微光和激光等技术先进的光电子仪器，但普通光学仪器具有图像清晰、使用方便和成本较低等优点，仍然是武器系统配套装备的重要组成部分。

2. 微光夜视技术

在可见光和近红外波段范围内，将微弱的光照图像转变为人眼可见的图像，扩展人眼在低照度下的视觉能力。微光夜视仪器可分为直接观察和间接观察两种类型。直接观察的微光夜视仪，由物镜、像增强器、目镜、电源和机械部件等组成，人眼通过目镜观察像增强器荧光屏上的景物图像，已广泛用于夜间侦察、瞄准和驾驶等。间接观察的微光电视，由物镜和微光摄像器件组成微光电视摄像机，通过无线或有线传输，在接收显示装置上获得景物的图像，可用于夜间侦察和火控系统等。

3. 红外技术

由于一切温度高于热力学零度（0 K）的物体都有红外辐射，为探测和识别目标提供了客观基础，因而红外技术在军事上得到广泛应用。

红外系统的工作方式有主动式和被动式两种。主动式红外系统是用红外光源照射目标，仪器接收目标反射的红外辐射而工作，由于它易暴露自己，应用范围已逐渐减小，逐渐为被动式的微光夜视仪和热像仪所取代。

被动式红外系统是接收目标自身发射或反射其他光源的红外辐射，隐蔽性好，是军用红外系统的主要工作方式。被动式红外系统一般由光学系统、调制扫描器、红外探测器、信号处理和显示器等部分组成。红外探测器是核心部件，红外多元探测器，特别是红外焦平面器件是研究的重点。

目前，主要发展了以下几项红外技术。

（1）红外跟踪和制导技术。红外跟踪和制导技术包括有点源跟踪制导和成像跟踪制导两种工作方式。点源跟踪制导是把目标看作一个点光源，目标的红外辐射由光学系统和红外探测器接收，变为调制编码的电信号，经信号处理后使仪器自动跟踪或引导导弹飞向目标，点源跟踪制导是现有红外跟踪测试设备和战术导弹制导的主要工作方式。成像跟踪制导是通过光机扫描和多元探测器获取目标的图像信息，经信息处理和鉴别，具有识别目标的能力，是正在发展的制导方式。

（2）红外夜视技术。被动式红外热像仪是发展重点。美国、英国和法国等国家已研制出采用多元碲镉汞探测器的通用组件热像仪，可按照使用要求选用不同的组件，组装成所需要的红外热像仪。

（3）红外遥感技术。机载或星载的红外侦察系统通过一维扫描和载体运动获取景物的二维红外图像信息，可记录在胶片或磁带上，供事后处理，也可实时传输到地面记录和处理。星载红外预警系统主要用于探测弹道导弹，为反导防御系统提供预警信息。正在发展的红外焦平面技术，可不用光机扫描直接获取图像信息，将使红外系统向小型化、智能化发展。

4. 激光技术

激光具有单色性好、方向性强、亮度高等特点。现已发现的激光工作物质有几千种，波长范围从软 X 射线到远红外。激光技术的核心是激光器，激光器的种类很多，可按工作物质、激励方式、运转方式和工作波长等不同方法分类。根据不同的使用要求，采取一些专门的技术提高输出激光的光束质量和单项技术指标，比较广泛应用的单元技术有共振腔设计与选模、倍频、调谐、Q 开关、锁模、稳频和放大技术等。

为了满足军事应用的需要，主要发展了以下几种激光技术。

（1）激光测距技术。它是在军事上最先得到实际应用的激光技术。20 世纪 60 年代末，激光测距仪开始装备部队，现已研制生产出多种类型，大都采用钇铝石榴石激光器，测距精度为±5 m 左右。由于它能迅速准确地测出目标距离，广泛用于侦察测试和武器火控系统。

（2）激光制导技术。激光制导武器精度高、结构比较简单、不易受电磁干扰，在精确制导武器中占有重要地位。20 世纪 70 年代初，美国研制的激光制导航空炸弹在越南战场首次使用；80 年代以来，激光制导导弹和激光制导炮弹的生产和装备数量也日渐增多。

（3）激光通信技术。激光通信容量大、保密性好、抗电磁干扰能力强。光纤通信已成为通信系统的发展重点。机载、星载的激光通信系统和对潜艇的激光通信系统也在研究发展中。

（4）强激光技术。用高功率激光器制成的战术激光武器，可使人眼致盲和使光电探测器失效。利用高能激光束可能摧毁飞机、导弹和卫星等军事目标。用于致盲、防空等的战术激光武器，已接近实用阶段。用于反卫星、反洲际弹道导弹的战略激光武器，尚处于探索阶段。

（5）激光模拟训练技术。用激光模拟器材进行军事训练和作战演习，不消耗弹药，训练安全，效果逼真。目前，已研制生产了多种激光模拟训练系统，在各种武器的射击训练和作战演习中广泛应用。此外，激光核聚变研究取得了重要进展，激光分离同位素进入试生产阶段，激光引信、激光陀螺已得到实际应用。

5. 光电综合应用技术

在微光、红外和激光等光电子技术发展的基础上，为了满足作战使用和科研试验的要求，主要发展了以下几项光电综合应用技术。

（1）光学遥感技术。综合应用可见光照相、微光摄像、红外成像和激光遥感技术进行侦察，可获取较多的信息，有利于分辨和识别目标。在机载和星载侦察设备中，除可见光照相机外，已广泛使用红外扫描仪和多光谱照相机等，并可把获取的信息实时传输到地面。

（2）光电制导技术。在红外制导、激光制导、电视制导和雷达制导技术的基础上，为提高导弹在不同作战条件下的适应能力，发展了红外/激光、红外/电视、红外/雷达、激光/雷达和红外/紫外等多种复合制导技术。

（3）光电跟踪测试技术。可见光、微光、红外和激光技术综合应用于武器的光电火控系统，能实时跟踪和准确测试目标的位置，大大提高了武器系统的作战性能。靶场用的光学跟踪测试设备，已由普通的电影经纬仪发展为光电经纬仪，大大提高了自动化程度和跟踪测试精度，增加了信息量。

（4）光电对抗技术。综合应用光电新技术，对敌方光电设备和光电制导武器实施侦察、识别、告警、干扰以至攻击、削弱和破坏其效能，保护我方光电设备正常工作。

虽然光电设备种类繁多，但从电磁兼容角度，通常以光学传感器为核心的光电信息处理设备为电磁敏感设备，具备高能激光器等高能设备的光电设备是所处平台的电磁干扰源。本书的重点内容为基于电磁兼容理论，研究光电设备的电磁干扰特性、电磁耦合途径和电磁兼容控制技术。

1.5.2 典型光电设备电磁兼容的特点

1. 航空相机

航空相机在战场侦察、情报获取及后勤保障等方面有着广泛的应用。它具有集成化程度高、结构精密复杂、高频信号与低频信号交错、强信号与弱信号交叉等特点，在工作中极易作为敏感源而遭受其他设备的电磁干扰，造成系统性能下降甚至出现故障。同时，也会作为干扰源产生电磁耦合和电磁辐射，从而对其他设备产生电磁干扰。

图 1－3 所示为典型航空相机的系统结构。该系统的核心为 CMOS 成像分系统，在结构上，从电磁屏蔽角度，结构体本身为不规则屏蔽腔体，腔体上的光学系统形成了较大的电磁开口。同时，各种电缆布设于腔体内部，并通过电连接器与内部的其他电子设备（包括控制器、热控系统等）连接，组合在一起形成了一个复杂的电缆网络。CMOS 成像系统的电缆结构复杂，既包括二次和三次电源线，也包括 CAN 总线、1553B 总线、Spacewire 总线和视频传输同轴线等，同轴和屏蔽双绞甚至屏蔽多绞线布设于腔体内，构成了一个复杂的电缆网络，电缆既有相互平行的，也有挠性弯曲的，甚至是相互交叉的。该部分电缆的特点是结构复杂，具有一定的长度。

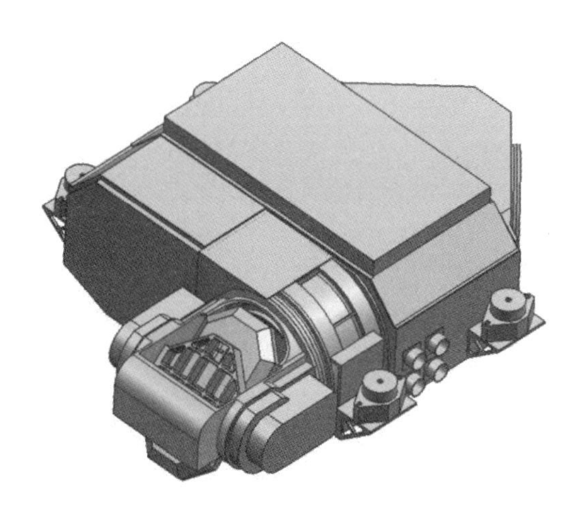

图 1-3　航空相机的系统结构

图 1-4 所示为典型航空相机的工作原理。组成系统的各个部分中，存在着多种印制电路板（PCB），印制电路板的结构，决定了该部分的场线耦合电缆为印制电路板上的各种形状的微带线。

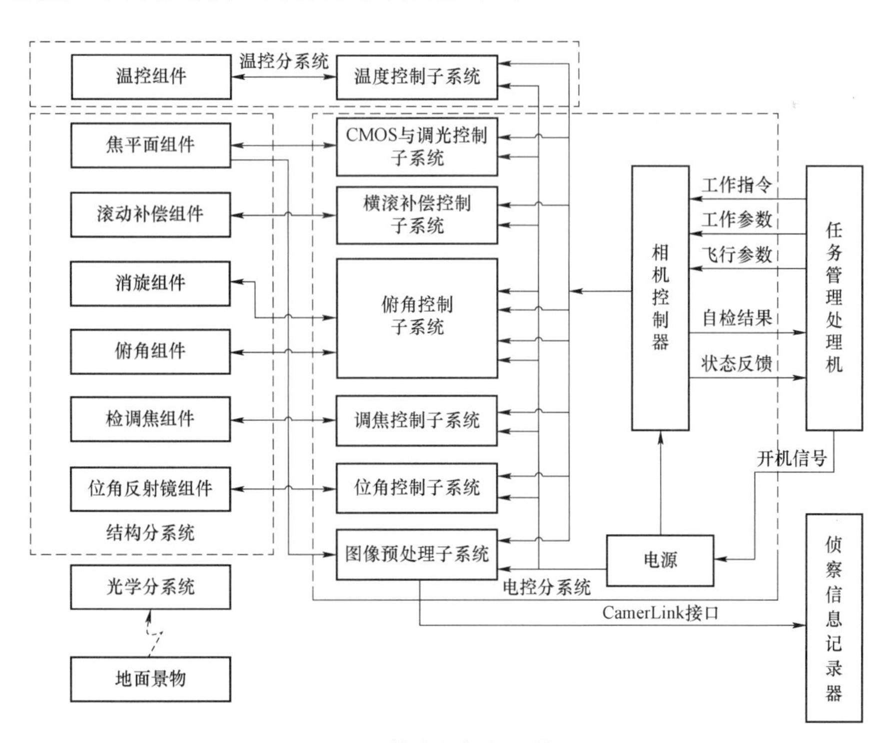

图 1-4　航空相机的工作原理

对于 CMOS 图像传感器本身来说，芯片内部在与集成电路（IC）引脚连接部分存在多导体传输线结构。在瞬态电磁辐射下，也能够耦合干扰电平，对芯片本身的工作性能产生干扰。芯片内部的金属层也能够耦合瞬态电磁辐射干扰。

电磁兼容预测是保证光学成像有效载荷的电磁兼容性的一个重要手段，一方面可以分析系统不兼容的薄弱环节，评价系统或设备兼容的安全裕度，为方案修改、防护设计提供依据；另一方面可以在研制定型之前通过预先测知发现干扰问题，有针对性地采取抑制和防护干扰措施。

2. 空间光学有效载荷

空间光学有效载荷（以下简称载荷）是集光学、光谱学、精密机械、电子技术及计算机技术于一体的综合性光机仪器。其功能多、结构复杂，通常需要与飞机和航天器上的其他电子设备集成于有限的空间内。这些电子设备既包括天线等有意发射电磁波的设备，也包括具有宽频带的电磁辐射的无意电磁发射设备，有限空间内的电磁环境对载荷具有潜在的电磁辐射干扰。为了使载荷能够在这种复杂的电磁环境下可靠而精确协调地工作，必须保证其电磁兼容性。

某型号航天光学有效载荷电子学组成分为两个层次，如图 1–5 所示。一个层次是依照相载荷的空间布局及结构，由 5 个部分组成，分别为时间延迟积分电荷耦合器件（TDICCD）及驱动电路、调焦组件、信号处理电箱、控制电箱和热控电箱；另一个层次是按各功能电路及单元划分。

TDICCD 及驱动电路，具体包括 TDICCD 焦平面处理电路板及多个电荷耦合器件（CCD）驱动电路板。TDICCD 与调焦组件通过柔性电路板与插接式连接器连接；经过连接器面板与信号处理电箱用一组电缆进行连接。

调焦组件由调焦电机及编码器组成，通过电缆与载荷控制电箱相连。

信号处理电箱由二次电源变换单元、数传及接口单元、特种供电变换单元、图像数据处理单元以及多路视频处理单元组成；信号处理电箱与载荷控制电箱用一组电缆进行连接。载荷控制电箱主要实现对工程参数的采集、载荷内部各接口的控制、通信和载荷的整体控制及调焦等功能。具体是由二次电源变换单元、步进驱动单元、位置检测单元、调焦处理控制单元、通信接口单元、时标单元、遥控接口单元、内部通信与控制单元、主控制单元组成。

热控电箱由二次电源变换单元、温度采集单元、加热驱动单元、温度状态遥测单元及热控处理控制单元组成，通过电缆与测温电路及加热器连接。

由图 1-5 可见，航天光学有效载荷电子学组成均为电磁敏感度较高的设备，容易受到干扰，因此在设计上需要考虑提高航天光学有效载荷电子学各组件的电磁抗干扰性。

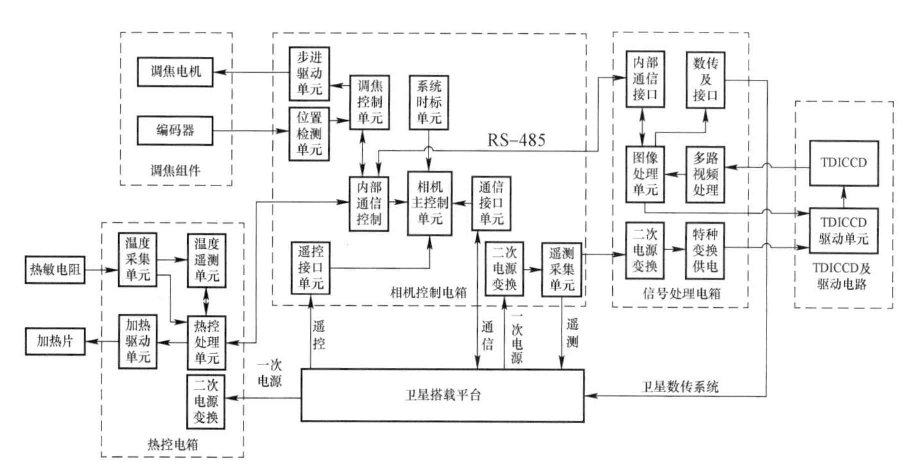

图 1-5 航天光学有效载荷电子学组成

第2章 电磁兼容分析的理论基础

光电设备电磁兼容理论分析，本质上就是对电磁兼容要素的理论描述和特性分析。对于电磁干扰源，采用电磁场理论、信号处理理论进行描述，最终目的是获取电磁干扰源的频域、时域或统计信息；对于电磁干扰的耦合途径，采用电波传播、电路理论及传输线理论进行数理模型的构建；对于电磁敏感设备，研究电磁敏感设备的敏感度阈值及敏感度评定的方法。电磁兼容分析理论是开展电磁兼容设计工作的基石。

2.1 电磁辐射理论

2.1.1 麦克斯韦方程

麦克斯韦方程是电磁场理论的基石，由英国物理学家麦克斯韦在 19 世纪建立。它是一组描述电场、磁场与电荷密度、电流密度之间关系的偏微分方程，由四个定律组成：描述电荷如何产生电场的高斯定律、论述磁单极子不存在的高斯磁定律、描述电流和时变电场怎样产生磁场的麦克斯韦－安培定律、描述时变磁场如何产生电场的法拉第感应定律。

麦克斯韦方程由四个方程组成，其微分形式如下：

$$\nabla \times \boldsymbol{H} = \boldsymbol{J} + \frac{\partial \boldsymbol{D}}{\partial t} \tag{2-1}$$

$$\nabla \times \boldsymbol{E} = -\frac{\partial \boldsymbol{B}}{\partial t} \tag{2-2}$$

$$\nabla \cdot \boldsymbol{B} = 0 \tag{2-3}$$

$$\nabla \cdot \boldsymbol{D} = \rho \tag{2-4}$$

式中，$\boldsymbol{H}$ 为磁场强度（A/m）；$\boldsymbol{E}$ 为电场强度（V/m）；$\boldsymbol{D}$ 为电位移矢量，用于描述电场的辅助物理量，用符号 D 表示，其定义式为

$$D = \varepsilon_0 E + P \tag{2-5}$$

式中，E 为电场强度；P 为极化强度；ε_0 为真空介电常数，$\varepsilon_0 = 8.85 \times 10^{-12}$ F/m；D 为电位移（C/m^2）；B 为磁感应强度（T）；ρ 为总电荷密度（C/m^3）。

麦克斯韦方程组是宏观电磁现象基本规律的高度概括和完整总结，它是分析各种经典问题的出发点。第一方程为全电流安培环路定律，表明传导电流和时变的电场都能激发磁场，它们是磁场的涡旋源；第二方程为法拉第电磁感应定律，表明时变的磁场可以激发电场，它是感应电场的涡旋源；第三

方程为磁通连续性原理，表明磁场是无源的，不存在“磁荷”，磁力线总是闭合的；第四方程为高斯定理，表明电荷是电场的通量源，电荷以发散的形式产生电场（变化的磁场以涡旋的形式产生电场）。

不仅电荷和电流能激发电磁场，而且变化着的电场和磁场可以互相激发。因此，在某处只要发生电磁扰动，由于电磁场互相激发，就会在紧邻的地方激发起电磁场，在这些地方形成新的电磁扰动，新的扰动又在更远一些地方激发起电磁场，如此继续下去，形成电磁波。电磁波的传播是不依赖于电荷、电流而独立进行的。

对于各向同性的线性媒质，其本构方程如下：

$$D = \varepsilon_0 \varepsilon_{\mathrm{r}} E = \varepsilon E \tag{2-6}$$

$$B = \mu_0 \mu_{\mathrm{r}} H = \mu H \tag{2-7}$$

$$J = \sigma E \tag{2-8}$$

式中，ε 为媒质的介电常数；μ 为媒质的磁导率；σ 为媒质的电导率；μ_0 为真空磁导率，$\mu_0 = 4\pi \times 10^{-7}\ \mathrm{H/m}$。

关于电磁场与电磁波的知识，可参考相关的专著和文献。

2.1.2　电尺寸与电磁频谱

1. 电尺寸

电尺寸是电磁兼容领域中的一个重要概念，电尺寸用波长来度量，定义为电磁辐射结构的物理尺寸与其辐射的电磁波波长的比值。当电磁辐射结构的物理尺寸小于 $\lambda/10$ 时，可以认为是电小尺寸；当电磁辐射结构的物理尺寸与信号的波长相近或大于波长时，则认为是电大尺寸。

在电小尺寸情况下，可以对麦克斯韦方程进行简单的近似处理，包括集总参数电路模型和基尔霍夫定律等方法。电大尺寸情况下，对电磁辐射、电磁散射等问题，需要对麦克斯韦方程进行直接求解，包括计算电磁学等方法；对传输线尺寸大于波长的情况，需要采用传输线理论对电磁兼容问题进行分析计算。

2. 电磁频谱

调频通信发射器发射的无线电波、雷达发射的微波、可见光、红外线和X射线都属于电磁波。在自由空间中，电磁波以光速 c（3×10^8 m/s）传播。波长与频率的关系为

$$\lambda=\frac{c}{f} \tag{2-9}$$

式中，f 为频率（Hz）；λ 为波长（m）。

区分电磁波可以用波长或频率，波长或频率的变化范围覆盖了多个数量级。频率常用的单位如表 2-1 所列。

表 2-1 频率常用的单位

单位名称	单位符号	与 Hz 的关系
千赫	kHz	1 kHz = 10^3 Hz
兆赫	MHz	1 MHz = 10^6 Hz
吉赫	GHz	1 GHz = 10^9 Hz
太赫	THz	1 THz = 10^{12} Hz

电磁波的频率范围称为电磁波谱。普通无线电波包括甚低频（VLF，3～30 kHz）、低频（LF，30～300 kHz）、中频（MF，300～3 000 kHz）、高频（HF，3～30 MHz）、甚高频（VHF，30～300 MHz），频率从几千赫到 300 MHz。用波长来称呼甚低频、低频、中频、高频、甚高频又称为超长波、长波、中波、短波、超短波，波长从 10^5 m 到 1 m。微波通常是指频率在 300 MHz～300 GHz 范围内的电磁波，其相应波长从 1 m 到 1 mm。从应用角度，微波可细分为分米波、厘米波和毫米波。微波与红外线的过渡段称为亚毫米波，亚毫米波是微波与红外的过渡，之后就是光波、紫外线、X 射线和 γ 射线等。目前，最常用频谱分类由 IEEE 创建的，如表 2-2 所列。

表 2-2　IEEE 微波波段部分频谱分类

波段	频率/GHz	波长/cm
P 波段	0.23～1	130～30
L 波段	1～2	30～15
S 波段	2～4	15～7.5
C 波段	4～8	7.5～3.75
X 波段	8～12.5	3.75～2.4
Ku 波段	12.5～18	2.4～1.67
K 波段	18～26.5	1.67～1.13
Ka 波段	26.5～40	1.13～0.75

2.1.3　电偶极子和磁偶极子

电磁辐射是指将能量以电磁波的形式向周围空间辐射。辐射干扰源的种类较多，但是，从电磁辐射的激励本质上，都可以归为电偶极子和磁偶极子的辐射，绝大部分电磁辐射源的辐射都能够由这两个基本单元的辐射进行分析推导。

1. 电偶极子的辐射

电偶极子的理论模型是一段很短的载流导线，线长远远小于线上电流的波长，线上电流为均匀分布，随时间作正弦变化。为了分析方便，将电偶极子置于一个球坐标系下，如图 2-1 所示。电偶极子元线长为 dz，线上电流为 $I\mathrm{e}^{\mathrm{j}\omega t}$，则该电偶极子产生的电场和磁场强度分别为

$$E_r = 60K^2 I\mathrm{d}z\left[\frac{1}{(Kr)^2} - \frac{\mathrm{j}}{(Kr)^3}\right]\cos\theta \mathrm{e}^{-\mathrm{j}Kr} \tag{2-10}$$

$$E_\theta = \mathrm{j}30K^2 I\mathrm{d}z\left[\frac{1}{Kr} - \frac{\mathrm{j}}{(Kr)^2} - \frac{1}{(Kr)^3}\right]\sin\theta \mathrm{e}^{-\mathrm{j}Kr} \tag{2-11}$$

$$H_{\varphi}=\mathrm{j}\frac{K^{2}}{4\pi}I\mathrm{d}z\left[\frac{1}{Kr}-\frac{\mathrm{j}}{(Kr)^{2}}\right]\sin\theta\mathrm{e}^{-\mathrm{j}Kr} \tag{2-12}$$

式中，$K=2\pi/\lambda$，λ为波长；E 为电场强度；H 为磁场强度；式中的时间因子 $\mathrm{e}^{\mathrm{j}\omega t}$ 已略去；E_r、E_θ、H_φ分别为球坐标系下的三个分量，其他分量的场均为零。

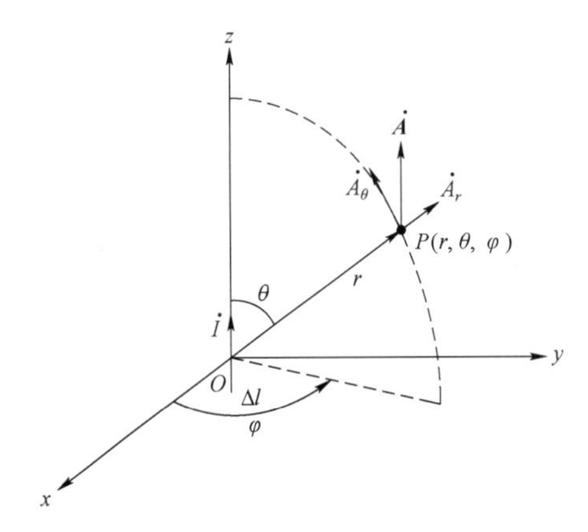

图 2-1　电偶极子模型

根据电偶极子产生的场的特性，可将其在空间的场分为三个区域：近区场、中区场和远区场。

1）近区场

当满足 $Kr\ll1$ 时，即 $r\ll\lambda/2\pi$ 的区域，称为近区。这个区域的场主要是感应性质的场，又称为感应场或近场。此时，从场强的表达式（2-10）～式（2-12）可以看出，对 E_0 和 E_r 可忽略 $1/r$ 和 $1/r^2$ 项，对 H_φ可忽略 $1/r$ 项，则电场和磁场强度分别简化为

$$E_r=-\mathrm{j}60I\mathrm{d}z\cos\theta\frac{1}{Kr^{3}}\mathrm{e}^{-\mathrm{j}Kr} \tag{2-13}$$

$$E_\theta=-\mathrm{j}30I\mathrm{d}z\sin\theta\frac{1}{Kr^{3}}\mathrm{e}^{-\mathrm{j}Kr} \tag{2-14}$$

$$H_\varphi=\frac{1}{4\pi}I\mathrm{d}z\sin\theta\frac{1}{r^{2}}\mathrm{e}^{-\mathrm{j}Kr} \tag{2-15}$$

由式（2-13）～式（2-15）可知，电场和磁场相位差为 90°，是一个

场的振荡，其电场强度按 $1/r^3$ 关系衰减，磁场强度按 $1/r^2$ 关系衰减。

2）远区场

当满足 $Kr \ll 1$ 时，即 r 在 $r \gg \lambda/2\pi$ 的区域称为远区。此时，忽略式（2-13）～式（2-15）中的高次项，仅保留 $1/r$ 项，则电场和磁场强度分别简化为

$$E_r = 0 \tag{2-16}$$

$$E_\theta = \mathrm{j}\frac{60\pi I \mathrm{d}z}{r\lambda}\sin\theta \mathrm{e}^{-\mathrm{j}Kr} \tag{2-17}$$

$$H_\varphi = \mathrm{j}\frac{KI\mathrm{d}z}{4\pi r}\sin\theta \mathrm{e}^{-\mathrm{j}Kr} \tag{2-18}$$

且有

$$\frac{E_\theta}{H_\varphi} = \sqrt{\frac{\mu}{\varepsilon}} = \eta \tag{2-19}$$

式中，η 为空间的波阻抗，自由空间远区场的波阻抗 $\eta_0 = 120\pi$。

由以上分析可见，电场与磁场同相位，能量传输方向为 r 径向，表示场在向 r 径向传输或辐射，所以这一区域的场称为远场或辐射场。

电场和磁场强度分量 E_θ 和 H_φ 均正比于因子 $\mathrm{e}^{-\mathrm{j}Kr}/r$，这表明电偶极子的辐射场是一个球面波，当 r 足够大时，局部可认为是平面波。另外，场量还和 $\sin\theta$ 成比例，表明辐射场是有方向性的，在不同的方向产生的辐射场也不同。

在远场区电磁场只有与传播方向垂直的两个场分量 E_θ 和 H_φ，或 H_θ 和 E_φ 有关，在传播方向没有场分量，称为横电磁（TEM）波，又称为平面电磁波。平面电磁波有如下性质。

（1）电磁波的两个场分量电场与磁场在空间相互垂直，并且在同一个平面上。

（2）电场和磁场在时间上同相位。

（3）平面波在自由空间的传播速度为

$$V_\mathrm{c} = \frac{1}{\sqrt{\mu_0 \varepsilon_0}} = 3\times 10^8\ \ (\mathrm{m/s}) \tag{2-20}$$

（4）自由空间电场和磁场强度分量的比值（波阻抗）是一个常数，与场源的特性和距离无关。对于电偶极子，其波阻抗为

$$Z_{W}=\frac{E_{\theta}}{H_{\varphi}}=\sqrt{\frac{\mu_{0}}{\varepsilon_{0}}}=120\pi=377\ (\Omega) \tag{2-21}$$

用磁偶极子远场区的 E_{φ} 和 H_{θ} 的表达式可获得同样的结果。

（5）平面波中电场能量密度 W_{e} 和磁场能量密度 W_{m} 各为电磁波总能量的 1/2，即

$$W_{e}=\frac{\varepsilon E^{2}}{2} \tag{2-22}$$

$$W_{m}=\frac{\mu H^{2}}{2} \tag{2-23}$$

$$W=W_{e}+W_{m}=2W_{e}=2W_{m} \tag{2-24}$$

（6）电磁波能量的传播方向由坡印廷矢量确定，即

$$\dot{\boldsymbol{S}}=\dot{\boldsymbol{E}}\times\dot{\boldsymbol{H}} \tag{2-25}$$

式中，$\dot{\boldsymbol{S}}$ 为坡印廷矢量；$\dot{\boldsymbol{E}}$ 和 $\dot{\boldsymbol{H}}$ 为互相垂直的电场与磁场矢量。

依据电偶极子方程，首先可以求出任何电流分布已知时导线的辐射场，把导线进行微分，每一个微分元可看作一个电偶极子；然后把所有的电偶极子产生的场相加，即可求出导线的辐射场。从数学上，这一个积分的过程。例如，导线为直导线，长为 l，其上电流的分布为 $I(z)$，则该导线的辐射场强为

$$E_{A}=\mathrm{j}\frac{60\pi\sin\theta}{\lambda}\frac{\mathrm{e}^{-\mathrm{j}Kr}}{r}\int_{0}^{l}I(z)\mathrm{d}z\mathrm{e}^{-\mathrm{j}Kr}\cos\theta \tag{2-26}$$

和

$$H_{\varphi}=\frac{E_{\theta}}{\eta} \tag{2-27}$$

3）中区场

在远区场与近区场的分界区域，即 $r=\lambda/2\pi$ 附近，称为中区。这时，场的各项都不能忽略，这一区域既有感应场，又有辐射场。

2. 磁偶极子的辐射

磁偶极子可认为是一个直径远小于波长的载流圆环导线，将其置于球坐标系下，如图 2-2 所示。

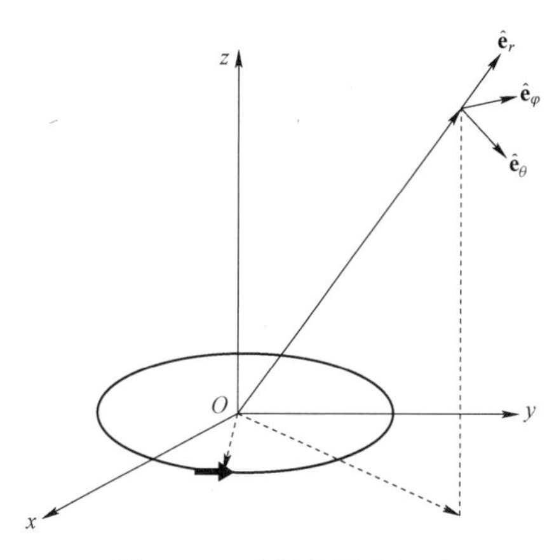

图 2-2　磁偶极子坐标系

该坐标系下，磁偶极子产生的磁场和电场强度分别为

$$H_r=\frac{K^2}{2\pi}\mathrm{d}m\left[\frac{\mathrm{j}}{(Kr)^2}+\frac{\mathrm{j}}{(Kr)^3}\right]\cos\theta\mathrm{e}^{-\mathrm{j}Kr} \tag{2-28}$$

$$H_\theta=-\frac{K^2}{4\pi}\mathrm{d}m\left[\frac{1}{Kr}-\frac{1}{(Kr)^2}-\frac{1}{(Kr)^3}\right]\sin\theta\mathrm{e}^{-\mathrm{j}Kr} \tag{2-29}$$

$$E_\varphi=30K^2\mathrm{d}m\left[\frac{1}{Kr}-\frac{\mathrm{j}}{(Kr)^2}\right]\sin\theta\mathrm{e}^{-\mathrm{j}Kr} \tag{2-30}$$

式中，dm 为磁偶极子的微分磁矩，它的大小为导线电流 I 与圆环的面积 A 的乘积。

可以发现，磁偶极子的场与电偶极子的场极为相似，区别在于将电与磁的量互换，这正是电磁理论中的对偶原理。因此，对磁偶极子的分析可以仿照电偶极子的分析，把场区分为三个区域，每个区域的特性与电偶极子基本相同。

需要注意的是，自然界中至今还没有发现理想的磁偶极子，这里的磁偶极子只是一种假设，假设的前提是微分小环的辐射与理想的磁偶极子的辐射完全相同，当圆环的直径小于$\lambda/10$时，场的表达式相当精确。

还有一种结构，其辐射特性与磁偶极子的辐射特性非常相似，那就是无穷大金属平面上的窄缝。这种结构的电场横跨缝隙的窄边，它的辐射相当于一个正好填满该缝隙的电偶极子的辐射，两者唯一的区别仅在于是将电和磁的量互换。

2.1.4 电磁波的极化

电场强度的方向随时间变化的规律称为电磁波的极化特性。在抑制电磁辐射防护或电磁兼容性试验中，都会遇到电磁波的极化问题。

设某一个平面波的电场强度仅具有x分量，而且向正z轴方向传播，则其瞬时值可表示为

$$E_x(z,t)=\boldsymbol{e}_x E_{xm}\sin(\omega t-kz) \tag{2-31}$$

显然，在空间任意一个固定点，电场强度矢量的端点随时间的变化轨迹为与x轴平行的直线。因此，这种平面波的极化特性称为线极化，其极化方向为x轴方向。

设另一个同频率的y轴方向极化的线极化平面波，也向正z轴方向传播，其瞬时值为

$$E_y(z,t)=\boldsymbol{e}_y E_{ym}\sin(\omega t-kz) \tag{2-32}$$

式（2−31）和式（2−32）中的两个相互正交的线极化平面波E_x及E_y具有不同振幅，但是具有相同的相位，它们合成后，其瞬时值为

$$E(z,t)=\sqrt{E_x^2(z,t)+E_y^2(z,t)}=\sqrt{E_{xm}^2+E_{ym}^2}\sin(\omega t-kz) \tag{2-33}$$

式（2−33）表明，合成波的大小随时间的变化仍为正弦函数，合成波的方向与x轴的夹角为

$$\tan\alpha=\frac{E_y(z,t)}{E_x(z,t)}=\frac{E_{ym}}{E_{xm}} \tag{2-34}$$

由式（2−34）可见，合成波的极化方向与时间无关，电场强度矢量端

点的变化轨迹是与 x 轴夹角为 α 的一条直线。因此，合成波仍然是线极化波，如图 2-3 所示。

由图 2-3 可见，两个相位相同、振幅不等的空间相互正交的线极化平面波，合成后仍然形成一个线极化平面波。反之，任意一个线极化波可以分解为两个相位相同、振幅不等的空间相互正交的线极化波。

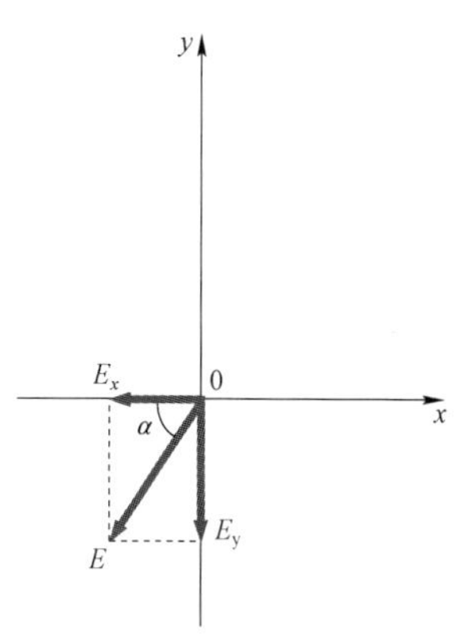

图 2-3　合成波的极化方向

若上述两个线极化波 E_x 及 E_y 的相位差为 $\frac{\pi}{2}$，但振幅皆为 E_m，即

$$E_x(z,t)=\boldsymbol{e}_x E_m \sin(\omega t-kz) \tag{2-35}$$

$$E_y(z,t)=\boldsymbol{e}_y E_m \sin\left(\omega t-kz+\frac{\pi}{2}\right)=\boldsymbol{e}_y E_m \cos(\omega t-kz) \tag{2-36}$$

则合成波瞬时值为

$$E(z,\ t)=\sqrt{E_x^2(z,t)+E_y^2(z,t)}=E_m \tag{2-37}$$

合成波矢量与 x 轴的夹角为

$$\tan\alpha=\frac{E_y(z,t)}{E_x(z,t)}=\cot(\omega t-kz)=\tan\left[\frac{\pi}{2}-(\omega t-kz)\right] \tag{2-38}$$

$$\alpha=\frac{\pi}{2}-(\omega t-kz) \tag{2-39}$$

由式（2-39）可知，对于某一个固定的 z 点，夹角 α 为时间 t 的函数。电场强度矢量的方向随时间不断地旋转，但其大小不变。因此，合成波的电场强度矢量的端点轨迹为一个圆，这种变化规律称为圆极化，如图 2-4 所示。

圆极化波分左旋和右旋（图 2-5），其旋向与圆极化收/发天线的旋向一致。在电磁兼容性试验中，线极化天线与圆极化天线可以在一定条件下兼容。

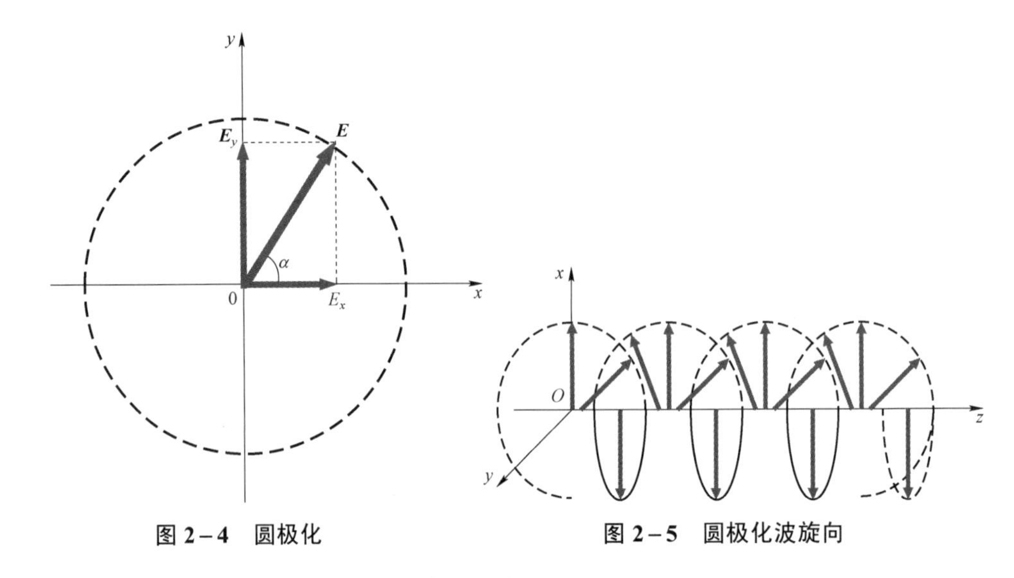

图 2-4 圆极化　　图 2-5 圆极化波旋向

若上述两个相互正交的线极化波 E_x 和 E_y 具有不同振幅及不同相位，即

$$\begin{cases} E_x(z,t) = \boldsymbol{e}_x E_{xm}\sin(\omega t - kz) \\ E_y(z,t) = \boldsymbol{e}_y E_{ym}\sin(\omega t - kz + \varphi) \end{cases} \tag{2-40}$$

则合成波的 E_x 分量和 E_y 分量满足

$$\left(\frac{E_x}{E_{xm}}\right)^2 + \left(\frac{E_y}{E_{ym}}\right)^2 - \frac{2E_xE_y}{E_{xm}E_{ym}}\cos\varphi = \sin^2\varphi \tag{2-41}$$

式（2-41）是一个椭圆方程，它表示对于空间任意一点，即固定的 z 值，合成波矢量的端点轨迹是一个椭圆。因此，这种平面波称为椭圆极化波，如图 2-6 所示。

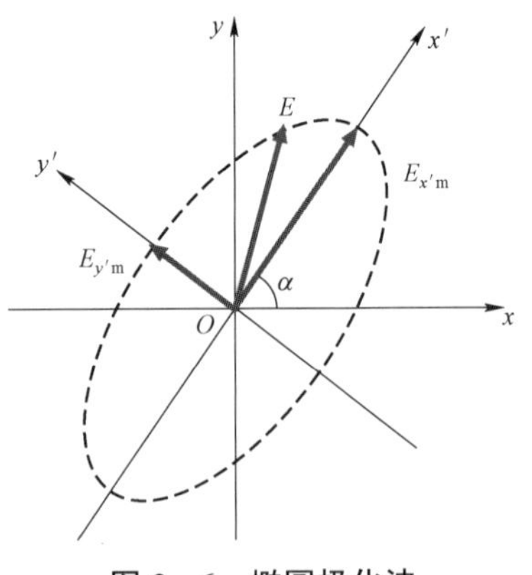

图 2-6 椭圆极化波

2.1.5 印制电路板的电磁辐射

光电设备中，电子学功能实现的基础物理载体为印制电路板，各种电磁兼容的问题究其根源，大部分可以追溯到印制电路板。

由等效天线理论，印制电路板本身的电磁辐射主要结构为印制电路板走线和输入/输出线缆。电缆结构是主要的电磁辐射源，属于效率很高的辐射天线。有些电缆本身传输的信号频率很低，但由于印制电路板上的高频信号会耦合到电缆上，二次耦合也会产生较强的高频辐射。

电缆的辐射包括共模和差模两种方式。干扰电流在电缆上传输有两种方式：差模方式和共模方式。成对的电缆上如果流过的电流大小相等、方向相反则称为差模电流，一般有用信号都是差模电流。成对的电缆上如果流过的电流方向相同则称为共模电流。干扰电流在电缆上传输时既能以差模方式出现，又能以共模方式出现。

差模电流产生差模辐射，共模电流产生共模辐射，如图 2－7 所示。

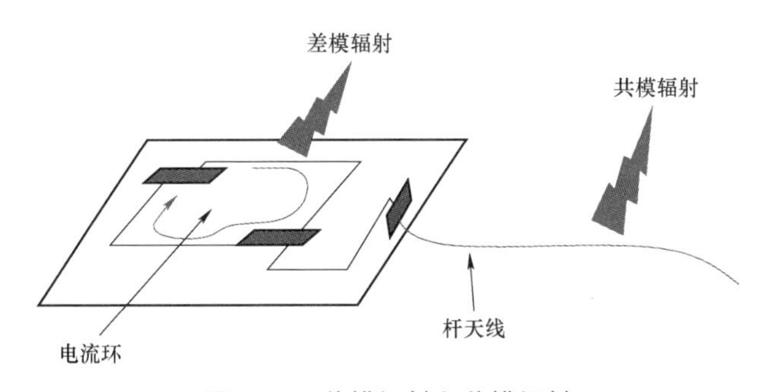

图 2－7　差模辐射和共模辐射

1. 差模辐射

当差模电流流过印制电路板中的走线环路时，将引起差模辐射。这种环路相当于小环天线，能向空间辐射电场、磁场，或接收电场、磁场。

用偶极子模型计算得到差模电流的辐射电场强度为

$$E=131.6\times10^{-16}(f^2\cdot A\cdot I)\frac{1}{r}\sin\theta \qquad (2-42)$$

式中，E 为电场场强（V/m）；f 为差模电流的频率（Hz）；A 为差模电流的环路面积（m^2）；I 为差模电流的强度（A）；r 为观察点到差模电流环路的距离（m）。

在电磁兼容分析中，考虑最坏情况，设 $\sin\theta=1$，由于在实际的测试环境中，地面总是有反射的，考虑这个因素，实际的值最大可增加 1 倍，即：

$$E = 263 \times 10^{-16} (f^2 \cdot A \cdot I) \frac{1}{r} \tag{2-43}$$

对于军用标准，取 r=1 m；对于民用标准，r 可以取 3 m、10 m 或 30 m。

根据差模辐射的计算公式，可以直接得出减小差模辐射的方法：① 降低电路的工作频率；② 减小信号环路的面积；③ 减小信号电流的强度。

由于高速信号处理速度的提高，电子设备的时钟频率越来越高，因此限制系统的工作频率将导致设备工作性能的下降，不具备可实施性；信号电流强度的减小会导致驱动能力下降，该方法通常也不具备可实施性；最现实而有效的方法是控制信号环路的面积。

脉冲信号是差模干扰源的一个重要类型，脉冲信号差模辐射的频谱是脉冲信号的频谱与差模辐射的频率特性的乘积。脉冲信号具有很宽的频谱，在线性－对数坐标中画出频谱的包络线有两个拐点，一个在 $1/\pi d$ 处，另一个在 $1/\pi t_r$ 处。其中，d 是脉冲的宽度，t_r 是脉冲的上升时间。在 $1/\pi d$ 以下，包络线保持不变；在 $1/\pi d$～$1/\pi t_r$ 之间，包络线以 20 dB/（°）的速率下降；在 $1/\pi t_r$ 以上，包络线以 40 dB/（°）的速率下降。其中，$1/\pi t_r$ 对应的频率称为脉冲信号的带宽。非周期脉冲信号的频谱是连续谱，周期信号的频谱是离散谱。由于离散谱的能量集中在有限的频率上，因此周期信号是电磁干扰发射的主要因素。脉冲信号的频谱如图 2－8 所示。

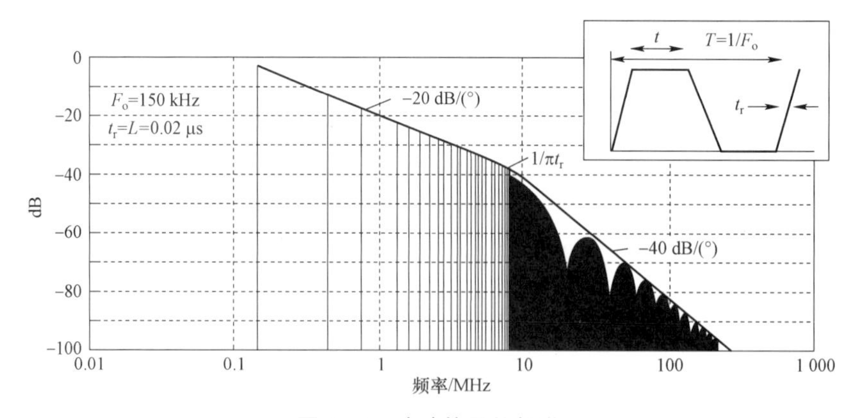

图 2－8 脉冲信号的频谱

2. 共模辐射

共模辐射来源于接地电路中的电压降，某些部位具有高电位的共模电压，当外接电缆与这些部位连接时，就会在共模电压激励下产生共模电流，成为辐射电场的天线。多数共模辐射是由于接地系统中存在电压降造成的。

共模辐射可用由对地电压激励、长度小于$\lambda/4$ 的短单极天线来模拟。对于接地平面上长度为 l 的短单极天线来说，在距离 r 处辐射场（远场）的电场强度为

$$E = 4\pi \times 10^{-7}(f \cdot I \cdot l)\frac{1}{r}\sin\theta \tag{2-44}$$

式中，E 为电场强度（V/m）；f 为共模电流频率（Hz）；I 为共模电流（A）；l 为电缆长度（m）；r 为测试天线到电缆的距离（m）；θ 为测试天线与电缆的夹角（°）。

设天线指向为最大场强，则得到最大电场强度的计算公式为

$$E = 12.6 \times 10^{-7}(f \cdot I \cdot l)\frac{1}{r} \tag{2-45}$$

从式（2-45）中可以看到，共模辐射与电缆的长度 l、共模电流的频率 f 和共模电流强度 I 成正比。与控制差模辐射不同的是，控制共模辐射可以通过减小共模电流来实现，因为共模电流并不是电路工作所需要的。

假设差模电流的回路面积为 10 cm^2，载有共模电流的电缆长度为 1 m，电流的频率为 50 MHz，令共模辐射的电场强度等于差模辐射的电场强度，则

$$\frac{I_d}{I_c} = 1\,000 \tag{2-46}$$

式（2-46）表明，共模辐射强度 I_d 远远大于差模辐射强度 I_c。

共模辐射与共模电流的频率 f、共模电流 I 及天线（电缆）长度 l 成正比。因此，减小共模辐射可采用降低频率 f、减小电流 I、减小长度 l 等方法，而限制共模电流 I 是减小共模辐射的基本方法。

采用接地平面，有效减小地电位；提供与电缆串联的高共模阻抗，可以采用加共模扼流圈的方式；通过去耦电容等器件将共模电流旁路到地；电缆

屏蔽层与屏蔽壳体作 360° 端接。

3. 逻辑器件的电磁辐射

逻辑器件是一种干扰发射较强、最常见的宽带骚扰源，器件翻转时间越短，对应逻辑脉冲所占频谱越宽，可用频谱宽度 BW 与上升时间 t_r 的关系表示为

$$\mathrm{BW}=\frac{1}{\pi t_r} \tag{2-47}$$

实际辐射频率范围可能达到 BW 的 10 倍以上。例如，当 t_r=2 ns 时，频谱宽度 BW=159 MHz，实际辐射频率范围可达 1.6 GHz 以上。

2.2 电磁干扰源

2.2.1 电磁干扰源的特性

电磁干扰源包括辐射干扰源和传导干扰源两种。辐射干扰源的机理在 2.1 节进行了较详尽的阐述。辐射干扰的主要特性包括电磁波的空间分布、时间分布和频率特性。对于有意辐射干扰源，其辐射干扰的空间分布是比较容易计算的，主要取决于发射天线的方向性及传输路径损耗。对于无意辐射源，无法从理论上严格计算，经统计测试可得到一些无意辐射源干扰场分布的有关数学模型及经验数据。对于随机干扰，由于不能确定未来值，其干扰电平不能用确定的值来表示，需用其指定值出现的概率来表示。

辐射干扰的时间分布与干扰源的工作时间和干扰的出现概率有关，按照干扰的时间出现概率可分为周期性干扰、非周期性干扰和随机干扰三种类型。周期性干扰是指在确定的时间间隔上能重复出现的干扰；非周期干扰虽然不能在确定的周期重复出现，但其出现时间是确定的，而且是可以预测的；典型的非周期性的脉冲干扰包括雷电、静电放电、核电磁脉冲及高功率微波等。雷电、静电及核脉冲信号的特征多用其波形的上升时间参数 t_r（t_r 是指

脉冲上升到峰值的 10%的点与脉冲上升到峰值的 90%的点之间的时间）及下降时间参数 t_d（脉冲上升到峰值的 50%与从峰值下降至峰值的 50%之间的时间）来表示。

随机干扰则以不能预测的方式变化，其变化特性也是没有规律的，因而随机干扰不能用时间分布函数来分析，而应用幅度的频谱特性来分析。

此外，功能性干扰源是产生电磁辐射干扰的重要类别。射频发射机、雷达是最常见和最典型的功能性干扰源。对发射机来讲，由于不能按设计产生、放大和调制纯净的工作频率，因而会产生电磁干扰。射频发射机和雷达的射频载波的产生和调制都是由非线性装置完成的，会产生工作频率以外的频率分量。谐波分量通常随发射机、振荡幅度和负载而增加。调制过程中的非线性也能产生非期望的频率分量。若没有足够的滤波衰减，这些分量会经天线辐射出来。

传导干扰源的主要特性包括频谱、幅度、波形和出现率。

多数电子设备都具有从最低可测到的频率一直伸展到 1 GHz 以上的传导频谱，低频时按集总参数电路处理，高频时则按分布参数电路处理。当频率再高时，由于导体损耗以及分布电感、分布电容的作用，传导电流大为衰减，因而干扰信号更趋向于辐射干扰。在通常的光电设备中，传导干扰源的频谱集中在 25 Hz～10 MHz。

传导干扰源有各种不同的波形，如矩形波、三角波、余弦形波和高斯形波等。波形是决定带宽的重要因素，上升斜率越陡，所占的带宽就越宽。通常脉冲下的面积决定了频谱中的低频含量，而其高频含量与脉冲沿的陡度有关。在所有脉冲中，高斯脉冲占有的频谱最窄。

传导干扰源中，电源线传导干扰源是重要的一类。当许多设备共用一个电源时，相互之间很容易产生供电源干扰。例如，一台计算机和大功率设备共用电源时，当启动或关闭大功率设备时，会在电源线上产生尖峰脉冲，这种脉冲极可能使计算机出错甚至损坏。

转换开关、继电器、发电机和电机等装置会产生严重的电源线传导干扰。由于开关、继电器的工作是瞬态的，所以它们产生的干扰也是瞬态的。这种干扰能使数字化设备产生假触发、假判断、逻辑或循环出错。

任何开关装置，在断开和闭合时都产生瞬变，在正常工作期间会出现电弧。电弧由被高度电离后导电的气体介质产生，代替了部分金属线路。

继电器是在控制电路中应用广泛的一种开关器件，在它的回路中有线圈电感的触点开关。假定在所考虑的时间内，回路的电感不变，则穿过电感回路的电流，在理论上不能突变，实际上甚至不能接近突变。在系统或设备中，开关控制着一个或多个回路的复合电感的通、断。每一次通、断都伴随着迅速的电流浪涌以及高压浪涌，产生干扰。

2.2.2 电磁干扰源的频域描述

电磁干扰源可以在时域和频域内进行描述，除了极少数为恒定的情况外，绝大部分的干扰信号都是时变的，包括正弦、非正弦、周期性和非周期性，甚至是脉冲波形式。从耦合途径的分析及电磁兼容控制角度，有必要对时变的干扰信号进行频域分析。例如，在考虑滤波和屏蔽时都要知道干扰源所含的频率成分。

1. 周期性函数的傅里叶变换

设 $f(t)$为周期性干扰信号，周期为 T，即 $f(t)=f(t+nT)$。其傅里叶变换公式为

$$\begin{aligned} f(t) &= F_0 + \sum_{n=1}^{\infty}(A_n \cos n\omega t + B_n \sin n\omega t) \\ &= F_0 + \sum_{n=1}^{\infty} F_n \cos(n\omega t + \varphi_n) \end{aligned} \tag{2-48}$$

式中，A_n、B_n、φ_n 的计算公式可查阅相关文献。

由式（2-48）可知各频率分量的幅值、相位。

周期信号的频谱由不连续的谱线组成，每一条线代表一个正弦分量，而且每个高次频率都是基频 $f_1=1/T$（式（2-2）中的 $n=1$）的整倍数（$f_n=nf_1$，$\Delta f=f_1=1/T$）。各高次频率的幅值都随频率的增高而逐渐减小。图 2-9 所示为脉宽都是 τ，但周期 T 不同的矩形脉冲的频谱图。周期 T 越大，谱线越密，若 $T\to\infty$，则谱线将完全连续。

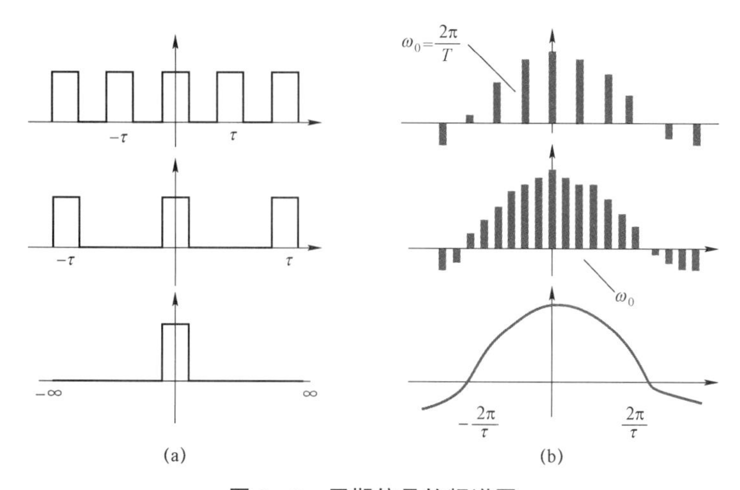

图 2-9　周期信号的频谱图

（a）周期信号；（b）周期信号频谱

2. 非周期性干扰信号的频谱分析

对非周期性信号 $f(t)$，傅里叶变换变为傅里叶积分，即

$$F(\omega)=\int_{-\infty}^{+\infty} f(t)\mathrm{e}^{-\mathrm{j}\omega t}\mathrm{d}t \tag{2-49}$$

当周期 $T\to\infty$ 时，式（2-49）中的频率间隔 $\Delta\omega$ 成为无穷小量 $\mathrm{d}\omega$；变量 $n\omega$ 由离散量变为连续量 ω；求和（$\sum$）变为积分（$\int$），因此非周期脉冲的谱线变为连续谱。

例如，单个幅度 A、脉宽为 τ 的方波脉冲的频谱为

$$F(\omega)=\int_{-\tau/2}^{\tau/2} E\mathrm{e}^{-\mathrm{j}\omega t}\mathrm{d}t=\int_{-\tau/2}^{\tau/2} E\cos\omega t\mathrm{d}t=\frac{2E}{\omega}\sin\frac{\omega\tau}{2} \tag{2-50}$$

方波脉冲信号及其频谱图如图 2-10 所示。

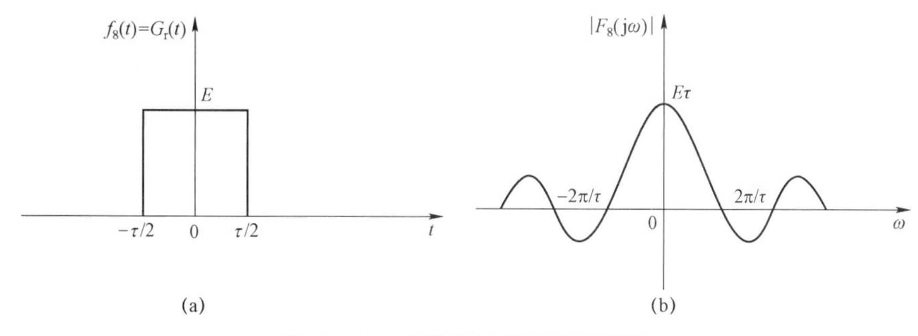

图 2-10　方波脉冲信号及频谱图

（a）方波脉冲信号；（b）方波脉冲信号频谱

2.2.3 Δ*I* 噪声电流和瞬态负载电流

Δ*I* 噪声电流和瞬态负载电流是印制电路板级主要的干扰来源。Δ*I* 噪声电流问题，也称为地线跳跃（ground bounce）问题。

Δ*I* 噪声电流的产生和干扰的基本机理是：当数字集成电路在加电工作时，它内部的门电路将会发生“0”和“1”的变换，实际上是输出高、低电位之间的变换。在变换的过程中，该门电路中的晶体管（对于 TTL 电路是三极管，对于 CMOS 电路是场效应管）将发生导通和截止状态的转换，会有电流从所接电源流入门电路，或从门电路流入地线，从而使电源线或地线上的电流产生不平衡，发生变化。这个变化的电流就是 Δ*I* 噪声的源，称为 Δ*I* 噪声电流。由于电源线和地线存在一定的阻抗，其电流的变化将通过阻抗引起尖峰电压，并引发其电源电压的波动，这个电源电压的变化就是 Δ*I* 噪声电压，会引起误操作并产生传导干扰和辐射干扰。

由于在集成电路内部，多个门电路共用一条电源线和地线，因此其他门电路将受到电源电压变化的影响，严重时会使这些门电路工作异常，产生运行错误。这种 Δ*I* 噪声电流也可称为芯片级 Δ*I* 噪声电流。同时，在一块数字印制电路板上，常常是多个芯片共用同一条电源线和地线，而多层数字印制电路板则采用整个金属薄面作为电源线或地线，这样一个芯片工作引发的 Δ*I* 噪声电流将通过电源线和地线干扰其他芯片的正常工作，这就是印制电路板级 Δ*I* 噪声电流。Δ*I* 噪声是由数字电路的电路结构和工作过程决定的，而且是固有的。恰当的元件设计，只能在一定程度上减小（而无法消除）Δ*I* 噪声。

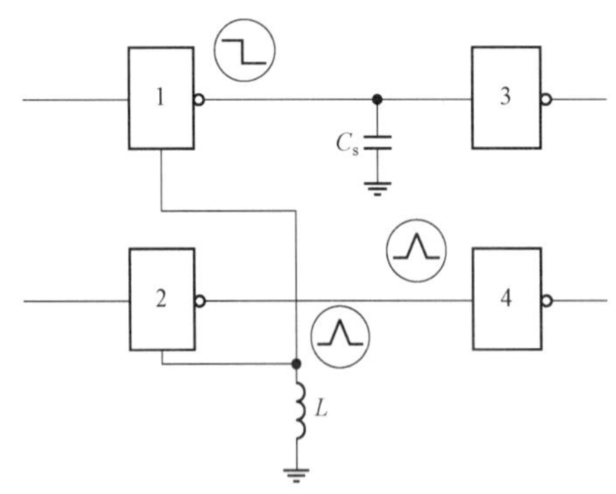

图 2-11　数字电路噪声原理

图 2-11 所示为由四个门组成的数字电路。在门 1 翻转之前，它输出高电位，而且门 1 和门 3 之间的驱动线对地电容 C_s 充电，其值等于电源电压。

当门 1 由高电位向低电位翻转时，将有电流 $\Delta I_1 = I_p$，由门电路注入地线，

电容 C_s 的放电电流$\Delta I_2=I_1$ 也将注入地线。由于地线电感 L 的作用，在门 1 和门 2 的接地端产生尖峰电压，引起电源电压的波动，即ΔI 噪声电压 U。如果门 2 输出低电平，该尖峰脉冲耦合到门 4 的输入端，造成门 4 状态的变化。所以，ΔI 噪声电压不仅引起了传导和辐射发射，还会造成电路的误操作，若想减少ΔI 噪声电压的幅度，就需要减小地线电感 L。

ΔI 噪声电压对数字电路的危害，可概括为以下几点。

（1）影响同一集成芯片内其他门电路的正常工作。如果 ΔI 噪声电压足够大，将使门电路的工作电源电压发生较大的偏移，从而使芯片工作异常，发生错误。

（2）影响其他集成芯片的运行，一个芯片产生的 ΔI 噪声将沿着电源分配系统传导，从而使其他芯片工作异常，发生错误。

（3）使门电路的输出发生波形扭曲变形，从而增加相连门电路的工作延迟时间，严重时可使整个电路的机器工作周期发生紊乱，导致工作错误。

印制电路板级的另一个主要干扰来源为瞬态负载电流，瞬态负载电流 I_L 可由下式计算：

$$I_L=C_s\frac{du}{dt} \tag{2-51}$$

式中，C_s 为驱动线对地电容与驱动门电路输入电容之和；du、dt 分别为典型输出翻转电压和翻转时间。使用单面板时，驱动线对地电容为 0.1～0.3 pF/cm；使用多层板时，驱动线对地电容为 0.3～1 pF/cm。

当驱动线较长，使它的传输延迟超过脉冲上升时间时，瞬态负载电流可表示为

$$I_L=\frac{\Delta U}{Z_0} \tag{2-52}$$

式中，ΔU 为翻转电压；Z_0 为驱动线特性阻抗。

瞬态负载电流 I_L 与 ΔI 噪声电流会产生复合。当逻辑器件发生导通和截止状态的转换时，ΔI 噪声电流总是从所接电源注入器件或由器件注入地线。而瞬态负载电流 I_L 则不然，当脉冲从低到高翻转时，I_L 为正且与 ΔI 噪声电流叠加；当脉冲从高到低翻转时，I_L 为负且与 ΔI 噪声电流抵消。当存在很

高的开关速度和引线电感及驱动线对地电容时，将产生很高的瞬态电压和电流，它们是印制电路板级传导干扰和辐射干扰的初始源。

克服瞬态电压和电流的办法：减小 L、C_s、ΔI 和 ΔU，增加 dt 即 t_r。因此，应优选多层板，使引线电感上尽可能减小。此外，还应减小驱动线对地分布电容和驱动门输入电容，正确选择信号参数和脉冲参数等。安装去耦电容，也是抑制 ΔI 噪声电流的一种方法。

2.3　电磁干扰的耦合途径

传导干扰的传输途径有两条：通过空间辐射的辐射传输和通过导线的传导传输。辐射传输主要研究在电磁干扰以电磁波的形式传播的规律以及在近场条件下的电磁耦合；传导传输讨论传输线的分布参数和电流的传输方式对电磁干扰传输的影响。

2.3.1　传导耦合的类型

传导是电磁干扰源与敏感设备之间的主要耦合途径。传导干扰源可以通过电源线、信号线、互连线、接地导体等进行耦合。在低频时，电源线、接地导体、电缆的屏蔽层等的阻抗特性为低阻抗，干扰电平注入这些导体时易于传播，传导到其他敏感电路时，就可能产生电磁干扰。

传导耦合按其耦合方式可以划分为电路性耦合、电容性耦合和电感性耦合三种基本方式。实际工程中，这三种耦合方式同时存在、互相联系。

1. 电路性耦合

电路性耦合是最常见、最简单的传导耦合方式。最简单的电路性传导耦合模型如图 2－12 所示。

若公共阻抗 Z_{12} 中不含电抗元件，则该电路为共电阻耦合，简称电阻性耦合。当两个电路的电流流经一个公共阻抗时，一个电路的电流在该公共阻抗上形成的电压就会影响到另一个电路，这就是共阻抗耦合。能够形成共阻抗耦合的电路结构包括有电源输出阻抗（包括电源内阻、电源与电路间连接的公共导线）、接地线的公共阻抗等。图 2－13 所示为地电流流经公共地线阻抗的耦合，简称共地耦合。图 2－13 中地线电流 1 和地线电流 2 流经地线阻抗，电路 1 的地电压被电路 2 流经公共地线阻抗的干扰电流所调制。因此，干扰信号将由电路 2 经公共地线阻抗耦合至电路 1。在工程设计时应将地线尽量缩短并加粗，以降低公共地线阻抗。

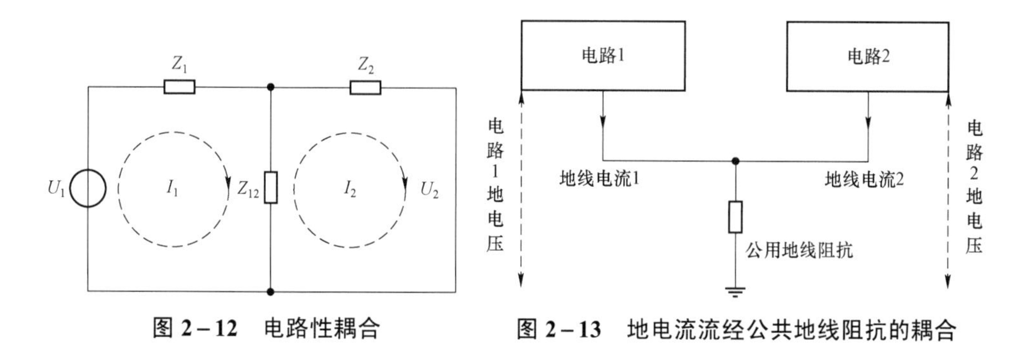

图 2－12　电路性耦合　　**图 2－13　地电流流经公共地线阻抗的耦合**

电源内阻耦合也是常见的一种耦合方式，图 2－14 中电路 2 的电源电流的任何变化都会影响电路 1 的电源电压，这是由两个公共阻抗造成的：电源引线是一个公共阻抗，电源内阻也是一个公共阻抗。将电路 2 的电源引线靠近电源输出端可以降低电源引线的公共阻抗耦合。采用稳压电源可以降低电源内阻，从而降低电源内阻的耦合。

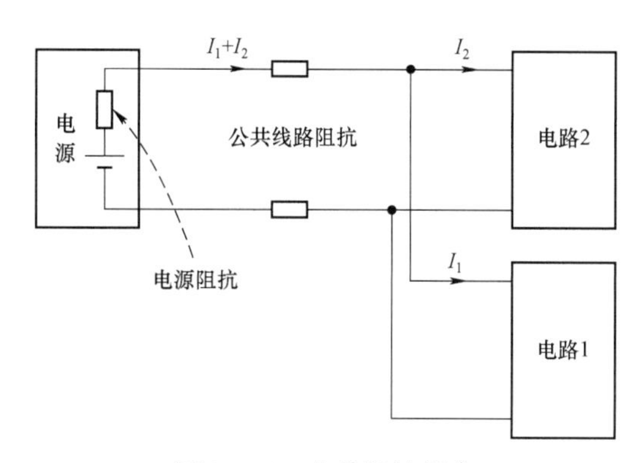

图 2－14　公共阻抗耦合

2. 电容性耦合

干扰源上的电压变化在被干扰对象上引起感应电流而引起的电场干扰，对于两个互不相连的导体来说，只要其中一个导体上加上电压，它就能在中间产生电场，而电场对处于其中的导体上的电荷流动会形成一定的影响，从而形成容性耦合。当导体 AB 和导体 CD 之间具有容性耦合时（图 2-15），则导体 AB 在导体 CD 之间产生的感应电流为

$$I_M = C_M \frac{dV_A}{dt} \tag{2-53}$$

式中，I_M 为导体间感应电流；C_M 为导体间耦合电容，V_A 为动态网络 AB 上所加的电压。

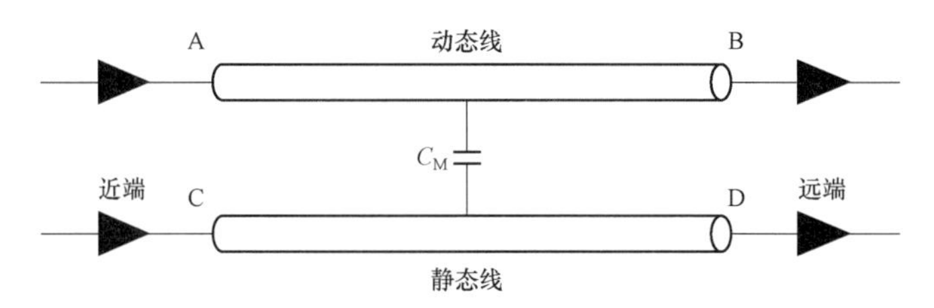

图 2-15　电容性耦合

3. 电感性耦合

感性耦合是由于干扰源上的电流变化产生的磁场在被干扰对象上引起感应电压，从而引起的电磁干扰。对于两个互不相连的导体来说，只要其中一个导体中有电荷流动就会在导体周围产生一定的磁场，如图 2-16 所示，而磁场一定会对处于其中的导体中的电荷移动产生作用，从而形成感性耦合。

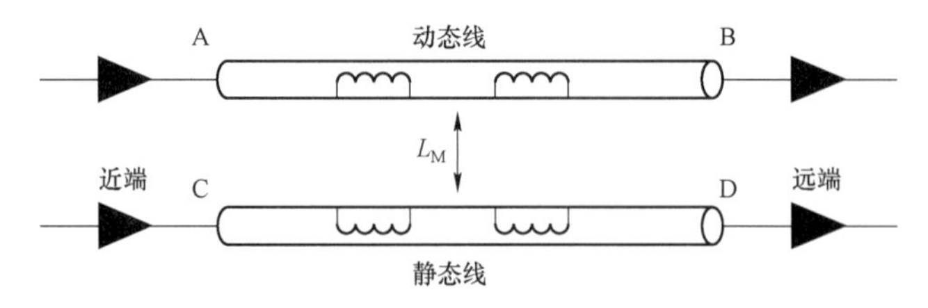

图 2-16　电感性耦合

在图 2-16 中，当导体 AB 和导体 CD 之间具有感性耦合时，则导体 AB 在导体 CD 之间产生的感应电压计算公式为

$$V_{\mathrm{M}} = L_{\mathrm{M}} \frac{\mathrm{d}I_{\mathrm{A}}}{\mathrm{d}t} \tag{2-54}$$

式中，V_{M} 为导体间感应电压；L_{M} 为导体间耦合电感；I_{A} 为动态网络 AB 上的电流。

2.3.2　传导干扰传输线路的性质

传导干扰主要靠传输线路的电流和电压而起作用，因而传输线路在不同频率下所呈现的性质不同，处理方法也有所差异。

1. 低频传输线路

低频是指传输线路的几何长度 l 远远小于工作波长 λ，即 $l \ll \lambda$。微波技术中所说的短线，电压和电流仅随时间改变，可以作为集总参数来处理。

在数字电路中，将传输的脉冲按其宽度分为窄脉冲和宽脉冲。前者必须考虑由线路阻抗而产生的电压下降，以及由于线路间的寄生电路而产生的波形变钝等现象；后者还必须考虑传输时间的滞后，以及线路反射等问题。只有在脉冲宽度 Δt 远远小于线路内的传输时间的情况下，才能作为低频处理，即

$$l \ll v\Delta t \tag{2-55}$$

式中，l 为传输线的几何长度；v 为波的传输速度；Δt 为脉冲宽度。

当式（2-55）得到满足时，即为满足低频处理的条件。

2. 高频分布参数电路

当线路的几何长度 l 大致与工作波长可比拟时，线路应看作分布参数电路，这时的传输线称为长线。线路的特性主要取决于分布电感 L 和分布电容 C，其中最主要的参数为线路传输波的速度 v 和线路的特性阻抗 Z_{c}。它们与 L、C 的关系为

$$v = \frac{1}{\sqrt{LC}} \tag{2-56}$$

$$Z_{\mathrm{c}} = \sqrt{\frac{L}{C}} \tag{2-57}$$

由式（2－56）和式（2－57）可见，波的传输速率 v 和线的特性阻抗 Z_c 只与分布参数 L、C 有关，也就是说仅与传输线的尺寸及周围的媒质有关。常用的传输线有双导线和同轴线，它们在空气中的特性阻抗和波速如下。

当为双导线时，$v=c$（c 为变速），有

$$Z_c = 120\ln\frac{d}{r} \tag{2-58}$$

式中，d 为双导线轴心的间距；r 为导线半径。

当为同轴线时，$v=c$，有

$$Z_c = 60\ln\frac{R}{r} \tag{2-59}$$

式中，R 为同轴线外导体半径；r 为内导体半径。

特性阻抗的另一种定义是传输线上行波电压与行波电流之比，或入射电压与入射电流之比，行波即没有反射波。一般情况下，反射波总是存在的，线上传输的是行驻波，当电磁波被全反射时，则传输驻波。所以，传输线上的电压是入射波电压与反射波电压的叠加，电流也是如此。传输线上任意一点的输入阻抗 Z_{in} 就是该点的电压与电流之比，当线无耗时，有

$$Z_{in} = Z_c\frac{Z_L + jZ_c\tan\beta l}{Z_c + jZ_L\tan\beta l} \tag{2-60}$$

式中，$\beta=2\pi/\lambda$，λ为传输波长；Z_L 为负载阻抗；l 为负载阻抗至输入点传输线的长度。

由式（2－60）可见，高频时，线路的输入阻抗是线路电长度 l/λ的函数。特别地，当线路终端短路（$Z_L=0$）时，式（2－60）变为

$$Z_{in} = jZ_c\tan\beta l = jZ_c\tan\left(2\pi\frac{l}{\lambda}\right) \tag{2-61}$$

当终端为开路$(Z_L=\infty)$时，式（2－61）变为

$$Z_{in} = -jZ_c\cot\beta l = -jZ_c\cot\left(2\pi\frac{l}{\lambda}\right) \tag{2-62}$$

观察式（2－62）可以发现，终端为短路时，沿传输线上各点的输入阻抗呈正切规律变化，且具有周期性。在距负载$\lambda/2$、λ、$3\lambda/2$ 等处的输入阻抗

均为零；在距负载$\lambda/4$、$3\lambda/4$ 等处的输入阻抗为无穷大。阻抗的这种变化必定会引起沿线电压和电流的变化。根据电压、电流与阻抗的关系，可知当阻抗为零时，电流最大，电压最小；当阻抗为无穷大时，电流为零，电压最大。线上阻抗、电压、电流都是沿线发生变化的。在处理高频线路时，一定要注意这一点。

在高频时，导体的电感和电容将不可忽略。此时，电抗值将随频率而变化，感抗随频率增加而增加，容抗随频率增加而减小。此时，长电缆上的干扰传播应按传输线特性来考虑，而不能按集总电路元件来考虑。

根据传输线特性，对于长度与频率所对应的$\lambda/4$ 可以比拟（或大于）的导体，其特性阻抗为$\sqrt{L/C}$。其端接阻抗应等于该导体的特性阻抗，实际上这是不大可能的。因此，在其终端会出现反射，形成驻波。许多实际系统中的驻波现象均有明显的干扰耦合作用。

3. 传输线理论

由电磁场理论可知，在导线或传输线上有分布电阻及分布电感，导线间有分布电容和分布电导。当频率很高使线长可以和波长相比较时，线上的分布参数对电流、电压的影响很大，此时需要用传输线理论来研究。

对于分布参数电路，线上任意无限小线元 Δz 上都分布有电阻 $R\Delta z$、电感 $L\Delta z$ 及线间分布电导 $G\Delta z$ 和电容 $C\Delta z$。其中，R、L、G 和 C 分别为线上单位长度的分布电阻、电感、电导和电容，其数值与传输线的形状、尺寸、导线材料及周围填充的介质参数有关。

对于距传输线始端 z 处线元 Δz 的等效电路如图 2－17 所示，设 z 处的电压和电流分别为 $u(z)$和 $i(z)$，$z+\Delta z$ 处的电压和电流分别为 $u(z+\Delta z)$和 $i(z+\Delta z)$，由于 $\Delta z \ll \lambda$，因此可将线元 Δz 看成集总参数电路，应用基尔霍夫（Kirchhoff）定律可导出均匀传输线方程：

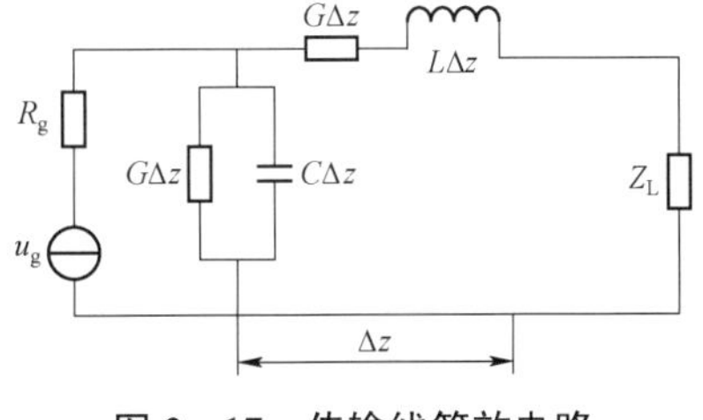

图 2－17　传输线等效电路

$$\frac{\mathrm{d}U}{\mathrm{d}z}=-ZI \tag{2-63}$$

$$\frac{\mathrm{d}I}{\mathrm{d}z}=-YU \tag{2-64}$$

其中，

$$\begin{cases} Z=R+\mathrm{j}\omega L \\ Y=G+\mathrm{j}\omega C \end{cases} \tag{2-65}$$

式中，U、I 为 $U(z)$、$I(z)$的简写，分别为线上 z 处电压和电流的复振幅值（设电压，电流简谐变化）。

对于无耗传输线，忽略 R 和 G 的影响，则式（2－65）变为

$$\frac{\mathrm{d}U}{\mathrm{d}z}=-\mathrm{j}\omega LI \tag{2-66}$$

$$\frac{\mathrm{d}I}{\mathrm{d}z}=-\mathrm{j}\omega CU \tag{2-67}$$

式（2－66）和式（2－67）为均匀无耗传输线方程。

进一步得到如下方程：

$$\frac{\mathrm{d}^2U}{\mathrm{d}z^2}=-\beta^2U \tag{2-68}$$

$$\frac{\mathrm{d}^2I}{\mathrm{d}z^2}=-\beta^2I \tag{2-69}$$

式中，$\beta=\omega\sqrt{LC}$。

式（2－68）和式（2－69）的解分别为

$$U(z)=A_1\mathrm{e}^{-\mathrm{j}\beta z}+A_2\mathrm{e}^{\mathrm{j}\beta z} \tag{2-70}$$

$$I(z)=\frac{1}{Z_0}(A_1\mathrm{e}^{-\mathrm{j}\beta z}+A_2\mathrm{e}^{\mathrm{j}\beta z}) \tag{2-71}$$

式中，$Z_0=\sqrt{L/C}$，为无耗传输线上的特性阻抗。

2.3.3 辐射耦合

辐射耦合是另一种主要的耦合途径，主要包括天线之间的耦合、辐射场与电缆的耦合、辐射场与机壳的耦合等几种重要的类型。辐射场与电缆的耦

合也称为场线耦合，场线耦合理论阐明了电磁场是如何与电缆结构进行耦合的。

电缆是对估算外界空间电磁场干扰源与系统之间的相互作用十分重要的因素，在实际工作中有很多电磁干扰是通过电磁场对导线的耦合途径发生的。根据统计资料，在飞机上有 20%的电磁干扰是由电磁辐射引起的，有 60%的干扰是经由导线耦合发生的。

目前，对于场线耦合分析，采用的方法主要分为直接基于麦克斯韦方程的时域有限差分和基于传输线模型两类。时域有限差分是从麦克斯韦方程出发直接求解电缆系统边值问题，这类方法在理论上是严格的，但是在实际应用中对计算时间和内存要求严格；基于传输线模型是通过分析电缆系统建立起一组等效的传输线方程，相比较而言有模型简单、计算量小的优点。对于导体线缆在各类电磁脉冲激励下响应的计算，通常采用电磁场散射理论的方法。然而，在大多数情况下，对于一些感兴趣部分的计算，应用简单的传输线模型就足够了，特别是在终端附近的响应传输线模型的解能够提供精确的结果。国内外对传输线理论的研究也十分热烈。

传输线模型适用条件：① 传输线的横断面和回路（本质上是线高度）要远小于激励场最小有效波长；② 电流是平衡的（导线电流+返回电流=0)。③ 如果不满足，则用散射理论。但是，散射理论的系统需要很长的计算时间和很大的内存。目前，比较成熟的基于麦克斯韦方程推导描述外界电磁场对传输线的耦合传输线模型有三种：Taylor 模型、Agrawal 模型和 Rachidi 模型。每个耦合模型可以给出相同的传输线响应。

Taylor 法：传输线被连接两导体的入射磁通量和终止于两导体的入射电通量所激励，使得传输线上产生分布电压源和分布电流源，这一方法是由 Taylor 推导得到的。

Agrawal 法：看作是电磁散射问题，将沿导体切向入射电场看作激励传输线的分布电压源，这一方法是由 Agrawal 推导出的。

Rachidi 法：将传输线看作仅仅是被入射场激励的元件，从而在传输线上产生分布电流源，这一方法是由 Rachidi 推导得到的。

只要正确应用，上述关于传输线耦合的计算方法都可以得到同样的响应结果。需要注意的是，传输线理论提供的求解并不是一个完全解，而只是给出一个近似解。

本节重点阐述 Taylor 形式的场线耦合的 BLT 方程。

BLT（Baum-Liu-Tesche）方程是基于传输线理论发展而来，传输线理论的基本方程组为电报方程，电报方程为

$$\begin{cases}\dfrac{\partial v(x,t)}{\partial x}+R'i(x,t)+L'\dfrac{\partial i(x,t)}{\partial x}=0\\[2mm] \dfrac{\partial i(x,t)}{\partial x}+G'v(x,t)+G'\dfrac{\partial v(x,t)}{\partial x}=0\end{cases} \tag{2-72}$$

式中，R'、L'、G'、C' 分别为单位长度传输线的电阻、电感、导纳、电容。

相应地，频域形式的电报方程为

$$\begin{cases}\dfrac{\mathrm{d}V(x)}{\mathrm{d}x}+Z'I(x)=0\\[2mm] \dfrac{\mathrm{d}I(x)}{\mathrm{d}x}+Y'V(x)=0\end{cases} \tag{2-73}$$

参数 Z'、Y' 是传输线单位长度阻抗和导纳，定义为

$$\begin{cases}Z'=R'+\mathrm{j}\omega L\\ Y'=G'+\mathrm{j}\omega C'\end{cases} \tag{2-74}$$

传输线的分布参数 R'、L'、G'、C' 可以通过测试或计算得到，对大部分绝缘的传输线，分布导纳 $G'\approx 0$，单位长度的电阻 R' 可以依据导线的形状和电气特性进行计算，对于低频信号，电阻是固定的，由线的材料和横截面积决定；对于高频信号，电阻是时变函数，与电流在导体中传播的时间有关，并且电流贴近导体表面传播，显示出趋肤效应。

通常，阻抗是与频率相关的多值函数，但在低频情况下，阻抗近似等于直流电阻，通过单位长度上的电阻给出，即

$$R'=\frac{1}{\pi a^2\sigma_{\omega}} \tag{2-75}$$

式中，a 为导体半径；σ_{ω} 为单导体的电阻率。

对于孤立的双线周围充满介电参数为ε的绝缘介质，单位长度上的电容可表示为

$$C' = \frac{2\pi\varepsilon}{\ln(d_2 / a_1 a_2)} \tag{2-76}$$

当传输线的周围是自由空间时，在假设a_1和a_2远小于d的情况下，介电参数ε可以取为$\varepsilon = \varepsilon_0 \approx 1/(36\pi) \times 10^{-9}$。

对于半径为a的距理想导电地面为h的单线传输线情况，当$a \ll h$时，电容可以通过镜像理论得出，即

$$C' \approx \frac{2\pi\varepsilon}{\ln(2h/a)} \tag{2-77}$$

相似地，双线传输线的外部电感可以表示为$L' = \dfrac{\mu}{2\pi}\ln\dfrac{d^2}{a_1 a_2}$，单根线电感为$L' = \dfrac{\mu}{2\pi}\ln\dfrac{2h}{a}$。其中，$\mu$是导线周围介质的磁导率，在自由空间中$\mu = \mu_0 = 4\pi \times 10^{-7}$。

对于均匀介质中的无损耗传输线，单位长度电感和电容关系为

$$L'C' = \mu\varepsilon = \frac{1}{v^2} \tag{2-78}$$

若无损耗传输线的电容或电感已知，并且电磁波在传输线中和周围介质中的传播速度相同时，可以计算出其他的参数。

定义参数γ是沿着传输线的传输常数，有$\gamma = \sqrt{Z'Y'}$；定义特征阻抗Z_c是正向传输的电压和电流之比，有$Z_c = \dfrac{V^+(x)}{I^+(x)} = \sqrt{\dfrac{Z'}{Y'}}$。相应地，定义特性导纳$Y_c$，有$Y_c = 1/Z_c$。

考虑一个有限长的传输线，两端都接有负载，在$x = x_s$处接有电压和电流激励源，如图 2-18 所示。

在这种情况下，对每个负载分别定义电压反射系数，有

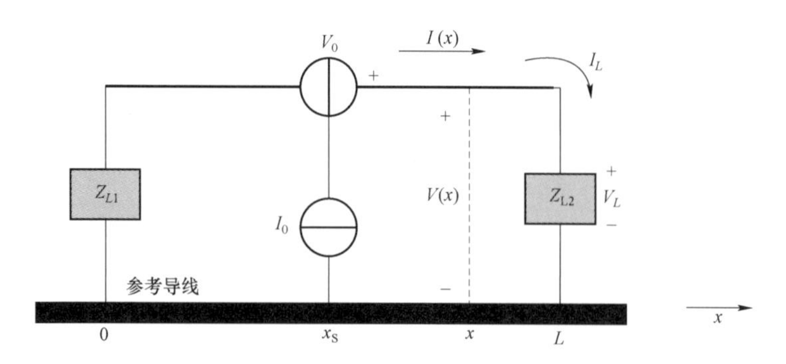

图 2-18 双端接负载的传输线

$$\rho_i = \frac{Z_{Li} - Z_c}{Z_{Li} + Z_c} \tag{2-79}$$

依据传输线理论，对于在 $x = x_s$ 处有串联电压源和并联电流源的情形，任意点的电流和电压的一般解可以推导得出，将任意点的电流和电压的一般解写成负载电流和电压的矩阵形式，有

$$\begin{pmatrix} V(0) \\ V(L) \end{pmatrix} = \begin{pmatrix} 1+\rho_1 & 0 \\ 0 & 1+\rho_2 \end{pmatrix} \begin{pmatrix} -\rho_1 & e^{\gamma L} \\ e^{\gamma L} & -\rho_2 \end{pmatrix}^{-1} \begin{pmatrix} e^{\gamma x_S}(V_0 + Z_c I_0)/2 \\ -e^{\gamma(L-x_S)}(V_0 - Z_c I_0)/2 \end{pmatrix} \tag{2-80}$$

$$\begin{pmatrix} I(0) \\ I(L) \end{pmatrix} = \frac{1}{Z_c} \begin{pmatrix} 1-\rho_1 & 0 \\ 0 & 1-\rho_2 \end{pmatrix} \begin{pmatrix} -\rho_1 & e^{\gamma L} \\ e^{\gamma L} & -\rho_2 \end{pmatrix}^{-1} \begin{pmatrix} e^{\gamma x_S}(V_0 + Z_c I_0)/2 \\ -e^{\gamma(L-x_S)}(V_0 - Z_c I_0)/2 \end{pmatrix} \tag{2-81}$$

式（2-80）和式（2-81）称为 BLT 方程。

BLT 方程将激励的影响、线的谐振效应、负载的响应分开为单独的部分，通过定义二元矢量 $\boldsymbol{I} = \begin{pmatrix} I(0) \\ I(L) \end{pmatrix}$、$\boldsymbol{V} = \begin{pmatrix} V(0) \\ V(L) \end{pmatrix}$、$\boldsymbol{V}_S = \begin{pmatrix} e^{\gamma x_S}(V_0 + Z_c I_0)/2 \\ -e^{\gamma(L-x_S)}(V_0 - Z_c I_0)/2 \end{pmatrix}$，以及三个元素矩阵 $\boldsymbol{\Gamma} = \begin{pmatrix} \rho_1 & 0 \\ 0 & \rho_2 \end{pmatrix}$、$\boldsymbol{D} = \begin{pmatrix} -\rho_1 & e^{\gamma L} \\ e^{\gamma L} & -\rho_2 \end{pmatrix}$、$\boldsymbol{U} = \begin{pmatrix} 1 & 0 \\ 0 & 1 \end{pmatrix}$，BLT 方程的负载响应可以简化为

$$\boldsymbol{V} = [\boldsymbol{U} + \boldsymbol{\Gamma}]\boldsymbol{D}^{-1}\boldsymbol{V}_S \tag{2-82}$$

$$\boldsymbol{I} = \frac{1}{Z_c}[\boldsymbol{U} - \boldsymbol{\Gamma}]\boldsymbol{D}^{-1}\boldsymbol{V}_S \tag{2-83}$$

式（2-82）与（2-83）是在假设传输线是由集总电流源和电压源激励的条件下推导出来的。而对于场线耦合的情况，在电磁场入射到传输线的情况下，传输线的激励源需要采用分布激励源，如图 2-19 所示。

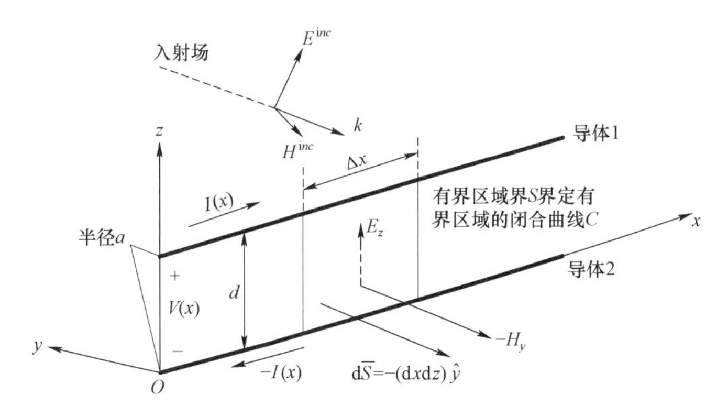

图 2-19　场线耦合示意图

Taylor 形式的分布电压源和分布电流源分别为

$$V'_{\mathrm{S1}}(x)=-\mathrm{j}\omega\mu_0\int_0^d H_y^{inc}(x,z)\mathrm{d}z \tag{2-84}$$

$$I'_{\mathrm{S1}}(x)=-\mathrm{j}\omega C'\int_0^d E_z^{inc}(x,z)\mathrm{d}z \tag{2-85}$$

因此，Taylor 形式求解场线耦合的 BLT 方程为

$$\begin{pmatrix} I(0) \\ I(L) \end{pmatrix}=\frac{1}{Z_{\mathrm{c}}}\begin{pmatrix} 1-\rho_1 & 0 \\ 0 & 1-\rho_2 \end{pmatrix}\begin{pmatrix} -\rho_1 & \mathrm{e}^{\gamma L} \\ \mathrm{e}^{\gamma L} & -\rho_2 \end{pmatrix}^{-1}\begin{pmatrix} S_1 \\ S_2 \end{pmatrix} \tag{2-86}$$

$$\begin{pmatrix} V(0) \\ V(L) \end{pmatrix}=\begin{pmatrix} 1+\rho_1 & 0 \\ 0 & 1+\rho_2 \end{pmatrix}\begin{pmatrix} -\rho_1 & \mathrm{e}^{\gamma L} \\ \mathrm{e}^{\gamma L} & -\rho_2 \end{pmatrix}^{-1}\begin{pmatrix} S_1 \\ S_2 \end{pmatrix} \tag{2-87}$$

其中，分布激励源矢量为

$$\begin{pmatrix} S_1 \\ S_2 \end{pmatrix}=\begin{pmatrix} \dfrac{1}{2}\displaystyle\int_0^L \mathrm{e}^{\gamma x_{\mathrm{S}}}[V'_{\mathrm{S1}}(x_{\mathrm{S}})+Z_{\mathrm{c}}I'_{\mathrm{S1}}(x_{\mathrm{S}})]\mathrm{d}x_{\mathrm{S}} \\ -\dfrac{1}{2}\displaystyle\int_0^L \mathrm{e}^{\gamma(L-x_{\mathrm{S}})}[V'_{\mathrm{S1}}(x_{\mathrm{S}})-Z_{\mathrm{c}}I'_{\mathrm{S1}}(x_{\mathrm{S}})]\mathrm{d}x_{\mathrm{S}} \end{pmatrix} \tag{2-88}$$

2.4 电磁敏感设备

2.4.1 电磁敏感度特性

受电磁干扰影响的电路、设备或系统称为电磁敏感设备。电磁敏感设备受电磁干扰影响的程度用敏感度来表示。敏感度指敏感设备对电磁干扰所呈现的不希望有的响应程度，其量化指标是敏感度阈值。敏感度阈值指敏感设备最小可分辨的不希望有的响应信号电平，也就是敏感电平的最小值。敏感度越高，则其敏感电平越低，抗干扰能力越差。敏感度阈值的概念在分析、设计和预测电磁兼容性中是描述敏感设备电磁特性的重要参数。从电磁兼容试验角度，传导干扰的敏感性是用电压和电流的量值来衡量的，它要求设备在标准的试验方法中，对规定要求的电压或电流不敏感。而辐射干扰的敏感性是用电场和磁场的量值来衡量的，它要求设备在标准的试验方法中对规定的场强不敏感。

不同类型的敏感设备，其敏感度阈值的表达式是不一样的，大多数以电压表示，但也有以能量和功率表示的，如受静电放电干扰的设备为能量型，受热噪声干扰的设备为功率型。光电设备的敏感度主要取决于设备中电子设备的灵敏度和频带宽度。通常电子设备的敏感度 S_U 与灵敏度 G_U 成反比，与频带宽度 B 成正比。

1. 电磁干扰安全系数

通常采用电磁干扰安全系数（安全裕量）M 描述电磁干扰源对敏感设备造成干扰的程度，它定义为敏感度阈值与出现在关键试验点或信号线上的干扰电压之比。设 I 表示出现在关键试验点或信号线上的干扰电压，N 表示敏感设备的噪声电压（因为只有外来信号或干扰电平超过其噪声电压时，敏感设备才能有响应，因此 N 一般可看成受感设备的灵敏度或敏感度阈值），所以电磁干扰安全系数（安全裕量）为

$$M = \frac{N}{I} \tag{2-89}$$

电磁兼容工程中，通常采用 dB 表示电磁干扰安全系数，即

$$M(\text{dB}) = N(\text{dB}) - I(\text{dB}) \tag{2-90}$$

当 $M<0$ dB 时，表示存在潜在电磁干扰；当 $M>0$ dB 时，表示处于电磁兼容状态；当 $M=0$ dB 时，表示处于临界状态。不能认为只要 $M>0$ dB，设备或系统就能电磁兼容地工作，而是 M 大于一定数值时，设备或系统才会以一定概率电磁兼容地工作。M 值越大，设备或系统能够电磁兼容工作的概率就越大。美军标规定系统的电磁干扰安全系数不小于 60 dB，对武器和电爆装置不小于 20 dB。

2. 模拟电路的敏感度

模拟电路敏感度特性取决于灵敏度和带宽。模拟器件的灵敏度以器件固有噪声为基础，即等于器件固有噪声的信号强度或最小可识别的信号强度。

模拟电路的敏感度通常可表示为

$$S_U = \frac{K}{N_U} f(B) \tag{2-91}$$

式中，S_U 为以电压表示的模拟电路敏感度；N_U 为热噪声电压；B 为模拟电路的频带宽度；K 为与干扰有关的比例系数。

为了比较各类敏感设备的相对敏感性能，取 $K=1$，有

$$S_U = \frac{1}{N_U} f(B) \tag{2-92}$$

模拟电路的敏感度与频带宽度 B 的依赖关系 $f(B)$，随干扰源性质的不同而不同。当干扰源的干扰信号特性在相邻的频率分量间作有规则的相位和幅度变化时（如瞬变电压或脉冲信号等），模拟电路的敏感度与频带宽度 B 的依赖关系 $f(B)$是线性关系。设 $f(B)=B$，则

$$S_U = \frac{B}{N_U} \tag{2-93}$$

当干扰源的干扰信号特性在相邻的频率分量间的相位和幅度变化是无

规则随机变化时（如热噪声、非调制的电弧放电等），模拟电路的敏感度与频带宽度 B 成正比。设 $f(B)=\sqrt{B}$，则

$$S_U=\frac{\sqrt{B}}{N_U} \tag{2-94}$$

模拟电路的灵敏度 G_U 与热噪声 N_U 之间常有依赖关系 $N_U=2G_U$，因此常用灵敏度表示敏感度，即

$$S_U=\frac{B}{2G_U} \quad 或 S_U=\frac{\sqrt{B}}{2G_U} \tag{2-95}$$

模拟电路的敏感度还可以用功率表示，记为 S_P，它与以电压表示的敏感度 S_U 成平方关系，即

$$S_P=S_U^2=\frac{B^2}{4G_U^2} \tag{2-96}$$

由于以电压度量的热噪声 N_U 可以转换成以功率表示的热噪声 N_P，所以式（2-96）可以表示为

$$S_P=\frac{B^2}{4RN_P} \tag{2-97}$$

式中，$N_P=G_U^2/R$，R 为模拟电路的输入阻抗。

3. 数字电路的敏感度

数字电路的敏感度特性取决于噪声容限或噪声抗扰度，噪声容限即叠加在输入信号上的噪声最大允许值，噪声抗扰度可表示为

$$噪声抗扰度=\frac{直流噪声容限}{典型输出翻转电压}(\%) \tag{2-98}$$

噪声容限可分为直流噪声容限、交流噪声容限和噪声能量容限。直流噪声容限把逻辑器件的抗扰度和逻辑器件典型输出翻转电压联系起来。交流噪声容限进一步考虑了逻辑器件的延迟时间，如果干扰脉冲的宽度很窄，逻辑器件还没有来得及翻转，干扰脉冲就消失了，就不会引起干扰。噪声能量容限则同时包含了典型输出翻转电压、延迟时间和输出阻抗，定义为

$$N_E = \frac{U_{TH}^2}{Z_0} T_{pd} \tag{2-99}$$

式中，N_E 为噪声能量容限；U_{TH} 为逻辑器件的典型输出翻转电压；T_{pd} 为延迟时间；Z_0 为输出阻抗。

如果噪声能量大于噪声能量容限，则逻辑器件将误翻转。表 2-3 列出了各种逻辑器件族单个门的典型特性，包括直流噪声容限和噪声抗扰度，推荐使用 CMOS 和 HTL 器件。

表 2-3　各种逻辑器件族单个门的典型特性

逻辑族	典型输出翻转电压/V	上升/下降时间/ns	带宽（$1/\pi t_\gamma$）/MHz	允许的最大 U_{cc} 电压降/V	无负载时电源瞬态电流/mA	输入电容/pF	单门输入电流	速度×功率/pJ	直流噪声容限/mV	噪声抗扰度/%
ECL（10 k）	0.8	2/2	160	0.2	1	3	1.2/1.2 mA	50	100	12
ECL（100 k）	0.8	0.75	420	0.2		3	3/0.5 mA		100	12
TTL	3.4	10	32	0.5	16	5	1.8/1.5 mA	100～150	400	12
LP TTL	3.5	20/10	21		8	5	1/0.3 mA	35	400	12
STTL	3.4	3/2.5	120	0.5	30	4	5/4 mA	60	300	9
LS-TTL	3.4	10/6	40	0.25	10	6	2/0.6 mA	20	300	9
AS	3.4	2	160	0.5	40	4	7/1 mA	15	300	9
ALS	3.4	4	80	0.5	10	5	4.3/0.3 mA	5	300	9
Fast	3	2	160	0.5		5	8/0.5 mA	10	300	10
COMS 5 V（15 V）	5（15）	90/100（50）	3（6）		1（10）	5	0.2/<10μA	5～50（0.1～1 MHz）	1 V（4.5 V）	20（30）
HCOMS（5 V）	5	10	32	2	10	5	1.5/<10μA	10～150（1～10 MHz）	1 V	20
GAAS（1.2 V）	1	0.1	3 000			≈1	10μA	0.1～1	100	10
MOSFET	0.6，0.8	0.03	10 000	0.1		0.6	12～16μA	0.03	100	14

数字电路的敏感度通常可以表示为

$$S_{\mathrm{d}} = \frac{B}{N_{\mathrm{dl}}} \tag{2-100}$$

式中，S_{d} 为数字电路的敏感度；B 为数字电路的频带宽度；N_{dl} 为数字电路的最小触发电压。

一般地，数字电路的最小触发电压远比模拟电路的噪声电压大得多，因此数字电路的敏感度值比模拟电路的敏感度值要小得多，这表明数字电路具有较强的抗干扰能力。

在电磁兼容工程中，敏感度常常以分贝（dB）表示，这样，模拟电路与数字电路的敏感度和可以分别表示为

$$S_{\mathrm{dBV}} = 20\lg S_U = 20\lg f(B) - 20\lg N_U = 20\lg f(B) - N_{\mathrm{dBV}} \tag{2-101}$$

$$S_{\mathrm{dBd}} = 20\lg B - 20\lg N_{\mathrm{dl}} \tag{2-102}$$

2.4.2 电磁敏感度评定

电磁敏感现象的实质就是系统和设备出现了一些不希望的响应，常见的不希望响应包括以下几种。

（1）过载。过载是由于有用信号的幅度上升而使该信号的通道进入饱和状态，这样它对输入信号就不再会产生输入响应。

（2）闭锁。闭锁是当不需要的信号进入通道时使通道失效。例如，雷达接收机被雷达的发射脉冲所闭锁。雷达的同一个波导和天线系统常常为发射机和接收机共用，虽然在发射脉冲时，接收机与天线和波导组件隔离，但如果发射脉冲泄漏进入接收机，接收机会把这种射频能量当作大幅度的返回信号而使接收机饱和，并且当此脉冲过去后，接收机仍保持闭锁状态。在系统中，一种功能被另一种功能无意地闭锁，可能连续出现，也可能仅仅在一个工作周期内产生一个盲点。如果在功能检查和试验期间发射干扰源，则连续的闭锁总是能探测出来的。当各种设备装入系统后，通常会出现断续的或周期性的部分时间内闭锁。

（3）偏移。偏移是指系统或设备的输出偏离了正确的位置。偏移既可能由传导干扰造成，也可能由辐射干扰造成。干扰可能是系统内部的，也可能是来自系统外部的。例如，位移传感器，电输出常常是与位移成正比的，对干扰发生敏感后成为固定输出，或者与位移不成正比的输出。

允许的偏移总是存在的，只有超出偏移误差的要求才是不希望的，所以要有一个偏移的容许误差。容许误差可以用两种方式定义：第一种方式，可以规定机械容差，如安装在飞机上的俯仰陀螺，应规定一个可测的基准平面，如果陀螺必须位于重心附近，那么要确定一个可容许的容差尺寸；第二种方式，可规定电气容差，如方位传感器，其输出必须具有可测试的容差。

（4）介质加热。高频时，介质材料会有损耗，这种损耗类似于磁性材料中的磁滞损耗。桥丝和电爆管外壳之间的材料对这种效应是敏感的。在大功率干扰源（如雷达）的照射下，由于介质加热，可能使电爆管起爆。

（5）电阻热。当交流或直流电流流过电阻性器件时，热能够作为不需要的信号起作用，并能引起器件发热。正常的情况下，器件是不会过热的。但当存在高频的情况下，就不能把直流电阻与高频电阻等同起来。一方面，高频时会使电阻值增加，如具有1 Ω以下直流电阻的雷管，在超高频时，实际的电阻达30～40 Ω；另一方面，电抗是随频率而变化的，它虽不消耗功率，但能使流过的交流电流发生变化。例如，电爆管的电抗，可以从直流时的零欧变化到超高频时的几百欧，并从感性变为容性。与电抗串联的电阻上的电流当然也会随之变化。

（6）火花击穿。在绝缘的电路或者是浮地的电路上，容易积累静电电荷。这种静电积累可建立很高的电压，以致击穿绝缘材料发生火花击穿。例如，未接地的变压器次级给未接地的放大器栅极馈电，有时会出现错误。又如，电爆管的点火屏蔽电缆如果不接地或接地不良，电爆管易遭受火花击穿，引起意外爆炸。

（7）假触发。无论是传导干扰信号还是辐射干扰信号都容易引起触发电路的假触发。如果一个干扰信号呈现真实信号的特性，是很难探测到的。但是，可以从逻辑出错判断是否假触发，可采用控制脉冲形状、上升时间或脉冲宽度的技术措施来降低设备的敏感性。

以光电成像系统为例。光电成像系统可以采用成像质量评价方法，在施加电磁干扰情况下，测试光电成像系统的关键性指标，并设置电磁敏感度评定标准，来判断电磁干扰对系统正常功能的损害程度。

第3章

光电设备电磁兼容的预测方法

光电设备的电磁兼容预测，其核心思想是在设备的初始设计阶段就对每一个可能影响电磁兼容性的元器件、组件及线路建立数学模型，利用计算机辅助设计工具对其电磁兼容性进行分析预测和控制分配。并在系统制造、组装和试验过程中不断对其电磁兼容性进行预测和分析，达成在正式设备完成之前解决绝大多数电磁兼容问题的目标。

3.1 光电设备电磁兼容预测的基本原理

3.1.1 光电设备电磁兼容预测的主要内容

1. 预测的目的

确定光电设备电磁兼容性问题的范围和程度，使工程管理人员和设计人员，以及生产和使用维修人员事先预计和发现潜在的电磁兼容性问题，为工程研制提供决策依据。

2. 预测与分析的作用

通过对光电设备的电磁兼容预测和分析，分析和确定光电设备工作的电磁环境；分析确定设备和分系统的电磁特性和电磁兼容性要求；评定系统电磁兼容性设计方案的合理性。

3. 电磁兼容预测与分析类型

光电设备典型的电磁兼容预测类型有：系统设计初期的初步预测，用以确定工程系统潜在的电磁问题范围和程度、电磁兼容性要求以及适用的标准和规范；在近期研制同类型系统的电磁兼容性资料基础上的预测分析，用于发现分系统和设备中可能存在的电磁问题；技术条件限制下的预测与分析，用于确定功能性参数和技术指标的恰当性；系统工作有效性预测，用于分析装备实现电磁兼容性目标的综合能力。

4. 预测与分析内容

方案论证和初步设计阶段需预测和分析的内容一般包括：系统内部设备、部件之间的电磁问题；系统之间、分系统之间的电磁问题；系统或设备、部件与所处电磁环境之间的电磁问题。

研制和试制阶段预测和分析的内容一般包括：外部的电磁信号耦合到系统内的不同设备和部件的电磁问题；电缆耦合；箱体耦合；箱体屏蔽效能。

定型和使用阶段预测和分析内容一般包括光电设备电磁兼容性综合分析。

3.1.2 电磁兼容的预测方法

电磁兼容预测对象的多样性，决定了其建模计算方法的多样性。可以说，计算电磁学的所有方法，从低频到高频，从解析到数值法，都在电磁兼容预测中得到过应用。此外，由于实际问题的复杂性，往往还必须结合电路算法才能获得最终的预测结果。因此，为电磁兼容预测任务建立一个合适的计算物理模型及选择适当的仿真预测工具是非常重要的。

1. 场的分析方法

场的分析方法是以分布的观点来观察求解的问题域，其出发点是麦克斯韦方程组。按求解结果与实际解的逼近程度可分为解析法和近似法两类。解析法是利用数学变换，得出严格解。其优点是结果准确并可借此把握问题域中各变量之间的内在联系，尤其是各参数对所关心结果的影响。但是，其缺点也很明显，那就是只能求解极少数形状极其简单的场域。所以，目前工程领域主要是采用近似法进行求解，其中数值法和高频近似解法是应用最为广泛的两大类方法。

目前，在电磁兼容领域中常用的数值法算法主要包括时域有限差分法（FDTD）、有限元法（FEM）及矩量法（MoM）等。一般而言，这些数值算法在求解域相对于波长不是很大时可以给出满足工程要求的结果。但是，当求解域远大于波长时，由于计算量随计算域的增大而呈级数急剧增长，使计算时间、计算资源达到难以接受的程度，因此这类算法人们习惯地称为低频算法。

计算电磁学中的频域数值算法有有限元法、矩量法、差分法（FDM）、边界元法（BEM）和传输线法（TLM）等。在时域的数值算法有时域有限差分法（FDTD）和有限积分法（FIT）等。这些方法中有解析法、半解析法和数值方法。数值方法中又分零阶、一阶、二阶和高阶方法。依照解析程度由低到高排列：时域有限差分法、传输线法、时域有限积分法（FITD）、有限元法、矩量法、线方法（ML）、边界元法、谱域法（SM）、模式匹配法（MM）、横向谐振法（TRM）和解析法。依照结果的准确度由高到低，分别是解析法、半解析法、数值方法。在数值方法中，按照结果的准确度有高到低，分别是高阶、二阶、一阶和零阶。时域有限差分法、时域有限积分法、有限元法、矩量法、传输线法和线方法是纯粹的数值方法；边界元法、谱域法、模式匹配法和横向谐振法则均具有较高的分辨率。

与此对应的是高频近似算法，其中的代表算法是几何绕射理论（GTD），其算法专门针对波长相对于计算域很小的“高频”问题。以下简要介绍部分算法原理及应用步骤。

有限元法是基于体积离散技术的，主要用于频域。有限元法的基本思路是通过与边值问题对应的泛函得出等价的变分问题（泛函的极值问题），把连续的求解域离散成剖分单元之和，对泛函求极值，得出有限元矩阵方程，求解后得出整个问题域中的电磁场分布状况。有限元法的最大优点是可以用多种形状、不同大小及高阶近似函数来逼近待求解。许多成熟的商用软件，如 ANSYS HFSS 等都有网格自动剖分功能，并可根据误差大小作适当调整，以达到要求的精度。有限元法使用方便，程序通用性强，而且便于处理非线性、多层媒质及各向异性场。

矩量法是最广泛意义上的加权余数方法，也是将微分、积分方程转化成矩阵方程。矩量法又称为广义伽辽金（Galerkin）法，是求解微分方程和积分方程的重要方法，但更多用于求解积分方程。矩量法实施的关键是加权余数法，即通过选择基函数和权函数，把连续域上的连续函数离散成一系列节点上的函数值。矩量法已广泛用于天线与微波技术及电磁兼容性分析。对于电磁场分析来说，矩量法是开发最完善的数值计算方法之一，而且能够最好地利用所有的数值技术，更多地用于解积分方程，在解决包含由线和面组成的金属结构问题时特别有效。

矩量法包含四个步骤：① 把要建模的结构离散成一连串的线段或片，它们的尺寸必须比感兴趣的波长小得多；② 选择表示未知变量（如导体表面的感应电流）的近似函数和加权函数；③ 用内积方法计算矩阵元素并且在结构体上解出未知量的分布；④ 处理输出电流值，可以解出系统的近场、远场和其他期望的特性，如功率和阻抗。矩量法不仅可以用于分析导体结构，还可以用于复杂的非均匀介质。

有限元法和矩量法等数值算法的共同特点都是基于场域部分，具有较好的场域适应性，是计算电磁学的主流方法，这些算法对于求解场域尺寸小于几个到十几个波长的问题一般都可得到满意的结果，因而也把这类算法统称为低频算法。对于电尺寸很大的场域求解，由于计算量和存储资源要求太高，则必须借助高频算法，其中最具代表性的是几何绕射理论及由此发展、完善的一致性绕射理论等。

2. 电路的分析方法

电路的分析方法是以集中的观点来观察、研究问题域。电路理论又称电网格理论，是整个电气科学技术中一门极为重要的基础理论，已有 100 多年历史，但目前工程中用到的算法主要是指 20 世纪 60 年代以后发展起来的近代电路理论，其基础是以基尔霍夫定律、欧姆定律为代表的经典电路理论中。

从传输的内容来看，可分为实现电能量的产生、传输和转换的电力系统和实现信息的产生、发送、接收、处理的通信系统。电磁兼容的研究范围涵盖了这两方面内容。

由于应用的广泛性，电路的分类极其复杂，按元器件特性可分为有源电路、无源电路以及线性电路、非线件电路；按响应特征可分为时变电路、时不变电路；按信号形式可分为数字电路、模拟电路；按规模可分为单立元件电路、集成电路等。

3.1.3　时域有限差分法

考虑空间的无源区域，其媒质参数为各向同性且不随时间变化。与静态场和低频场问题不同，在电磁波问题中，需要考虑麦克斯韦方程中的位移电流。此外，为了在某些问题的分析中使计算得到简化，可采用广义形式的麦克斯韦旋度方程：

$$\nabla \times H = \frac{\partial D}{\partial t} + J \tag{3-1}$$

$$\nabla \times E = -\frac{\partial B}{\partial t} - J_{\mathrm{m}} \tag{3-2}$$

各向同性线性介质中的本构关系为

$$\begin{cases} D = \varepsilon E \\ B = \mu H \\ J = \sigma E \\ J_{\mathrm{m}} = \sigma_{\mathrm{m}} H \end{cases} \tag{3-3}$$

式中，ε 为介电常数（F/m）；σ 为电导率（S/m）；σ_{m} 为电阻率（Ω/m）；μ 为磁导率（H/m），真空中 $\varepsilon_0 = 8.85 \times 10^{-12}\,\mathrm{F/m}$，$\mu_0 = 4\pi \times 10^{-7}\,\mathrm{H/m}$。

式（3－1）和式（3－2）可改写为

$$\nabla \times H = \varepsilon \frac{\partial E}{\partial t} + \sigma E \tag{3-4}$$

$$\nabla \times E = -\mu \frac{\partial H}{\partial t} - \sigma_{\mathrm{m}} H \tag{3-5}$$

式中，$\sigma_{\mathrm{m}} H$ 与磁性媒质损耗有关，σ_{m} 为电阻率 (Ω/m)，σ_{m} 使麦克斯韦方程具有对称性。对于无磁损耗的媒质，可取 $\sigma_{\mathrm{m}} = 0$。

为了用差分方法计算空间时变电磁场，需要对磁场 H 和电场 E 的 6 个分量进行空间离散，并相应地进行各分量的时间离散。为此首先将麦克斯韦旋度方程写成分量形式，对于笛卡儿坐标系，有

$$\frac{\partial H_z}{\partial y} - \frac{\partial H_y}{\partial z} = \varepsilon \frac{\partial E_x}{\partial t} + \sigma E_x \tag{3-6}$$

$$\frac{\partial H_x}{\partial z} - \frac{\partial H_z}{\partial x} = \varepsilon \frac{\partial E_y}{\partial t} + \sigma E_y \tag{3-7}$$

$$\frac{\partial H_y}{\partial x} - \frac{\partial H_x}{\partial y} = \varepsilon \frac{\partial E_z}{\partial t} + \sigma E_z \tag{3-8}$$

$$\frac{\partial E_z}{\partial y}-\frac{\partial E_y}{\partial z}=-\mu\frac{\partial H_x}{\partial t}-\sigma_{\mathrm{m}}H_x \tag{3-9}$$

$$\frac{\partial E_x}{\partial z}-\frac{\partial E_z}{\partial x}=-\mu\frac{\partial H_y}{\partial t}-\sigma_{\mathrm{m}}H_y \tag{3-10}$$

$$\frac{\partial E_y}{\partial x}-\frac{\partial E_x}{\partial y}=-\mu\frac{\partial H_z}{\partial t}-\sigma_m H_z \tag{3-11}$$

对三维电磁场进行差分离散。如何建立恰当的时间–空间离散化模型，是实现高精度计算的关键。1966 年，K.S.Yee 提出了一种差分网格模型，成功地创建了时域有限差分法。图 3–1 所示为笛卡儿坐标系下的 Yee 网格单元。

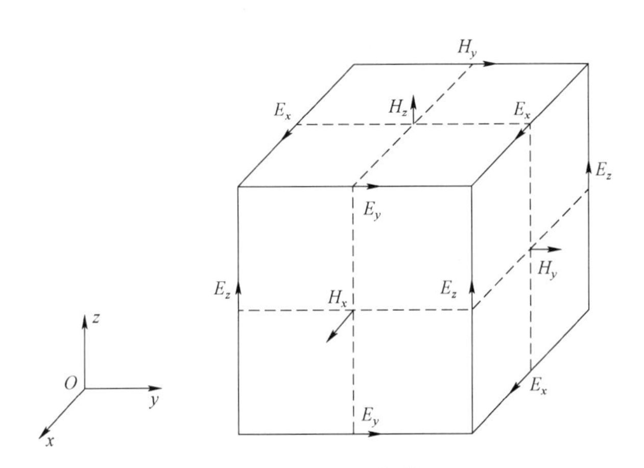

图 3–1　Yee 网格单元

按照 Yee 的差分算法，首先在空间建立矩形差分网格，网格节点坐标用

$$(i,j,k)=(i\Delta x, j\Delta y, k\Delta z) \tag{3-12}$$

表示，任意空间网格和时间点的磁场或电场分量可表示为

$$F(x,y,z,t)=F(i\Delta x, j\Delta y, k\Delta z, n\Delta t)=F^n(i,j,k) \tag{3-13}$$

式中，i、j、k、n 均为整数；Δx 、 Δy 、 Δz 分别为沿 x、y、z 轴方向的空间步长；Δt 为时间步长。

场分量对空间和时间变量的微商用具有二阶精度的中心差商来逼近，即

$$\frac{\partial F^n(i,j,k)}{\partial x}=\frac{F^n\left(i+\frac{1}{2},j,k\right)-F^n\left(i-\frac{1}{2},j,k\right)}{\Delta x}+O((\Delta x)^2) \quad (3-14)$$

$$\frac{\partial F^n(i,j,k)}{\partial y}=\frac{F^n\left(i,j+\frac{1}{2},k\right)-F^n\left(i,j-\frac{1}{2},k\right)}{\Delta y}+O((\Delta y)^2) \quad (3-15)$$

$$\frac{\partial F^n(i,j,k)}{\partial z}=\frac{F^n\left(i,j,k+\frac{1}{2}\right)-F^n\left(i,j,k-\frac{1}{2}\right)}{\Delta z}+O((\Delta z)^2) \quad (3-16)$$

$$\frac{\partial F^n(i,j,k)}{\partial t}=\frac{F^{n+\frac{1}{2}}(i,j,k)-F^{n-\frac{1}{2}}(i,j,k)}{\Delta t}+O((\Delta t)^2) \quad (3-17)$$

Yee 网格的差分格式如图 3-2 所示。

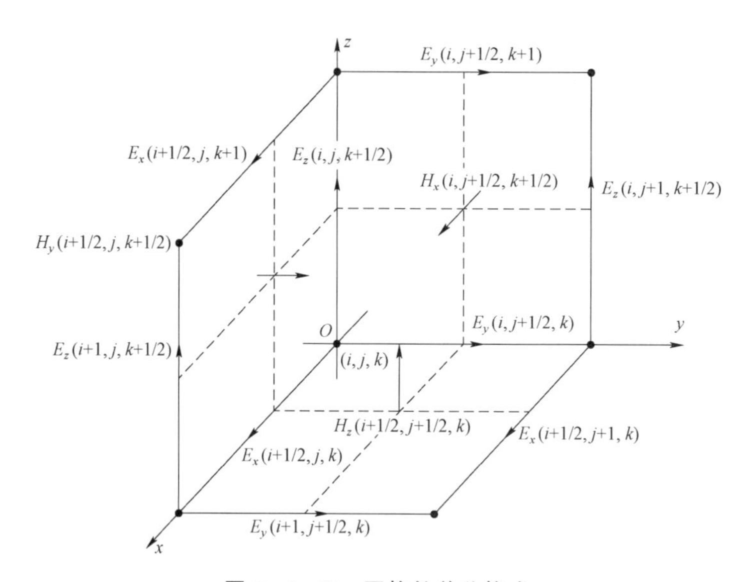

图 3-2 Yee 网格的差分格式

由图 3-2 可见，每个磁场分量被四个电场分量环绕，每个电场分量也被四个磁场分量环绕，电场分量与磁场分量之间相隔 1/2 个空间步；在时间离散方面，电场分量与磁场分量每间隔半个时间步长交替计算。这样的安排能够恰当地描述电磁波空间分布与时间变化的规律。根据上述规则，经整理，可推出三维电磁场的差分格式如下：

$$E_x^{n+1}\left(i+\frac{1}{2},j,k\right)=CA\left(i+\frac{1}{2},j,k\right)E_x^n\left(i+\frac{1}{2},j,k\right)+$$
$$CB\left(i+\frac{1}{2},j,k\right)\left[\frac{H_z^{n+\frac{1}{2}}\left(i+\frac{1}{2},j+\frac{1}{2},k\right)-H_z^{n+\frac{1}{2}}\left(i+\frac{1}{2},j-\frac{1}{2},k\right)}{\Delta y}-\frac{H_y^{n+\frac{1}{2}}\left(i+\frac{1}{2},j,k+\frac{1}{2}\right)-H_y^{n+\frac{1}{2}}\left(i+\frac{1}{2},j,k-\frac{1}{2}\right)}{\Delta z}\right] \tag{3-18}$$

$$E_y^{n+1}\left(i,j+\frac{1}{2},k\right)=CA\left(i,j+\frac{1}{2},k\right)E_y^n\left(i,j+\frac{1}{2},k\right)+$$
$$CB\left(i,j+\frac{1}{2},k\right)\left[\frac{H_x^{n+\frac{1}{2}}\left(i,j+\frac{1}{2},k+\frac{1}{2}\right)-H_x^{n+\frac{1}{2}}\left(i,j+\frac{1}{2},k-\frac{1}{2}\right)}{\Delta z}-\frac{H_z^{n+\frac{1}{2}}\left(i+\frac{1}{2},j+\frac{1}{2},k\right)-H_z^{n+\frac{1}{2}}\left(i-\frac{1}{2},j+\frac{1}{2},k\right)}{\Delta x}\right] \tag{3-19}$$

$$E_z^{n+1}\left(i,j,k+\frac{1}{2}\right)=CA\left(i,j,k+\frac{1}{2}\right)E_z^n\left(i,j,k+\frac{1}{2}\right)+$$
$$CB\left(i,j,k+\frac{1}{2}\right)\left[\frac{H_y^{n+\frac{1}{2}}\left(i+\frac{1}{2},j,k+\frac{1}{2}\right)-H_y^{n+\frac{1}{2}}\left(i-\frac{1}{2},j,k+\frac{1}{2}\right)}{\Delta x}-\frac{H_x^{n+\frac{1}{2}}\left(i,j+\frac{1}{2},k+\frac{1}{2}\right)-H_x^{n+\frac{1}{2}}\left(i,j-\frac{1}{2},k+\frac{1}{2}\right)}{\Delta y}\right] \tag{3-20}$$

$$H_x^{n+\frac{1}{2}}\left(i,j+\frac{1}{2},k+\frac{1}{2}\right)=CP\left(i,j+\frac{1}{2},k+\frac{1}{2}\right)H_x^{n-\frac{1}{2}}\left(i,j+\frac{1}{2},k+\frac{1}{2}\right)+$$
$$CQ\left(i,j+\frac{1}{2},k+\frac{1}{2}\right)\left[\frac{E_y^n\left(i,j+\frac{1}{2},k+1\right)-E_y^n\left(i,j+\frac{1}{2},k\right)}{\Delta z}-\frac{E_z^n\left(i,j+1,k+\frac{1}{2}\right)-E_z^n\left(i,j,k+\frac{1}{2}\right)}{\Delta y}\right] \tag{3-21}$$

$$H_y^{n+\frac{1}{2}}\left(i+\frac{1}{2},j,k+\frac{1}{2}\right)=CP\left(i+\frac{1}{2},j,k+\frac{1}{2}\right)H_x^{n-\frac{1}{2}}\left(i+\frac{1}{2},j,k+\frac{1}{2}\right)+$$
$$CQ\left(i,j+\frac{1}{2},k+\frac{1}{2}\right)\left[\frac{E_z^n\left(i+1,j,k+\frac{1}{2}\right)-E_z^n\left(i,j,k+\frac{1}{2}\right)}{\Delta x}-\frac{E_x^n\left(i+\frac{1}{2},j,k+1\right)-E_x^n\left(i+\frac{1}{2},j,k\right)}{\Delta z}\right] \quad (3-22)$$

$$H_z^{n+\frac{1}{2}}\left(i+\frac{1}{2},j+\frac{1}{2},k\right)=CP\left(i+\frac{1}{2},j+\frac{1}{2},k\right)H_z^{n-\frac{1}{2}}\left(i+\frac{1}{2},j+\frac{1}{2},k\right)+$$
$$CQ\left(i+\frac{1}{2},j+\frac{1}{2},k\right)\left[\frac{E_x^n\left(i+\frac{1}{2},j+1,k\right)-E_y^n\left(i+\frac{1}{2},j,k\right)}{\Delta y}-\frac{E_y^n\left(i+1,j+\frac{1}{2},k\right)-E_y^n\left(i,j+\frac{1}{2},k\right)}{\Delta x}\right] \quad (3-23)$$

以上各式中，系数 C、D、C' 、D' 的表达式如下：

$$CA(m)=\frac{1-\frac{\sigma(m)\Delta t}{2\varepsilon(m)}}{1+\frac{\sigma(m)\Delta t}{2\varepsilon(m)}} \quad (3-24)$$

$$CB(m)=\frac{\Delta t}{\varepsilon(m)}\frac{1}{1+\frac{\sigma(m)\Delta t}{2\varepsilon(m)}} \quad (3-25)$$

$$CP(m)=\frac{1-\frac{\sigma_m(m)\Delta t}{2\mu(m)}}{1+\frac{\sigma_m(m)\Delta t}{2\mu(m)}} \quad (3-26)$$

$$CQ(m)=\frac{\Delta t}{\mu(m)}\frac{1}{1+\frac{\sigma_m(m)\Delta t}{2\mu(m)}} \quad (3-27)$$

在差分格式（3－18）～式（3－23）中，电场分量的值均取在第 $n+1$ 和第 n 时间步，在导出过程中，第 $n+1/2$ 时间步的电场分量用该分量在第 $n+1$

和第 n 时间步的平均值来代替。例如，对于电场沿 x 轴方向的分量，有

$$E_x^{n+\frac{1}{2}}\left(i+\frac{1}{2},j,k\right)=\frac{1}{2}\left[E_x^{n+1}\left(i+\frac{1}{2},j,k\right)+E_x^{n}\left(i+\frac{1}{2},j,k\right)\right] \quad (3-28)$$

磁场分量的值均取在第 $n+1/2$ 和第 $n-1/2$ 时间步，在导出过程中也采用了近似处理。例如，对于磁场沿 x 轴方向的分量，按下式处理：

$$H_x^{n}\left(i,j+\frac{1}{2},k+\frac{1}{2}\right)=\frac{1}{2}\left[H_x^{n+\frac{1}{2}}\left(i,j+\frac{1}{2},k+\frac{1}{2}\right)+H_x^{n-\frac{1}{2}}\left(i,j+\frac{1}{2},k+\frac{1}{2}\right)\right] \quad (3-29)$$

其余四个场分量也采用了类似方法处理，这样就减少了差分方程中的未知数。在任意时间步，空间网格任意一点上的电场值只与上一个时间步的电场值、与之垂直平面上的上一个时间步的磁场值以及媒质参数有关；同样，对于空间网格任意一点上的磁场值的计算，也可以得到相似的结论。因此，这种差分格式具有两个特点：① 这是一个显式差分格式；② 这个差分格式具有可并行计算的性质，既可一次计算一个点的场值，也可以采用 p 个处理器一次并行计算出 p 个点的场值。这样，根据电磁场问题的初始值及边界条件，就可以逐步推进地求得以后各时刻空间电磁场的分布，如图 3－3 所示。

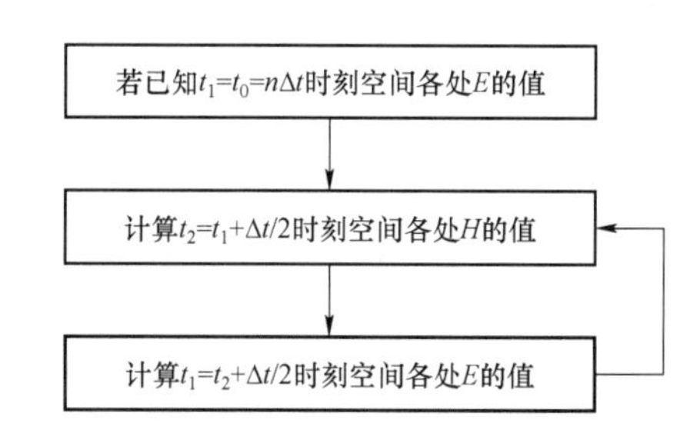

图 3－3　FDTD 在时域的交叉半步逐步推进计算

3.1.4　电磁兼容的仿真软件

随着计算电磁学在工程应用领域影响力的不断加深，商用电磁分析软件越来越多，操作界面智能化，使得设计人员可以更加方便、直观地进行滤波

器设计、天线设计、目标电磁特性分析等，典型的包括 ANSYS Electromagnetics Suite 和 CST MICROWAVE STUDIO。

ANSYS Electromagnetics Suite 是由 ANSYS 公司推出的一款专业电磁仿真设计软件，软件涵盖了电路和电磁仿真的各个领域，如集成电路、印制电路板、设备及系统仿真等功能模块，可以广泛地应用于各类工业设计领域。

ANSYS Electromagnetics Suite 软件是一个套装，其组成包括 SIwave、Maxwell、HFSS、Mechanical、Q3D Extractor 和 Simplorer 等组件。ANSYS SIwave 是一款专用设计平台，可用于电子封装与印制电路板的电源完整性、信号完整性及电磁干扰分析。ANSYS Maxwell 作为业界顶级的电磁场仿真分析软件，可以帮助工程师完成电磁设备与机电设备的三维/二维有限元仿真分析，例如，电机、作动器、变压器、传感器与线圈等设备的性能分析。ANSYS Maxwell 使用有限元算法，可以完成静态、频域以及时域磁场与电场仿真分析。ANSYS Q3D Extractor 是一流的二维和三维寄生参数提取工具，供工程人员用于电子封装、触摸屏和电力电子变转换器的设计。ANSYS Q3D Extractor 也称为 Quick 3－D，用于针对开展电磁场仿真所需的电阻、电感、电容和电导的参数提取。

ANSYS HFSS 是 ANSYS 公司推出的三维电磁仿真软件，是世界上第一个商业化的三维结构电磁场仿真软件，业界公认的三维电磁场设计和分析的电子设计工业标准。HFSS 提供了简洁直观的用户设计接口、精确自适应的场解器、拥有空前电性能分析能力的功能强大后处理器，能计算任意形状三维无源结构的 S 参数和全波电磁场。

HFSS 软件拥有强大的天线设计功能，能够计算天线参量，如增益、方向性、远场方向图剖面、远场三维图和 3 dB 带宽；绘制极化特性，包括球形场分量、圆极化场分量、Ludwig 第三定义场分量和轴比。使用 HFSS，可以计算以下问题：① 基本电磁场数值解和开边界问题，近远场辐射问题；② 端口特征阻抗和传输常数；③ S 参数和相应端口阻抗的归一化 S 参数；④ 结构的本征模或谐振解。另外，由 ANSYS HFSS 和 ANSYS Designer 构成的 ANSYS 高频解决方案，是目前唯一以物理原型为基础的高频设计解决方案，提供了从系统到电路直至部件级的快速而精确的设计手段，覆盖了高频设计的所有环节。

CST 是法国达索公司推出的一款三维电磁场仿真软件套装，广泛应用于移动通信、无线通信、信号集成和电磁兼容等领域。CST 仿真软件包含的主要产品有以下几种。

（1）CST 设计环境/CST DESIGN ENVIRONMENT。是进入 CST 工作室套装的通道，包含前后处理、优化器、材料库四大部分完成三维建模，CAD/EDA/CAE 接口，支持各子软件间的协同，结果后处理和导出。

（2）CST 印制电路板工作室/CST PCB STUDIO。专业板级电磁兼容仿真软件，对印制电路板的 SI/PI/IR－Drop/眼图/去耦电容进行仿真。与 CST MWS 联合，可对印制电路板和机壳结构进行瞬态及稳态辐照和辐射双向问题。

（3）CST 电缆工作室/CST CABLE STUDIO。专业电缆级电磁兼容仿真软件，可以对真实工况下由各类线型构成的数十米长线束及周边环境进行 SI/EMI/EMS 分析，解决电缆线束瞬态及稳态辐照和辐射双向问题。

（4）CST 规则检查/CST BOARDCHECK。印制电路板布线电磁兼容和信号完整性 SI 规则检查软件，可以对多层板中的信号线、地平面切割、电源平面分布、去耦电容分布、走线及过孔位置及分布进行快速检查。

（5）CST 微波工作室/CST MICROWAVE STUDIO。系统级电磁兼容及通用高频无源器件仿真软件，应用包括电磁兼容、天线/RCS、高速互联 SI、手机/MRI 和滤波器等。可计算任意结构任意材料电大宽带的电磁问题。

（6）CST 电磁工作室/CST EM STUDIO。（准）静电、（准）静磁、稳恒电流和低频电磁场仿真软件。用于 DC－100 MHz 频段电磁兼容、传感器、驱动装置、变压器、感应加热、无损探伤和高低压电器等。

（7）CST 设计工作室/CST DESIGN STUDIO。系统级有源及无源电路路仿真，SAM 总控，支持三维电磁场和电路的纯瞬态和频域协同仿真，用于 DC－100 MHz 直至 100 GHz 的电路仿真。

3.2 车载光电设备电磁兼容的预测技术

3.2.1 光电设备的工作原理

某车载光电设备由高功率 TEA CO_2 激光器系统、视频跟踪系统和计算机控制系统组成。高功率 TEA CO_2 激光器系统工作于高压、大电流状态下，是典型的电磁干扰源。视频跟踪系统和计算机控制系统与 TEA CO_2 激光器系统工作于同一个车载平台上，容易受到电磁干扰，导致工作性能下降。

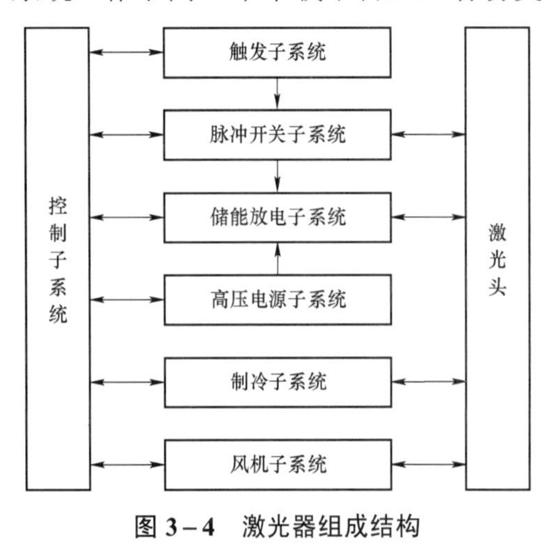

图 3-4　激光器组成结构

TEA CO_2 激光器由主机和电源两大部分组成，如图 3-4 所示。主机部分由触发子系统、脉冲开关子系统、储能放电子系统、制冷子系统、风机子系统和激光头组成，包括可控旋转开关系统、光学谐振腔、储能放电子系统、气体循环与热交换系统、高精度外控触发器、配气系统、防腐流道与机架；电源部分由显示与控制柜、高压直流电源和谐振电源组成。

储能放电腔是激光器的主要部件，包括储能箱、放电区和预电离三个部分。储能腔与旋转火花开关相连，中间是储能箱，内装储能电容、隔离电感、锐化电容和传输线等；内充高压绝缘油，起防爬电和冷却作用，下边放电区有放电电极和预电离针；激光器工作时，首先由高压电源通过放电电感 L_1 给储能电容 C_1 和预电离电容 C_2 充入直流高压电，当触发器信号触发旋转开关时，预电离针首先放电，对激光腔内气体进行预电离；当放电区气体的 E/P 值下降到主电压可击穿时，主放电电极放电，主放电的电压是经过谐振和反转后的脉冲高压；被激发的气体在释放能量时发出激光，经激光谐振腔振荡后在输出窗口输出激光。

电源部分采用模块化设计，包括显示控制柜和高压电源。显示控制柜实现了激光器系统的电气控制功能，电气控制功能由数字信号处理器（DSP）硬件实现，主要功能包括：① 对高功率 TEA CO_2 激光器系统的电压、电流、温度等进行模拟量的采集和数字转换，依据测试和显示的结果，根据操作者输入的指令，通过用户程序对激光器系统进行实时控制；② 对激光器的各个子系统进行电气控制，包括高压电源的通断、风机子系统的通断、放电腔的配气等。

此外，在显示控制柜上的控制面板安装了触摸键盘和发光二极管显示器，整个设备的工作状态和控制均在触摸键盘上完成，并可自动完成设备的检测，经扩展还可与外设计算机相连，实现外部计算机控制。

高功率 TEA CO_2 激光器属于高功率脉冲激励型的气体激光器，工作在高电压、大电流的状态下，激光器的火花开关、主回路和出光口处向空间辐射强烈的电场、磁场；当激光器集成于载车或舰船时，强电磁辐射会对激光器附近的电子仪器设备、传感器、精密仪表和通信信号等产生强烈的干扰。

高压电源子系统对储能放电子系统中的储能电容器充电至额定值后，触发子系统发出触发脉冲信号使脉冲开关子系统中的脉冲开关导通，储能放电子系统中的储能电容器通过脉冲开关对主放电电极进行高压脉冲放电，激励主放电电极之间的气体产生激光，激光器系统充放电的重复频率为 100～400 Hz。风机子系统和制冷子系统的作用是使脉冲开关和主放电电极中的气体循环流动降温，提供稳定放电气流条件。

图 3-5 所示为激光器系统的等效电路图，其中 HV 为高压电源，SG_1 为火花开关，L_1 为主回路电感，C_1 和 L_2 为储能电容和充电电感，C_3 为锐化电容，C_2、L_3 为火花预电离电容及电感，SG_2 为火花预电离间隙。

激光器的工作原理如下。

（1）HV 通过 L_1、L_2 将储能电容 C_1 充电至额定值，同时通过 L_1、L_3 将火花预电离电容 C_2 充电至额定值，此时锐化电容 C_3 没有被充电。

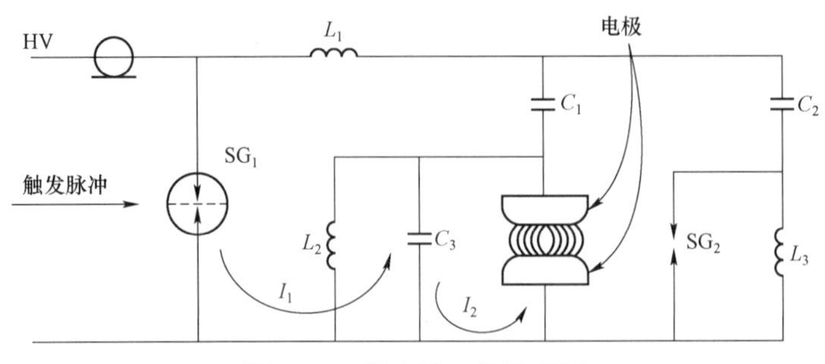

图 3-5 激光器工作原理图

(2) 触发脉冲将 SG_1 触发导通时，C_1 上储存的电量在 $C_1-L_1-SG_1-C_3$ 回路形成电流 I_1，C_1 的部分电量同时转移至 C_3；同时，C_2 经 $C_2-L_1-SG_1-SG_2$ 回路放电，在 SG_2 放电产生的紫外光电离作用下，主电极周围形成等离子区。当 C_3 上的电压上升至主电极之间的气体击穿阈值时，主电极之间的气体被击穿放电，C_3 和主电极构成回路放电形成电流 I_2 放电结束后，C_1 上储存的剩余能量会在回路中产生一定的衰减振荡，但振荡振幅要小得多。依据电磁辐射理论，电流回路是产生磁场辐射，由于系统工作在高电压状态，电场辐射也不容忽视。

采用高压探头测试脉冲火花开关处和主回路的放电波形，图 3-6 所示为火花开关 SG1 处测得的放电波形。图 3-7 所示为激光器主回路处测得的放电波形。由图可知，火花开关的电压在 18 kV 左右，主回路的放电电压在 22 kV 左右，激光器工作在高压状态。

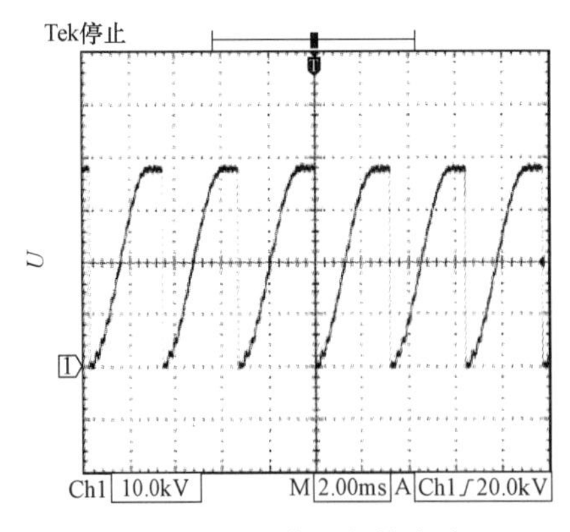

图 3-6 火花开关放电波形

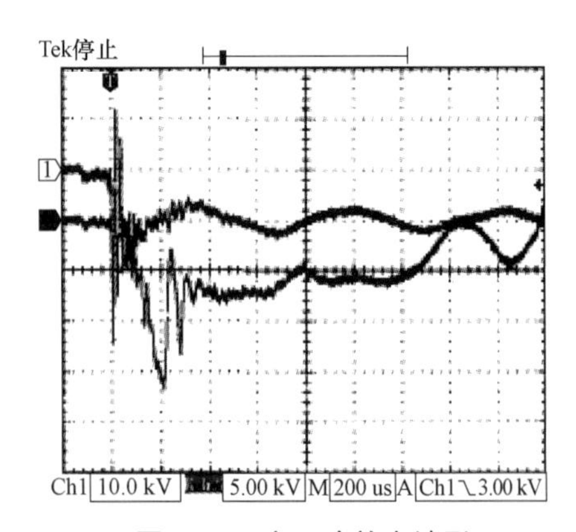

图 3-7 主回路放电波形

在火花开关与主回路间并接 3.4 Ω 的高功率电阻，采用高压探头测得火花开关流过的峰值电流约为 8.8 kA，激光器工作在大电流状态下。

激光器主机部分的主要电磁辐射源包括：① 脉冲火花开关弧光放电干扰，对应 I_1 的电流回路；② 激光器主回路放电干扰，对应 I_2 的电流回路；③ 激光器出光口部分，这部分辐射的电磁场主要由极板间放电和 I_2 回路综合作用产生。干扰源的形式为辐射干扰。另外，还包括紫外预电离产生的放电电磁辐射，由文献调研，这部分的电磁辐射比较微弱，在设计时不必考虑，因此激光器的主要电磁辐射源为火花开关、激光器主回路和出光口。

激光器的高压电源与脉冲触发部分是传导发射的主要干扰源，电磁干扰通过电缆、通信线、控制线等导体耦合到光电干扰系统的其他部分。TEA CO_2 激光器系统的体积决定了对激光器电磁辐射的分析与计算只需在近场范围内开展。

3.2.2　电磁场的有限元计算

激光器的电磁场属于宏观电磁场，宏观电磁现象的基本规律用麦克斯韦方程组来表示，麦克斯韦方程组的基本变量为四个场矢量：电场强度 E（V/m）、磁感应强度 B（T）、电位移矢量 D（$\mathrm{C/m^2}$）和磁场强度 H（A/m）；两个源量：电流密度 $J(\mathrm{A/m^2})$ 和电荷密度 $\rho(\mathrm{C/m^3})$；对于激光器系统这类静止媒质，其微分形式可以表示为

$$\begin{cases} \nabla \times \boldsymbol{H} = J + \dfrac{\partial \boldsymbol{D}}{\partial t} \\ \nabla \times \boldsymbol{E} = -\dfrac{\partial \boldsymbol{B}}{\partial t} \\ \nabla \cdot \boldsymbol{B} = 0 \\ \nabla \cdot \boldsymbol{D} = \rho \end{cases} \tag{3-30}$$

麦克斯韦方程组描述了场源（电荷密度 ρ、电流密度 J）激励电磁场的规律，从全面分析电磁场问题的需要出发，经常需要引用电荷守恒定律：

$$\nabla \cdot J + \frac{\partial \rho}{\partial t} = 0 \tag{3-31}$$

式（3-30）中的场量 $\boldsymbol{D}$ 与 $\boldsymbol{E}$，$\boldsymbol{H}$ 与 $\boldsymbol{B}$，场源 J 与电场 $\boldsymbol{E}$ 的关系需要用本构方程来描述，本构方程为：

$$\boldsymbol{D} = \varepsilon \boldsymbol{E} \text{ ，} \quad \boldsymbol{B} = \mu \boldsymbol{H} \text{ ，} \quad \boldsymbol{J} = \sigma \boldsymbol{E} \tag{3-32}$$

式中，ε 为材料的介电常数；μ 为材料的磁导率；σ 为材料的电导率。只有在线性且各向同性媒质的情况下，上述参数才是简单的常数。

分析与计算激光器的电磁辐射在理想状态下是直接基于麦克斯韦方程求出闭合的解析解。但由于麦克斯韦方程组属于多重耦合、多变量的偏微分方程组，依据现代数学理论，无法直接基于麦克斯韦方程组进行求解，需要在解耦的情况下分别由单个场矢量所给定的微分方程求解。

对于自由空间中的时变电磁场，在引入洛伦兹规范 $\nabla \cdot A = -\mu\varepsilon \dfrac{\partial \varphi}{\partial t}$ 的情况下，可以导出如下简单而对称的位函数方程组：

$$\begin{cases} \nabla^2 A - \mu\varepsilon \dfrac{\partial^2 A}{\partial t^2} = -\mu J \\ \nabla^2 \varphi - \mu\varepsilon \dfrac{\partial^2 \varphi}{\partial t^2} = -\dfrac{\rho}{\varepsilon} \end{cases} \tag{3-33}$$

式中，由电流密度 J 可以单独求解矢量磁位 A，由电荷密度 ρ 可以单独求解标量电位 φ，电流密度和电荷密度是电磁场的源。

式（3-33）加上洛伦兹规范构成的非齐次波动方程组，称为达朗贝尔方程，构成了与麦克斯韦方程组等价的一个方程组：

$$\begin{cases} \nabla^2 A - \mu\varepsilon \dfrac{\partial^2 A}{\partial t^2} = -\mu J \\ \nabla^2 \varphi - \mu\varepsilon \dfrac{\partial^2 \varphi}{\partial t^2} = -\dfrac{\rho}{\varepsilon} \\ \nabla \cdot A = -\mu\varepsilon \dfrac{\partial \varphi}{\partial t} \end{cases} \tag{3-34}$$

式中，J 为电流密度。激光器中的电流难以测试、计算，而电压测试方便，因此采用激励电路耦合有限元的方法。首先通过电路计算电流密度；然后与有限元方程组联立求解辐射场值。

单独通过式（3－34）还无法求解激光器的电磁辐射，需要确定边界条件和初始条件。

对于带有电压源的实体导体，总电压是已知的，总电流密度是未知的，激励电路计算时采用从实体导体方程导出的电路方程计算未知量，导出的电路方程为

$$\iint_{\Omega_C}\left(\sigma\frac{\mathrm{d}A}{\mathrm{d}t}+J\right)\mathrm{d}\Omega=\iint_{\Omega_C}\frac{\sigma}{l}U\mathrm{d}\Omega \tag{3-35}$$

式中，l 为模型的轴向深度；Ω_C 为导体的横截面宽度；J 为待求解的电流密度；U 为已知导体电压。

有限元的基本思想是用若干个单元去代替整个连续区域，将微分、积分方程转换成矩阵方程来求解目标值，在激光器电磁辐射求解中，采用了伽辽金有限元方法。

伽辽金有限元法可以看作是加权余量法的一种，加权余量法是求解微分方程或积分方程的近似方法，将待求的微分方程或积分方程统一表示为

$$Lu=f \tag{3-36}$$

式中，u 为求解区域内未知的连续函数，$u=u(x,y,z)$；L 为某种微分运算或积分运算的算子；f 为已知函数。

由于 u 的精确解不易求出，因此转而求 u 的近似解，具体做法是将求解区域剖分成一系列单元，构造一种 u 的近似解：

$$u^*=\sum_{j=1}^{n}N_j(x,y,z)u_j \tag{3-37}$$

式中，n 为离散节点的总数；N_j 为给定的已知函数，称为节点 j 的基函数；u_j 为待定系数，在数值计算中为节点 j 上未知函数的值。

由于 u^* 是近似解，因而在求解区域内不能严格满足 $Lu=f$，其误差为

$$R=Lu^*-f=L\left(\sum_{j=1}^{n}N_j(x,y,z)u_j\right)-f \tag{3-38}$$

式中，R 为方程的余量。

对于精确解，上述余量应在求解区域内处处为零；对于近似解，需要适当选择参数 $u_i(i=1,2,\cdots,n)$，使得这些余量在某种平均的意义上等于零。为此，构造一个彼此线性无关的权函数的集合 $W_i(i=1,2,\cdots,n)$，并取权函数与方程余量的内积，令内积之和为量，即

$$\int_{\Omega} W_i R \mathrm{d}\Omega = 0,\ i=1,2,\cdots,n \tag{3-39}$$

则

$$\int_{\Omega} W_i \left\{ L\left(\sum_{j=1}^{n} N_j(x,y,z)u_j \right) - f \right\} \mathrm{d}\Omega = 0,\ i=1,2,\cdots,n \tag{3-40}$$

式（3-40）是 n 个方程组成的方程组，含有 n 个待定系数 u_i，能够确定 $u_i(i=1,2,\cdots,n)$ 的唯一解。

可以证明，当 $n\to\infty$ 时，余量即误差将趋于零，近似解将收敛于精确解，这就是加权余量法，所得到的 n 个系数 u_i 就构成了求解区域内各节点未知函数值的解矢量。为了应用加权余量法进行数值计算，需要选择适当的基函数和权函数。

如果将权函数取为展开式中的基函数，就构成伽辽金法；若对求解区域进行有限元离散，在每个单元上将权函数取为单元未知函数展开式中的基函数，构成伽辽金有限元法。

有限元法都需要将未知函数在单元上分片展开，用有限个点上的位函数值、由单元插值函数拼接成的近似解来逼近连续空间的无限多个点上位函数值的精确解。因此，需要研究单元插值基函数的特点与构成方法。有限元法的解是各节点上待求变量的集合，而单元内部任意一点处待求函数的值则用单元顶点（节点）处变量的插值来近似。

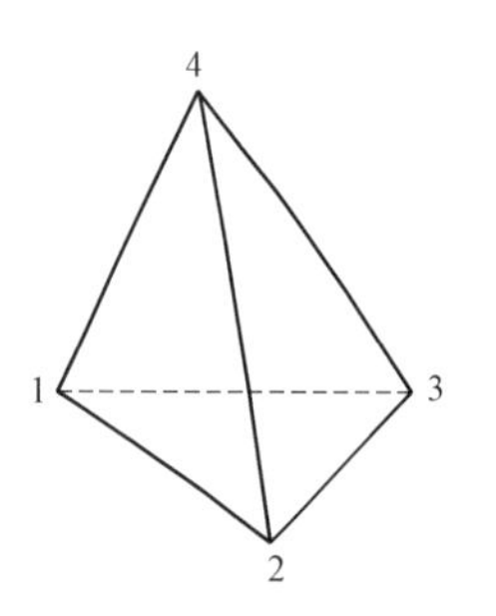

图 3-8　四节点四面体单元

如图 3-8 所示，四节点四面体单元是最简单的三维单元，在四面体单元内插值函数与基函数的关系为

$$u(x,y,z) = a + bx + cy + dz \tag{3-41}$$

将图 3-8 中四个顶点的坐标值代入，求解以 a、b、c、d 为未知数的

代数方程组：

$$\begin{cases} u_1(x,y,z)=a+bx_1+cy_1+dz_1 \\ u_2(x,y,z)=a+bx_2+cy_2+dz_2 \\ u_3(x,y,z)=a+bx_3+cy_3+dz_3 \\ u_4(x,y,z)=a+bx_4+cy_4+dz_4 \end{cases} \tag{3-42}$$

经求解，得到 a 、b 、c 、d 的解分别为

$$a=\frac{1}{6V_{\mathrm{e}}}\begin{vmatrix} u_1 & u_2 & u_3 & u_4 \\ x_1 & x_2 & x_3 & x_4 \\ y_1 & y_2 & y_3 & y_4 \\ z_1 & z_2 & z_3 & z_4 \end{vmatrix}=\frac{1}{6V_{\mathrm{e}}}(a_1u_1+a_2u_2+a_3u_3+a_4u_4)$$

$$b=\frac{1}{6V_{\mathrm{e}}}\begin{vmatrix} 1 & 1 & 1 & 1 \\ u_1 & u_2 & u_3 & u_4 \\ y_1 & y_2 & y_3 & y_4 \\ z_1 & z_2 & z_3 & z_4 \end{vmatrix}=\frac{1}{6V_{\mathrm{e}}}(b_1u_1+b_2u_2+b_3u_3+b_4u_4)$$

$$c=\frac{1}{6V_{\mathrm{e}}}\begin{vmatrix} 1 & 1 & 1 & 1 \\ x_1 & x_2 & x_3 & x_4 \\ u_1 & u_2 & u_3 & u_4 \\ z_1 & z_2 & z_3 & z_4 \end{vmatrix}=\frac{1}{6V_{\mathrm{e}}}(c_1u_1+c_2u_2+c_3u_3+c_4u_4)$$

$$d=\frac{1}{6V_{\mathrm{e}}}\begin{vmatrix} 1 & 1 & 1 & 1 \\ x_1 & x_2 & x_3 & x_4 \\ y_1 & y_2 & y_3 & y_4 \\ u_1 & u_2 & u_3 & u_4 \end{vmatrix}=\frac{1}{6V_{\mathrm{e}}}(d_1u_1+d_2u_2+d_3u_3+d_4u_4)$$

式中，V_{e} 定义为单元体积，其计算式为

$$V_{\mathrm{e}}=\frac{1}{6}\begin{vmatrix} 1 & 1 & 1 & 1 \\ x_1 & x_2 & x_3 & x_4 \\ y_1 & y_2 & y_3 & y_4 \\ z_1 & z_2 & z_3 & z_4 \end{vmatrix} \tag{3-43}$$

展开行列式（3-43），确定系数 a_i 、b_i 、c_i 、d_i ，将系数代回式（3-42），有 $u(x,y,z)=\sum_{i=1}^{4}L_i(x,y,z)u_i$ 。式中，线性插值函数 $L_i(x,y,z)$ 可表示为

$$L_i=\frac{1}{6V_\mathrm{e}}(a_i+b_ix+c_iy+d_iz) \tag{3-44}$$

四面体单元的线性插值函数记为(L_1,L_2,L_3,L_4)，构造矢量函数$W_{i_1i_2}=L_{i_1}\nabla L_{i_2}-L_{i_2}\nabla L_{i_1}$，可证得$\nabla\cdot W_{i_1i_2}=0$，$\nabla\times W_{i_1i_2}=2\nabla L_{i_1}\times\nabla L_{i_2}$，若$e_i$为从节点$i_1$指向节点$i_2$的单位矢量，可证得$e_i\cdot W_{i_1i_2}=\dfrac{1}{l_i}$，$W_{i_1i_2}$作为矢量基函数，具有与棱边$i$相联系的棱边场所要具备的所有特征[61]，根据矢量函数$W_{i_1i_2}$的性质，定义任意棱边i的矢量基函数为

$$N_i=W_{i_1i_2}l_i=(L_{i_1}\nabla L_{i_2}-L_{i_2}\nabla L_{i_1})l_i \tag{3-45}$$

矢量元的有限元方法与常用的节点元有限元方法类似，可以按照标准的有限元方法进行计算。在计算中，需要对矢量元进行棱边编码而非节点编码。矢量元的基函数同时具备大小及方向两个特性，在计算中需要定义一个全局棱边的方向来保证切向连续性；在计算资源占用方面，矢量有限元占用的资源与节点元占用的资源相当。

3.2.3 基于电路耦合有限元法的激光器电磁辐射计算

激光器电磁辐射有限元计算的目标，就是对无法求得解析解的方程，采用数值化离散的方法，计算出激光器近场区域内各个场点的辐射场值，并在具体的一点上根据不同时刻的辐射场值进行频谱分析，为激光器的屏蔽方舱设计提供依据的同时，也为整个光电干扰系统的电磁兼容预测提供干扰源的数学模型。由于激光器本身的复杂性，在进行有限元计算时必须对激光器模型进行适当的简化，简化的程度对结果的影响，需要结合在激光器近场区内关键点的测试结果进行判断。若结果相差过大，则需要对模型中的参数进行调整，包括进一步细化、电路参数的调整等。

激光器电磁辐射有限元计算的具体步骤如下。

（1）建立激光器几何模型；定义模型的各个参数；通过激光器原理的分析，建立合理激光器的几何模型；定义几何模型中各部分所采用的材料，如不锈钢。

（2）确定边界条件和电磁辐射的激励源。

（3）对激光器的实体模型划分有限元网格。

（4）进行求解。

（5）进行计算结果的后处理，包括场的可视化、各场点结果的输出等。

对激光器系统进行辐射电磁场分析，必须建立实际的计算物理模型。依据前面分析，激光器的触发开关、放电腔及主回路为主要的电磁辐射源。在有限元模型的建立中，只需要建立最核心部分的有限元模型，简化掉风机子系统，求解完核心部分的电磁场后，可以通过电磁屏蔽理论分析与计算激光器主机整体的电磁辐射。图 3－9 所示为触发开关与放电腔组成整体的横截面示意图，导电铜带起原理图中导线的作用，电容、电感都封装在火花开关下面的箱体中，激光器放电电极板在箱体的下部。火花开关导通时，脉冲电压经过一系列电气元件作用到极板上，极板开始放电产生激光，依据电磁场理论，近场范围内的电场和磁场需要分别进行分析与计算。

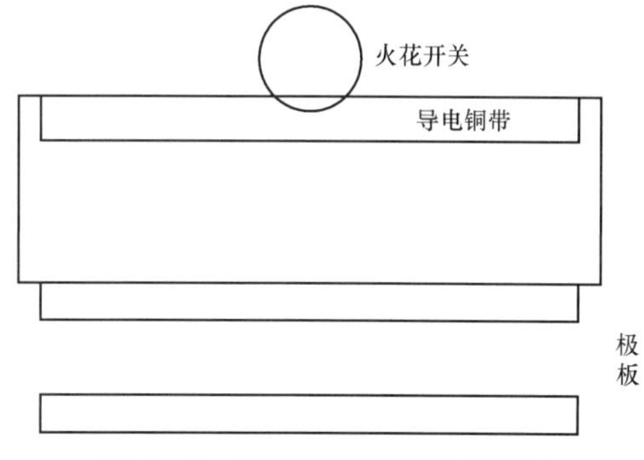

图 3－9　激光器实体模型侧面图

由于电路中的电容、电感等器件都封装于火花开关下的金属箱中，器件间通过导电铜带进行电气连接，在激光器工作时，将回路分别等效为实体线圈，实体线圈上的电流分布通过激励电路进行计算，将通过电路与有限元耦合，求得激光器主机的瞬态磁场辐射分布。

激光器电磁辐射场的有限元计算选用 ANSYS Electromagnetics Suite 软件中的 Maxwell 软件进行，Maxwell 软件基于棱边有限元方法，适用于电气、电力设备的辐射电磁场仿真分析，激光器工作于高电压、大电流、低频率的状态下，选择 Maxwell 软件是合适的。

建立激光器实体模型的方法如下。

（1）电场实体模型的建立。计算电场辐射时，直接建立三维实体模型，图 3－9 描述了实体模型的横截面；具体建模时，采用三维建模，尺寸 1:1，材料严格采用实际的材料。

（2）磁场实体模型的建立。在前面，主回路和火花开关的电压通过高压探头测试获得，而磁场辐射计算中的激励源需要采用电流密度函数，由于激光器主回路部分的电流密度函数测试困难，需要采用激励电路与有限元耦合分析的方法计算磁场辐射强度；图 3－10 所示为激光器的电路耦合有限元等效电路。

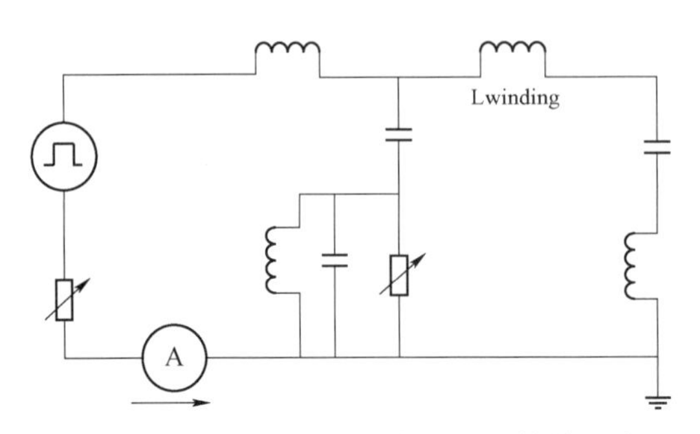

图 3－10　激光器电路耦合有限元等效电路

脉冲火花开关的激励电压等效为脉冲电压源，电阻为火花开关导通时的等效电阻，理论上此电阻为可变电阻，这里选取了其中的一个典型值进行分析；Lwinding 为有限元线圈，电路与有限元耦合分析的接口即为 Lwinding；通过图 3－11 中的电流表测试电流值，加载到有限元模型上。

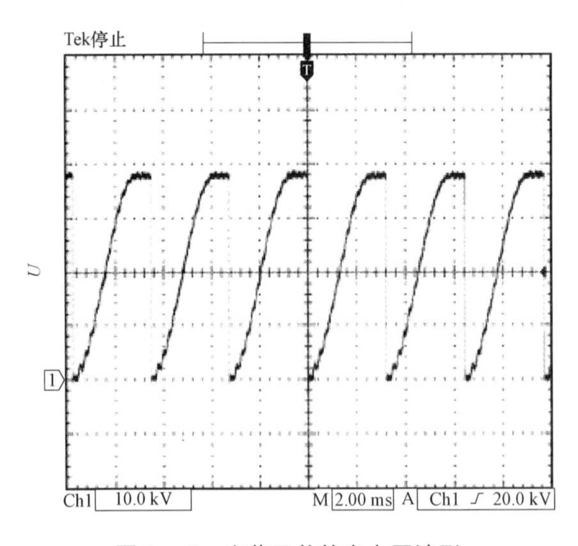

图 3－11　火花开关放电电压波形

求解与后处理：求解激光器的三维瞬态电场时可以直接加载瞬态电压激励源，对激励源描述的越精确，求解的电场分布越符合实际；在一个周期内，将火花开关电压信号分为前后两个部分，前半部分为脉冲的上升沿，后半部分为直流电压；分析与计算的关键是由上升沿激励的瞬态电场，直流电压激励的电场分析较易。

火花开关的上升沿为正弦信号的一部分，如图 3－12 所示，当 $t=1.195$ ms 时，$V=38$ kV，设上升沿的信号为 $V(t)=38\,000\sin(\omega t)$，解得 $\omega=1.31$，因此加载脉冲激励源的上升沿为 $V(t)=38\,000\sin(1\,314t)(\mathrm{V})$。

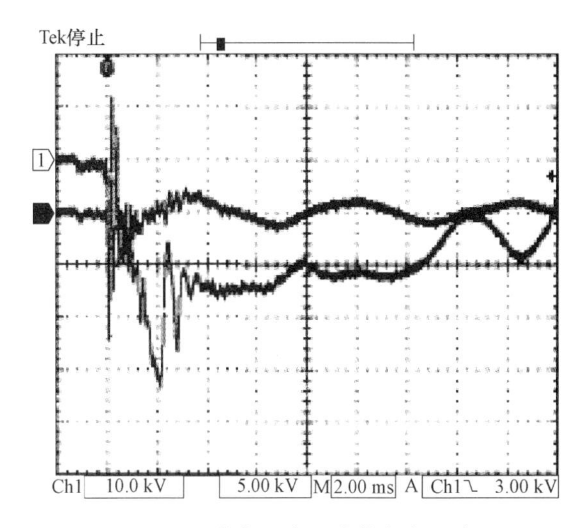

图 3－12　激光器主回路放电电压波形

图 3－12 所示为激光器工作状态下，主回路的放电波形。激光器的主放电时间为 200 ns，由于电感与电容的存在，主放电结束后存在衰减振荡放电，但放电的强度大为减弱，据此确定在辐射磁场的瞬态求解中，t 的初始时刻为 0，终止时刻为 400 ns。

求解区域选择在距激光器主体 1 m 的范围内，这是由激光器系统实际大小决定的。图 3－13 所示为 $t=140$ ms 时刻的近场电场辐射强度云图。

采用 Maxwell 软件的场计算器功能求解距火花开关 1 m 处的电场辐射强度，将数据进行处理后，获得电场辐射的时域波形。图 3－14 所示为时域电场强度示意图，图 3－15 所示为将时域的计算结果进行快速傅里叶变换

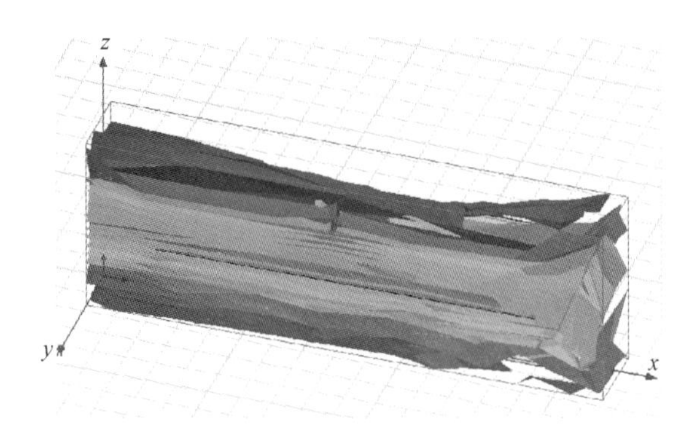

图 3-13　瞬态电场辐射强度云图

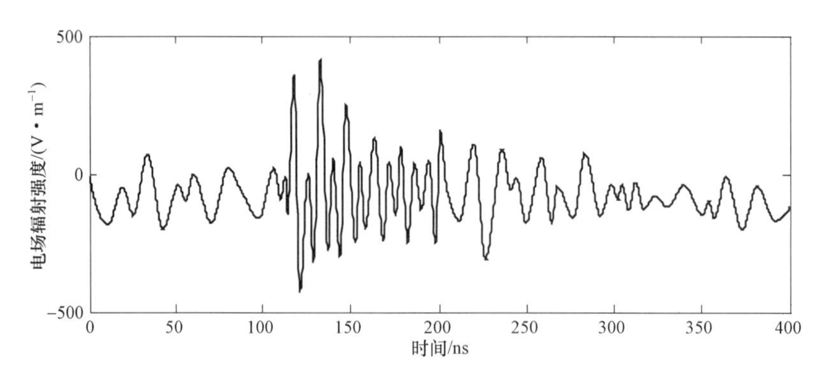

图 3-14　时域电场辐射强度示意图

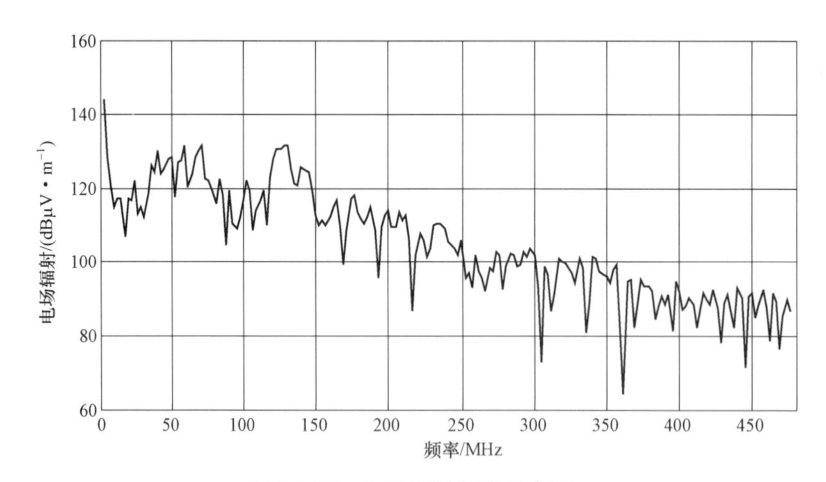

图 3-15　电场辐射频谱分布图

后的电场辐射频谱分布图。

高功率激光器分系统集成至光电干扰系统时，集成于电磁屏蔽方舱中，从实际工程角度考虑，磁场计算时的边界区域采用金属导磁性材料；将激光器等效激励电路耦合至有限元模型，计算激光器主回路的瞬态磁场强度，得到各个节点上的磁感应强度 B 以及 B 的分布图，图 3－16 所示为 140 ns 时刻的磁感应强度云图。

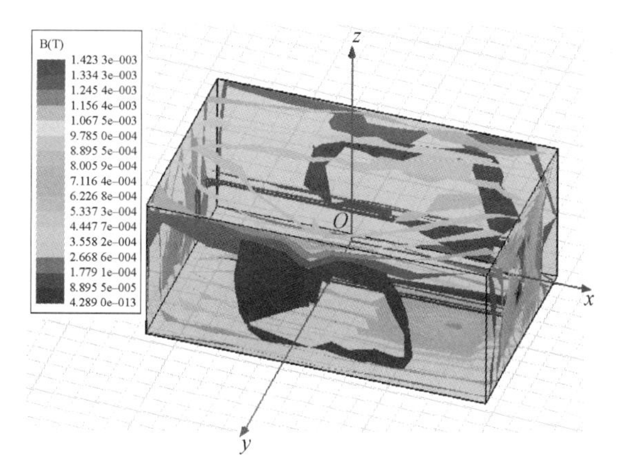

图 3－16　瞬态磁感应强度云图

磁场云图直观地反映了方舱内磁感应强度的分布情况。在图 3－16 中，激光器方舱后半部分区域辐射较强，最强的磁场辐射区域在出光口处，仿真结果符合对激光器电磁辐射原理的分析，图 3－17 所示为时域磁场辐射的仿真结果。

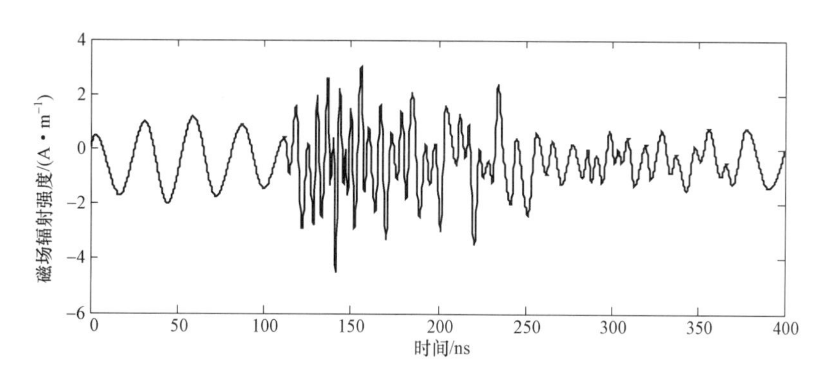

图 3－17　时域磁场辐射仿真结果

图 3-18 所示为时域计算结果进行快速傅里叶变换后的磁场辐射频谱分布。

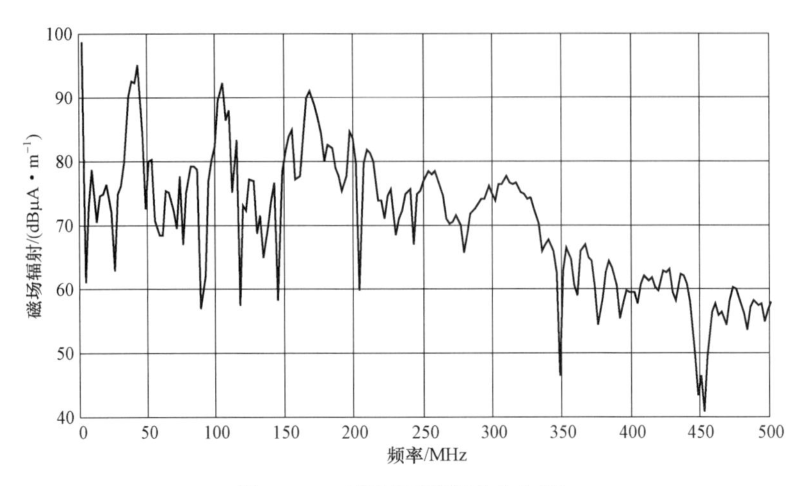

图 3-18 磁场辐射频谱分布图

计算结果表明，在接近 1 m 处，激光器的电场辐射强度可达 500 V/m，辐射发射的主要频段为 0～250 MHz；磁场辐射强度可达 5 A/m，辐射发射的主要频段为 0～220 MHz。通过计算分析得到的激光器电磁辐射情况，可以作为场线耦合、屏蔽效能等电磁兼容预测工作的基础。

3.2.4 双绞线缆的场线耦合预测

视频跟踪系统中的控制线缆为双绞线，本节讨论如何预测双绞线缆上耦合的干扰电平。双绞线的场线耦合计算方法由传输线理论推导而来。双绞线的几何模型用图 3-19 所示的双螺旋线来近似，螺旋线上某一点的坐标表示为

$$\begin{cases} x_1 = R_0 \cos\alpha l, \quad x_2 = -R_0 \cos\alpha l \\ y_1 = R_0 \sin\alpha l, \quad y_2 = -R_0 \sin\alpha l \\ z_1 = \alpha pl / 2\pi, \quad z_2 = z_1 \end{cases} \tag{3-46}$$

式中，l 为双绞线的长度；p 为螺距；R_0 为螺旋线的半径；$\alpha = [R_0^2 + (p/2\pi)^2]^{-1/2}$，双绞线展开的总长度为 $z_L = \alpha pL / 2\pi$。

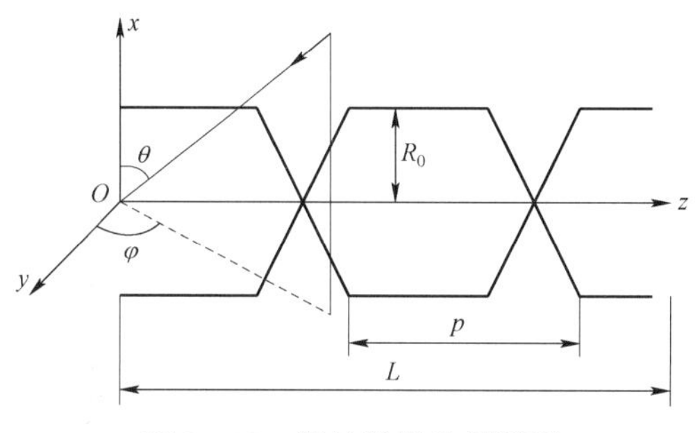

图 3－19　双绞线的几何模型

假设平面电磁波以 (θ,φ) 角入射到双绞线，若螺距 p 及波长 λ 远远大于双绞线的线间距 $2R_0$，则进行简化，可以得到任意极化平面波入射到双绞线两端 $l=0$ 及 $l=L$ 处时，端电流的通用表达式为

$$I_0=\frac{1}{D}\int_0^L E(l)\left[Z_c\cosh\gamma(l-L)-Z_L\sinh\gamma(l-L)\right]dl-\left[\frac{Z_c}{D}\int_{-R_0}^{R_0}E_t(L)\,dx-\frac{Z_c\cos\gamma L+Z_L\sinh\gamma L}{D}\int_{-R_0}^{R_0}E_t(0)\,dx\right] \tag{3-47}$$

$$I_L=\frac{1}{D}\int_0^L E(l)\left[Z_c\cosh\gamma L+Z_0\sinh\gamma L\right]dl+\left[\frac{Z_c}{D}\int_{-R_0}^{R_0}E_t(0)\,dx-\frac{Z_c\cos\gamma L+Z_0\sinh\gamma L}{D}\int_{-R_0}^{R_0}E_t(L)\,dx\right] \tag{3-48}$$

式（3－47）和式（3－48）中的各项参数的计算方法如下：

$$\gamma=\sqrt{(Z_i+j\omega l^e)(jk^2/\omega l^e)} \tag{3-49}$$

$$D=Z_c(Z_0+Z_L)\cosh\gamma L+(Z_c^2+Z_0Z_L)\sinh\gamma L \tag{3-50}$$

$$Z_c=\sqrt{(Z_i+j\omega l^e)/(jk^2/\omega l^e)} \tag{3-51}$$

$$l^e=\frac{\mu_0}{\pi}\ln\frac{2R_0}{a} \tag{3-52}$$

$$k=\omega\sqrt{\mu_0\left(\varepsilon-j\frac{\sigma}{\omega}\right)} \tag{3-53}$$

$$k^2=\omega^2\mu_0\left(\varepsilon-j\frac{\sigma}{\omega}\right) \tag{3-54}$$

式中，μ_0、ε、σ 是包含双绞线的介质的电参数；Z_i 为双绞线每单位长度的内阻，在高频近似下，$Z_i = \dfrac{(1+\mathrm{j})R_S}{2\pi a}$；$R_S$ 为导线的表面电阻；Z_c 为双绞线每单位长度的特性阻抗；$E(l)$ 表示线上任意一点 l 处的电场辐射，由理论计算结果获取。

双绞线若未加相应的屏蔽措施，将耦合激光器的辐射电磁场，产生干扰电压与干扰电流，进而成为激光器对电视跟踪系统传播电磁干扰的主要途径。

依据工程实际，双绞线的特性阻抗为 100 Ω，双绞线的绞矩为 13～25 mm，芯线为铜导线，直径为 0.4～1 mm，双绞线的对绞式线对结构可以减小线对之间的串扰，并对外界的电磁场有一定的抗干扰能力。但由于高功率 TEA CO_2 的强电磁辐射特性，当双绞线穿越激光器方舱时，必定会引入耦合电流和电压，存在潜在的电磁不兼容。

采用场线耦合的传输线理论对终端阻抗为 135 Ω 的设备进行干扰电流计算，图 3－20 所示为传输线始端处的辐射电场强度 $E(0)$ 及终端处辐射电场强度 $E(L)$ 的各次谐波的频谱分布。

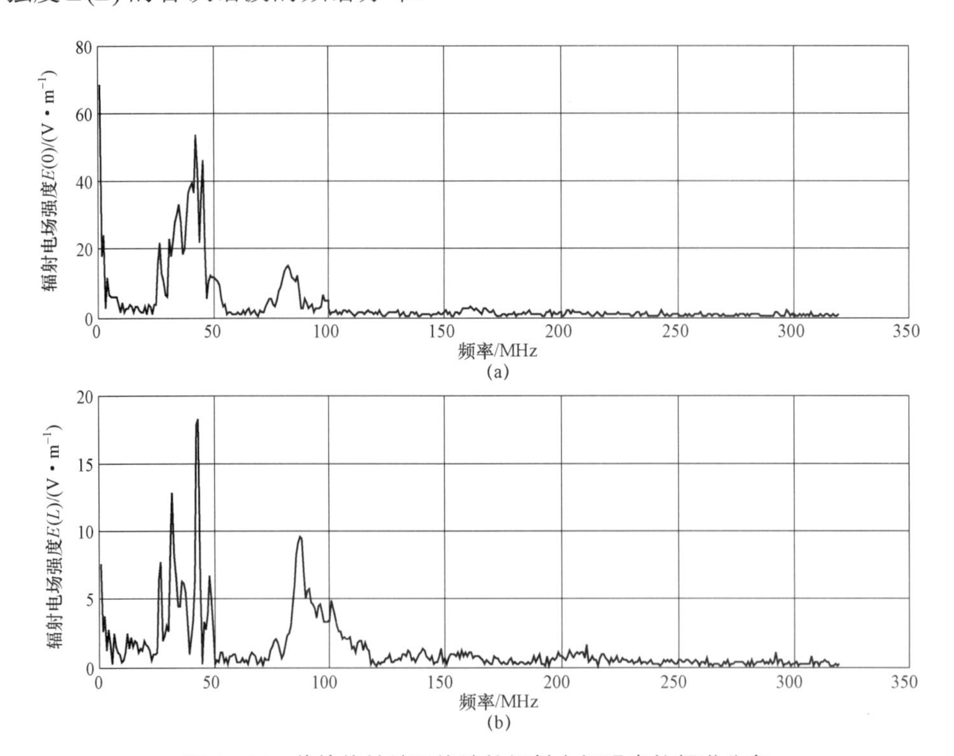

图 3－20 传输线始端及终端的辐射电场强度的频谱分布

计算中，基于工程实际，双绞线的长度采用 1.5 m，图 3－21 所示为双绞线的横截面，$s = 1.28\ \mathrm{mm}$，$r = 0.25\ \mathrm{mm}$，$r_{\mathrm{d}} = s/2$。

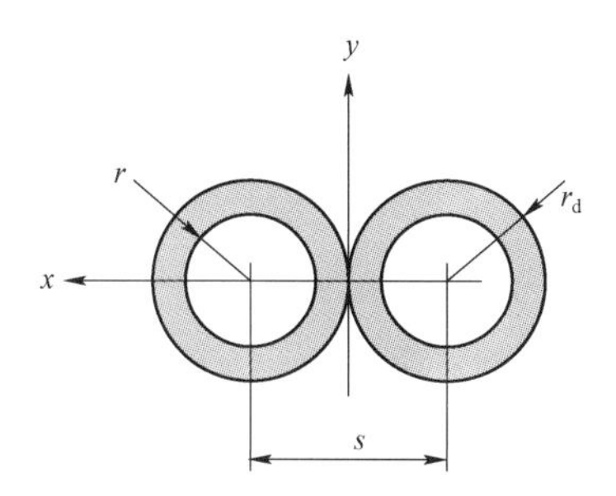

图 3－21　双绞线的典型横截面

图 3－22 所示为计算后的传输线终端响应干扰电压，依据该干扰电压，结合视频跟踪系统对应电路模块的电磁敏感度，可以确定是否造成电磁干扰。在该工程实际中，当激光器进行重频工作时，电视跟踪系统直接无任何信号输出，电磁敏感现象为失效。

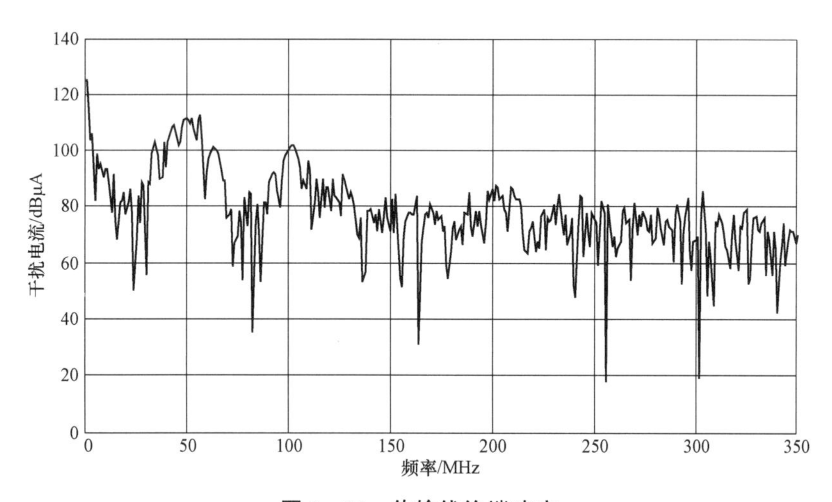

图 3－22　传输线终端响应

第4章

光电设备电磁兼容的测试方法

为了确保电磁兼容设计的正确性和可靠性，科学地评价设备的电磁兼容性能，必须在研制的整个过程中，对各种干扰源的干扰量、传输特性和敏感器的敏感度进行定量测试，验证设备是否符合电磁兼容标准和规范；找出设备设计及生产过程中在电磁兼容方面的薄弱环节，为设备使用提供有效的数据，因此电磁兼容测试是电磁兼容设计必不可少的重要内容。由于电磁兼容分析与设计的复杂性，其理论计算结果更加需要实际测试来检验，至今在电磁兼容领域对大多数情况仍主要依靠测试来分析、判断和解决问题。

电磁兼容测试包括测试方法、测试仪器和试验场所，测试方法以各类标准为依据，测试仪器以频域为基础，试验场地是进行电磁兼容测试的先决条件，也是衡量电磁兼容工作水平的重要因素。电磁兼容测试受场地的影响很大，尤其以电磁辐射发射与辐射敏感度的测试对场地的要求最为严格。

电磁兼容测试实验室主要有两种类型，一种适用于电磁兼容诊断性测试和设备的电磁兼容性评估；另一种是经过电磁兼容标准实验室认可和质量体系认证，具有法定测试资格的综合性设计与测试实验室，包括电磁兼容标准测试场地，符合要求的测试与控制仪器设备，通常依据某个国家标准建立。

4.1 电磁兼容测试场地

4.1.1 开阔试验场

开阔试验场是重要的电磁兼容测试场地，开阔试验场测试不会存在反射和散射信号，是一种最直接的和被广泛认可的标准测试方法，它能够用来测试产品的辐射发射和辐射敏感度。国内外电磁兼容标准规定了开阔试验场的构造特征，它应是一个平坦的、空旷的、电导率均匀良好的、无任何反射物的椭圆形试验场地，其长轴是两焦点距离的 2 倍，短轴是焦距的 $\sqrt{3}$ 倍。发射天线（或受试设备）与接收天线分别置于椭圆的两焦点上，如图 4-1 所示。

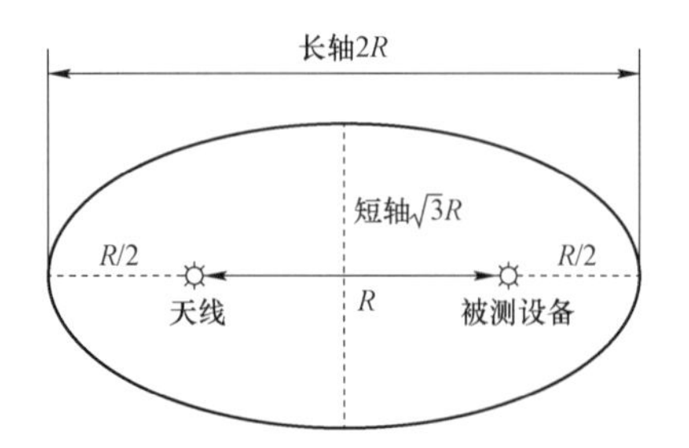

图 4-1　椭圆形开阔试验场地与天线布置

开阔试验场通常选址于电磁环境干净、背景电平低的地方建造，以免周围环境中的电磁干扰给电磁兼容试验带来影响和危害。大部分开阔试验场通常选址远离城市的地方建造，也有部分单位在楼顶平台上因地制宜地建造。

开阔试验场应设有转台及天线升降杆，便于全方位的辐射发射及天线升降测试。此外，还应有单独的接地系统和避雷系统。

4.1.2　电波暗室

为使测试场地内的电磁场不泄漏到外部或外部电磁场不透入到内部，需要把整个工作间屏蔽起来，这种能对电磁能量起衰减作用的封闭场地称为屏蔽室。按照各类电磁兼容标准的规定，大多数试验项目需要在具有规定屏蔽效能和尺寸大小的电磁屏蔽室内进行，电磁屏蔽室提供符合要求的试验环境。

电磁屏蔽室中，电波暗室是电磁兼容性试验中极其重要的设施。电波暗室有两种结构形式：电磁屏蔽半电波暗室和微波电波暗室（又称全波暗室）。电磁屏蔽半波暗室模拟开阔试验场，是应用较普遍的电磁兼容测量场地。电磁兼容标准容许用电磁屏蔽半电波暗室替代开阔试验场进行电磁兼容测量。近年来，国内很多单位建成了电磁屏蔽半电波暗室，通常简称半电波暗室，如图 4–2 所示。

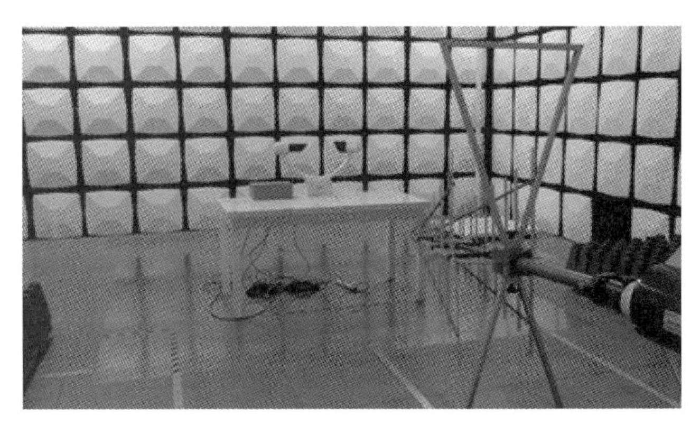

图 4–2　半电波暗室

半电波暗室和全电波暗室不同。半电波暗室五面安装吸波材料，主要模拟开阔试验场地，电波传播时只有直射波和地面反射波。全电波暗室六面安装吸波材料，模拟自由空间传播环境，而且可以不带屏蔽，把吸波材料粘贴于木质墙壁，甚至建筑物的普通墙壁和天花板上。

1. 暗室的屏蔽效能

屏蔽是利用屏蔽体阻止或减少电磁能量传输的一种措施，屏蔽体则是为阻止或减小电磁能量传输而对装置进行封闭或遮蔽的一种阻挡层。通常屏蔽体的屏蔽性能以屏蔽效能进行度量。

屏蔽壁材料、拼板接缝、通风窗以及室内供电用的电源滤波器等都会影响屏蔽室的屏蔽效能。屏蔽壁材料的选择与频率使用范围与对屏蔽效能的要求有关。电磁兼容性试验用屏蔽室，通常要求工作频率范围宽，屏蔽效能好，因此多选用薄金属板（如薄钢板）作为屏蔽壁材料。屏蔽室的供电线路必须通过电源滤波器才能进入室内。一个屏蔽室即使在材料选择、拼板接缝、通风窗、门缝处理等项都处理得很好，若电源滤波不佳，亦将影响整个屏蔽室的屏蔽效能。电源滤波性能的好坏，除与滤波器本身性能有关外，电源滤波器的安装方法和安装质量对滤波性能影响亦很大。

2. 暗室的接地

通常对屏蔽室接地要求如下：屏蔽室宜单点接地，以避免接地点电位不同造成屏蔽壁上的电流流动。此种电流流动，将会在屏蔽室内引起干扰。为了减少接地线阻抗，接地线应采用高导电率的扁状导体。接地线应尽可能短，最好小于 $\lambda/20$。对于设置在高层建筑上的微波屏蔽室，可采用浮地方案。必要时对接地线采取屏蔽措施。严禁接地线和输电线平行敷设。

3. 暗室的谐振

任何封闭式金属空腔都可能产生谐振现象。暗室可视为一个大型的矩形波导谐振腔，根据波导谐振腔理论，其固有谐振频率按下式计算：

$$f_0 = 150\sqrt{\left(\frac{m}{l}\right)^2 + \left(\frac{n}{w}\right)^2 + \left(\frac{k}{h}\right)^2} \tag{4-1}$$

式中，f_0 为屏蔽室的固有谐振频率（MHz）；l、w、h 分别为屏蔽室的长、宽、高（m）；m、n、k 分别为 0，1，2，…等正整数，但不能同时取三个或两个为 0。对于 TE 型波，m 不能为 0。

由此可见，m、n、k 取值不同，谐振频率也不同，即同一屏蔽室有很多个谐振频率，分别对应不同的激励模式（谐振波形）。对一定的激励模式，其谐振频率为定值。TE 型波的最低谐振频率对应 TE110（$m=1$，$n=1$，$k=0$），其谐振频率为

$$f_{\mathrm{TE110}}=150\sqrt{\left(\frac{1}{l}\right)^2+\left(\frac{1}{w}\right)^2} \tag{4-2}$$

由于屏蔽室中场激励方向的任意性，若要 f_{TE110} 是屏蔽室的最低谐振频率，必须使 l 和 w 是屏蔽室三个尺寸中较大的两个。

暗室谐振是一个有害的现象。当激励源使暗室产生谐振时，会使暗室的屏蔽效能大大下降，导致信息的泄漏或造成很大的测试误差。为避免暗室谐振引起的测试误差，应通过理论计算和实际测试来获得暗室的主要谐振频率点，并把它们记录在案，以便在以后的电磁兼容试验中避开这些谐振频率。

GB/T 12190—2006《电磁屏蔽室屏蔽效能的测试方法》规定了高性能屏蔽室屏蔽效能的测试和计算方法。

4.1.3　其他类型测试场地

1. 横电磁波室

横电磁波室（TEM）是 20 世纪 70 年代中期问世，而后不断发展起来的一种横电磁波室/电磁兼容测试设施，如图 4－3 所示。

图 4－3　横电磁波室

横电磁波室按其横截面形状可分为正方形及长方形两种。正方形横电磁波室的优点是在相同可用空间条件下使用频率较宽，或在相同的使用条件下可用空间较大。长方形横电磁波室的优点是场的均匀性较好。

2. 混响室

混响室是指在高品质因数 Q 的屏蔽壳体内配备机械的搅拌器，用以连续地改变内部的电磁场结构。混响室内任意位置能量密度的相位、幅度、极化均按某一个固定的统计分布规律随机变化。在混响室内的测试可以是一个受试设备对场的平均响应，是在搅拌器至少旋转一周的时间内响应的积分。混响室的工作原理基于多模式谐振混合，典型混响室如图 10-8 所示。混响室提供的电磁环境是：① 空间均匀，即室内能量密度各处一致；② 各向同性，即在所有方向的能量流是相同的；③ 随机极化，即所有的波之间的相角以及它们的极化是随机的。

由于混响室能够对外部电磁环境进行良好的隔离，所以用它进行辐射发射或辐射敏感度测试。一方面，混响室的造价相对较低，并且能够产生有效的场变换，使得在高场强下进行辐射敏感度测试成为可能；另一方面，要将混响室中的测试与真实的工作条件联系起来是有难度的，并且极化特性也无法保持。通过在封闭空间（屏蔽室内）中使用模式搅拌器，混响室能够真实地模拟自由空间条件。混响室如图 4-4 所示。

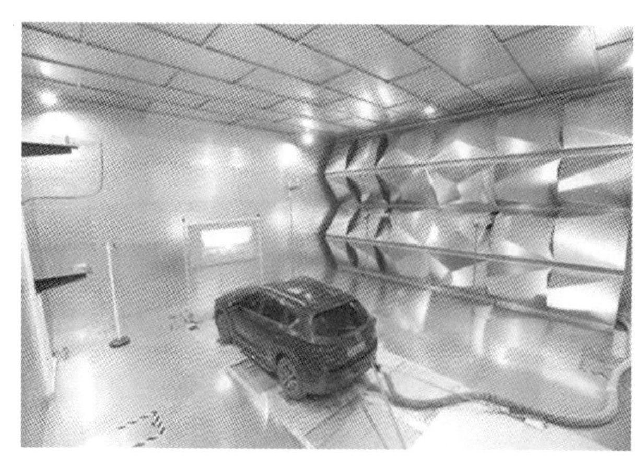

图 4-4 混响室

4.2　电磁兼容测试设备

4.2.1　测试接收机

测试接收机是电磁兼容测试的核心设备。测试接收机测试动态范围大、灵敏度高、本身噪声小、前级电路过载能力强，在整个测试频段内测试精度能够满足要求。电磁兼容国际标准和国家标准均规定了测试接收机的带宽、检波方式、充/放电时间常数、脉冲响应等主要指标。测试接收机的外形如图 4－5 所示。

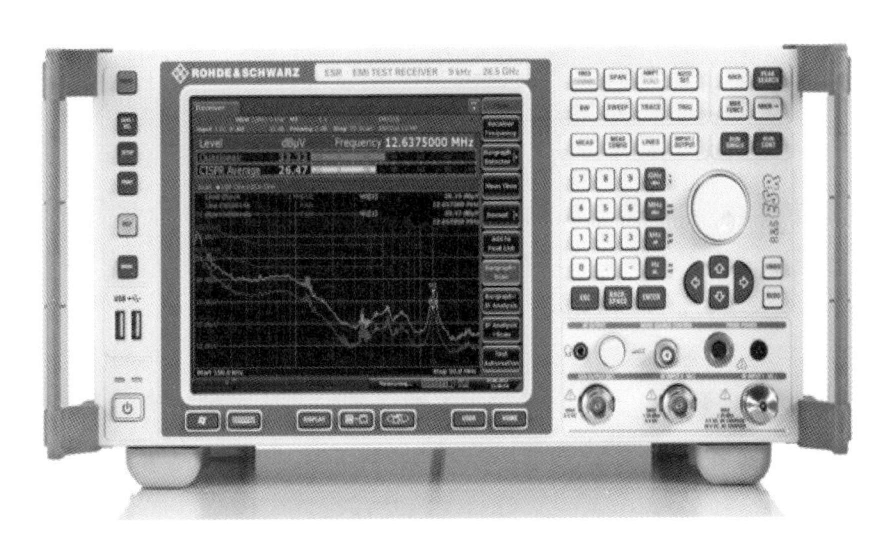

图 4－5　测试接收机

测试接收机的电路框图如图 4－6 所示。

测试接收机主要部分的功能如下。

（1）输入衰减器。输入衰减器可将外部进来的过大信号或干扰电平进行衰减，调节衰减量大小，保证输入电平在测试接收机可测范围之内，同时也可避免过电压或过电流造成测试接收机的损坏。

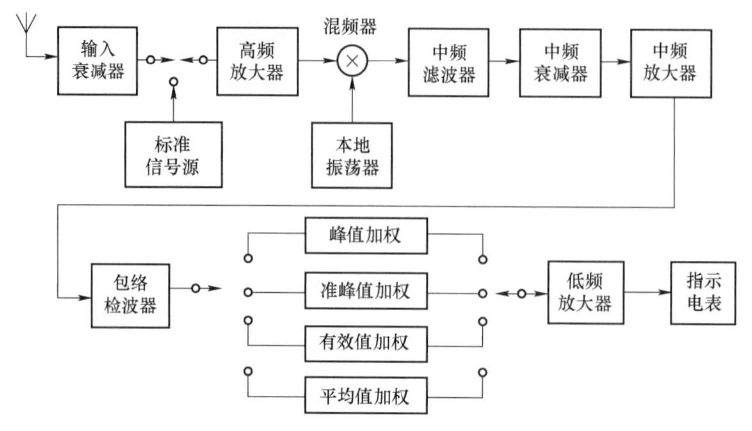

图 4–6 测试接收机的电路框图

（2）校准信号源。该校准信号源即测试接收机本身提供的内部校准信号发生器，可随时对接收机的增益进行自校，以保证测试值的准确。普通接收机不具有校准信号源。

（3）高频放大器。高频放大器利用选频放大原理，仅选择所需的测试信号进入下级电路，而将外来的各种杂散信号（包括镜像频率信号、中频信号、交调谐波信号等）均排除在外。

（4）混频器。混频器将来自高频放大器的高频信号和来自本地振荡器的信号合成，产生一个差频信号输入到中频放大器，由于差频信号的频率远低于高频信号频率，因此中频放大器的增益得以提高。

（5）本地振荡器。本地振荡器提供一个频率稳定的高频振荡信号。

（6）中频放大器。由于中频放大器的调谐电路可提供严格的频带宽度，又能获得较高的增益，因此可保证接收机的选择性和整机灵敏度。

（7）包络检波器。测试接收机的检波方式与普通接收机有很大差异。测试接收机除可接收正弦波信号外，常用于接收脉冲干扰信号。因此，测试接收机除具有平均值检波功能外，还增加了峰值检波和准峰值检波功能。

测试接收机测试信号时，先将仪器调谐于某个测试频率 f_i，该频率经高频衰减器和高频放大器后进入混频器，与本地振荡器的频率 f_1 混频，产生很多混频信号。这些混频信号经过中频滤波器后仅得到中频信号 $f_0=f_1-f_i$。中频信号经中频衰减器、中频放大器后由包络检波器进行包络检波，滤去中频信号，得到低频信号。对这些信号再进一步进行加权检波，根据需要选择检波器，可得到峰值、有效值、平均值或准峰值，这些值经低频放大后可显示出来。

为满足脉冲测试的需要，接收机还应具有预选器，即输入滤波器，对接收信号频率进行调谐跟踪，以避免前端混频器上的宽带噪声过载。另外，接收机还应有足够低的灵敏度，以实现小信号的测试。

通常，也有用频谱分析仪来测试电磁干扰的。由于普通频谱仪没有预选滤波器且灵敏度低，因而测试的数值是不准确的，特别是对脉冲干扰的测试。无预选功能的频谱分析仪对宽带干扰信号的加权校正测试很烦琐，而且其输入不能提供测试带宽干扰信号所需的动态范围。为解决此问题，可对频谱分析仪进行改进，通过增加一些模块，使原来的频谱仪类似测试接收机；再通过一个按键，即可简单地使之变回普通频谱分析仪。

4.2.2　电流探头

电流探头是传导发射和传导敏感度测试中的关键传感设备，在被测导体不允许断开的情况下，采用电流探头进行测试。传导发射中采用的电流探头为电流监测探头，通常用于测试电源线对外的传导发射，传导敏感度测试中的电流探头为电流注入探头，通常用于对电源线或数据线进行电磁干扰注入。这两种探头中，被测试导体均为电流探头的初级绕组，环形铁芯与次级绕组置于屏蔽环中。典型电流探头外形如图 4－7 所示。

图 4－7　电流探头外形

电流探头的灵敏度用传输阻抗表示，其定义为次级感应电压与初级电流之比。如图 4–8 所示，电流探头为圆环形卡式结构，能方便地卡住被测导线。其核心部分是一个分成两半的环形高磁导率磁芯，磁芯上绕有 N 匝导线。当电流探头卡在被测导线上时，被测导线充当一匝的初级线圈，次级线圈则包含在电流探头中。

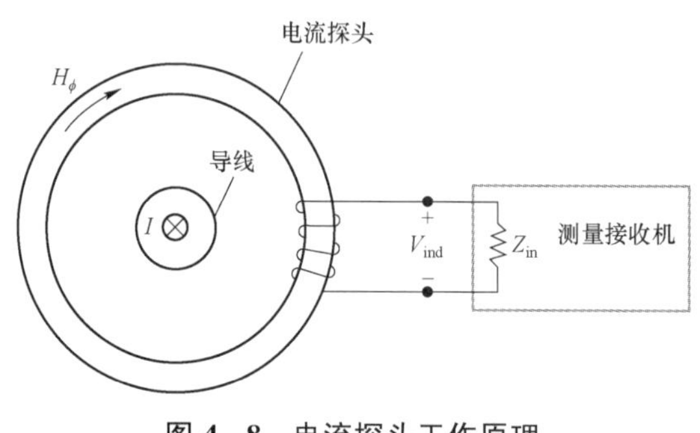

图 4–8　电流探头工作原理

4.2.3　电源阻抗稳定网络

电源阻抗稳定网络也称人工电源网络（常为 LISN），它能够在射频范围内，在受试设备端子与参考地之间或者端子之间提供一个稳定的阻抗。同时，将来自电源的无用信号与测试电路隔离开来，而仅将被测设备（EUT）的干扰电压耦合到测试接收机输入端。电源阻抗稳定网络对每根电源线提供三个端口，分别为供电电源输入端、到被测设备的电源输出端和连接测试设备的干扰输出端，其结构示意图如图 4–9 所示。

如图 4–10 所示，LISN 是基于滤波器理论。当干扰的频谱成分不同于有用信号的频带时，可用滤波器滤掉其无用信号。LISN 能够在规定的频率范围内提供一个规定的稳定的线路阻抗，将电网与受试设备进行隔离，并利用 LISN 的高通滤波器使受试设备产生的干扰信号耦合至测试接收机上，并阻止电网电压加至测试接收机上。

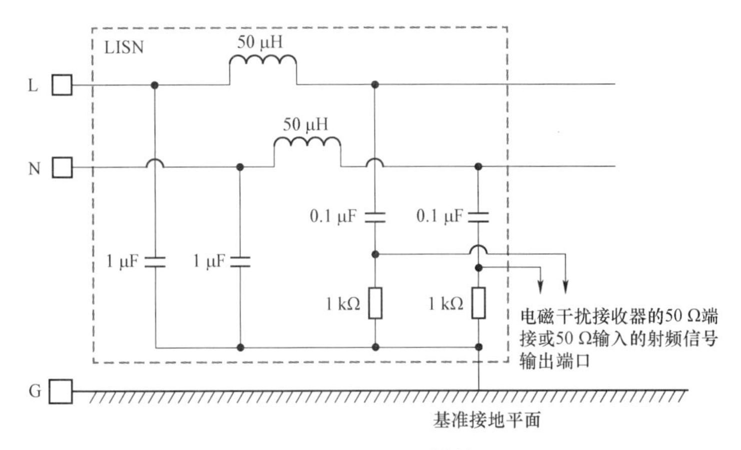

图 4-9　LISN 结构

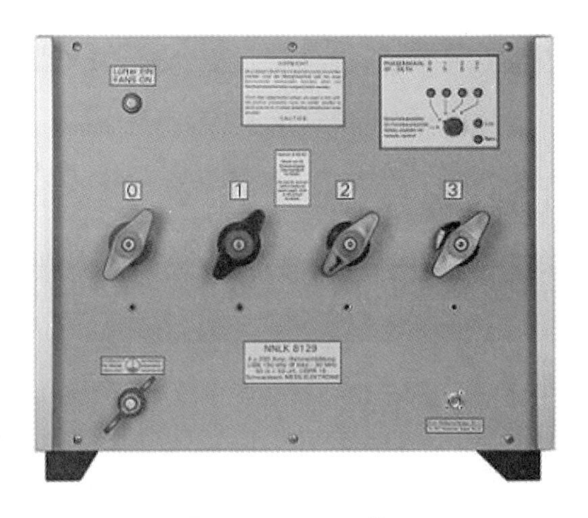

图 4-10　LISN 外观

4.2.4　信号发生器

信号发生器是电磁敏感度试验中的核心设备，除了采用通用的函数信号发生器、射频信号发生器、微波信号发生器之外，有部分信号发生器是面向电磁兼容敏感度测试而专门设计制造的，包括阻尼信号发生器、电快速瞬变脉冲群模拟器、工频磁场干扰模拟器等，如图 4-11 所示。应用于电磁兼容试验的信号发生器种类繁多，限于篇幅，不再赘述。在需要选用时，可以依据采用的标准确定所需的信号发生器种类，如图 4-12 所示。

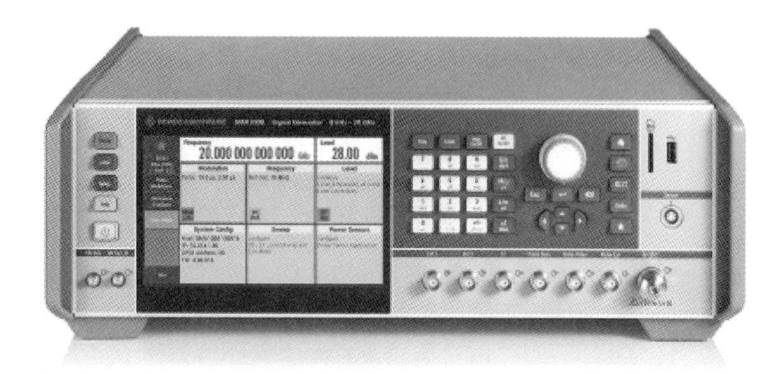

图 4-11　微波信号发生器

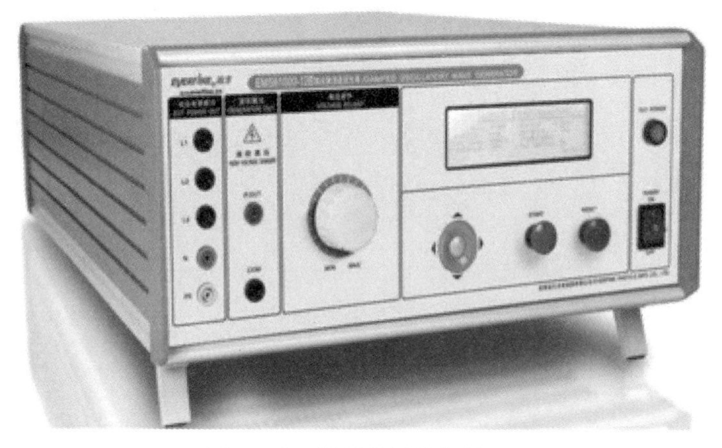

图 4-12　阻尼信号发生器

4.2.5　天线

天线在电磁兼容测试中，主要用于辐射发射和辐射敏感度测试。在电磁辐射发射测试中，天线把空间的电磁能量转化为高频能量收集起来；在电磁辐射敏感度测试中，天线把高频电磁能量通过各种形状的金属导体向空间辐射出去。

磁场天线用于接收被测设备工作时泄漏的磁场、空间电磁环境的磁场并测试屏蔽室的磁场屏蔽效能、对外辐射磁场。测试频段通常为 25 Hz～30 MHz。根据用途的不同，磁场天线类型分为有源天线和无源天线。通常有源天线因具有放大小信号的作用，所以非常适合测试空间的弱小磁场，此类天线有带屏蔽的环天线。近距离测试设备工作时泄漏的磁场通常采用无源环天线。

与有源环天线相比，无源环天线的尺寸较小。测试时，环天线的输出端与测试接收机或频谱仪的输入端相连，测试的电压值（单位为 dBμV）加上环天线的天线系数，即得所测磁场（单位为 dBpT）。环天线的天线系数是预先校准出来的，通过它才能将测试设备的端口电压转换成所测磁场，如图 4－13 所示。

图 4－13　环天线

电场天线用于接收被测设备工作时泄漏的电场或向自由空间辐射电场，测试频段通常为 10 kHz～40 GHz。电磁兼容测试中通常使用宽带天线，配合测试接收机进行扫频测试。根据用途的不同，电场天线分为有源天线和无源天线两类。有源天线是为测试小信号而设计的，其内部的放大器将接收到的微弱信号放大至接收机可以测试的电平，主要用在低频段，天线的尺寸远小于被测信号的波长，且接收效率很低。

（1）杆天线。杆天线的杆长 1 m，用于测试 10 kHz～30 MHz 频段的电磁场，形状为垂直的单极子天线。它由对称阵子中间插入地网演变而来，所以测试时一定要按天线的使用要求安装接地网（板）。

进行电磁场辐射发射测试时，所测场强可通过下式计算：

$$E = U + AF \tag{4-3}$$

式中，E 为场强（dBμV/m）；U 为接收机测试电压（dBμV）；AF 为杆天线的天线系数（dB/m）。

对于无源杆天线，其天线系数与有效高度相对应，为 6 dB。有源杆天线的天线系数则需通过校准得到，其值与前置放大器的增益有关。

（2）双锥天线。双锥天线的形状与偶极子天线十分接近，它的两个振子分别为六根金属杆组成的圆锥形。双锥天线通过传输线平衡变换器将 120 Ω 的阻抗变为 50 Ω。双锥天线的方向图与偶极子天线类似，测试的频段比偶极子天线宽，而且无须调谐，适合与接收机配合，组成自动测试系统进行扫频测试，如图 4－14 所示。

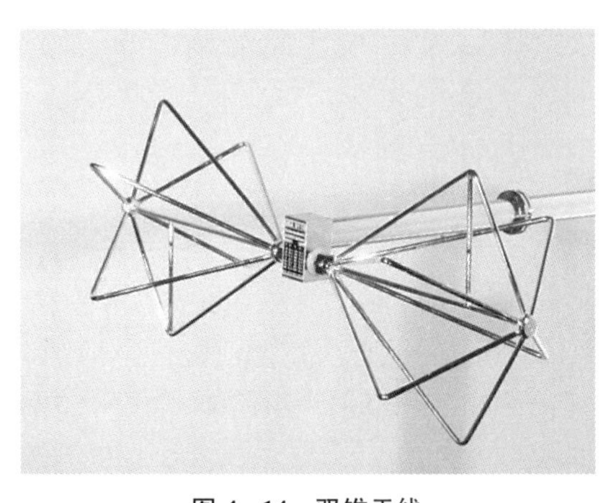

图 4－14 双锥天线

（3）对数周期天线。对数周期天线上下有两组振子，从长到短依次排列，最长的振子与最低的使用频率相对应，最短的振子与最高的使用频率相对应。对数周期天线有很强的方向性，其最大接收/辐射方向是锥底到锥顶的轴线方向。对数周期天线为线极化天线，测试中可根据需要调节极化方向，以接收最大的发射值。它还具有高增益、低驻波比和宽频带等特点，适用于电磁干扰和电磁敏感度测试，如图 4－15 所示。

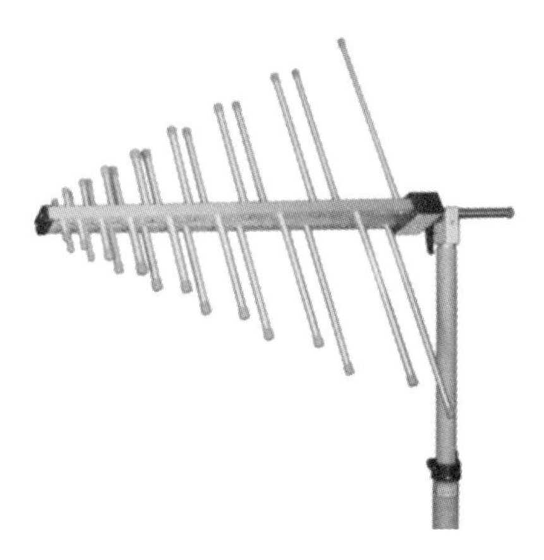

图 4－15　对数周期天线

（4）喇叭天线。喇叭天线的使用频段通常由馈电口的波导尺寸决定，通常用于 1 GHz 以上高频段的辐射发射和辐射敏感度测试，如图 4－16 所示。

图 4－16　喇叭天线

4.2.6　测试系统及测试软件

电磁干扰自动测试系统主要由测试接收机和各种测试天线、传感器及电源阻抗稳定网络组成。例如，CS101 自动测试系统的组成框图如图 4－17 所示。

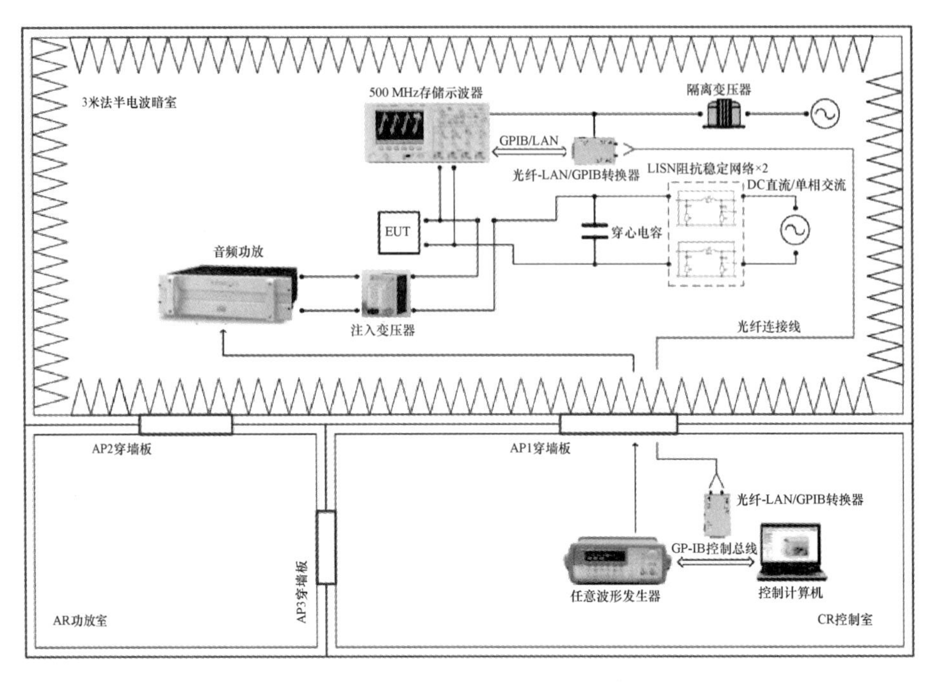

图 4-17　CS101 自动测试系统组成框图

图 4-18 和图 4-19 所示为 CS101 自动测试软件界面。

图 4-18　CS101 自动测试软件界面——配置选择

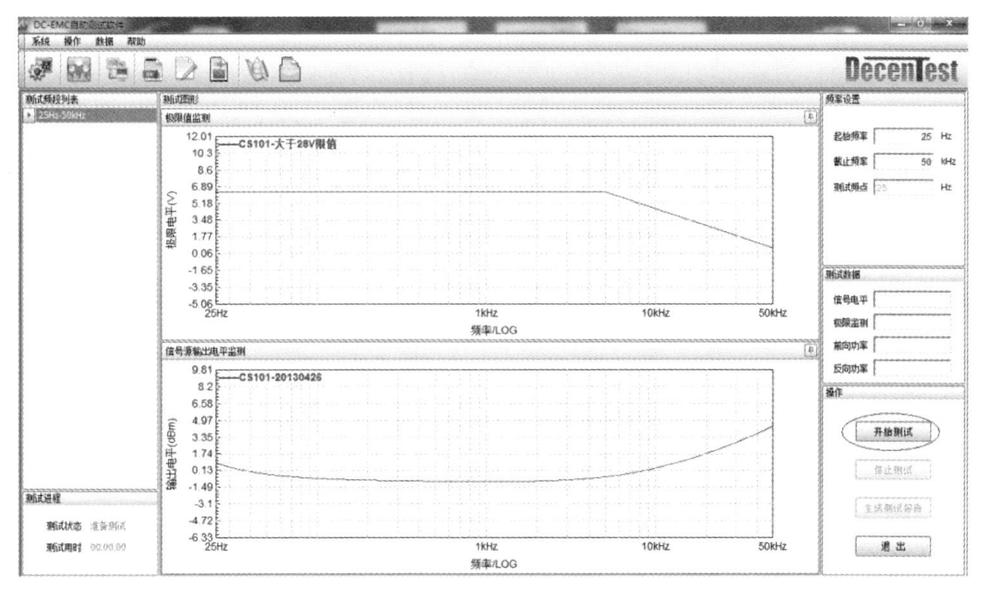

图 4-19　CS101 自动测试软件界面——干扰注入电压

4.3　电磁兼容标准测试

电磁兼容标准测试属于考核性试验，依据不同的电磁兼容标准考核设备是否满足电磁兼容要求。电磁兼容标准测试对被测设备进行严格的标准测试，定量评价被测设备的电磁兼容指标。电磁兼容标准测试通常在产品完成、定型阶段进行，它按照产品的测试标准要求，测试产品的辐射发射和传导发射是否低于标准规定的限值，抗干扰能力（抗扰度）是否达到了标准规定的限值。电磁兼容标准测试考核的是产品整体的电磁兼容性指标，使用标准规定的测试仪器及测试方法。电磁兼容性测试依据不同的标准，有多种测试方法，但从原理性角度，电磁兼容测试可以分为四类：传导发射测试（CE）、辐射发射测试（RE）、传导敏感度（抗扰度）（CS）和辐射敏感度（抗扰度）（RS），这四类中，传导发射测试和辐射发射测试简称为 EMI 测量，传导敏感度测量和辐射敏感度测试简称为 EMS 测试（图 4-20）。

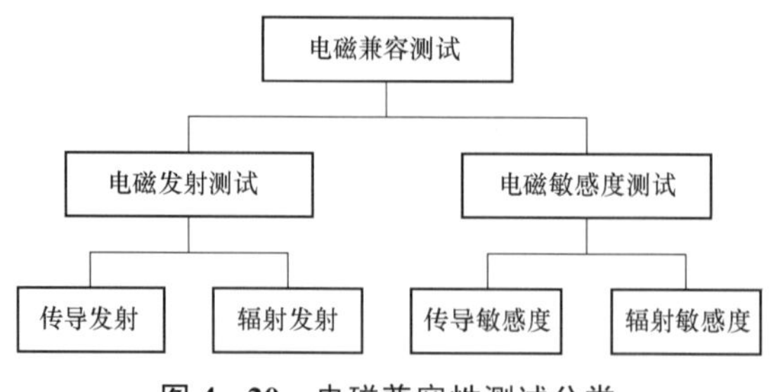

图 4-20　电磁兼容性测试分类

电磁兼容标准测试具有法律效力。民用产品能否通过指定电磁兼容标准，将决定产品能否投放市场，企业能否生存。军用产品能否通过指定电磁兼容标准，将关系到产品能否交付使用，能否列装。

本节重点介绍国家军用电磁兼容标准 GJB151B—2013 中的电磁兼容测试项目及方法。对于光电设备来说，表 4-1 列出了常规的标准性测试项。

表 4-1　GJB151B—2013 中常规测试项目

序号	测试项目号	测试项目
1	CE102	10 kHz～10 MHz 电源线传导发射
2	CS101	25 Hz～150 kHz 电源线传导敏感度
3	CS114	10 kHz～400 MHz 电缆束注入传导敏感度
4	CS115	电缆束注入脉冲激励传导敏感度
5	CS116	10 kHz～100 MHz 电缆和电源线阻尼正弦瞬变传导敏感度
6	RE102	10 kHz～18 GHz 电场辐射发射
7	RS103	10 kHz～40 GHz 电场辐射敏感度

以 RE102 为例，简要介绍电磁兼容标准测试的方法及过程。RE102 项的测试目的是测试 10 kHz～18 GHz 设备的电场辐射发射，测试对象是所有平台上的设备、分系统壳体和所有互联电缆的辐射发射（不包括发射机的基频或天线的辐射）。测试所需的主要测试仪器为测试接收机、人工电源网络及多频段天线，如图 4-21 所示。

常用的测试方法如下。

（1）按 GJB151B—2013 一般要求检查电磁环境电平。

（2）依据图 4-21 连接测试系统，被测设备通电预热，使其达到稳定工作状态。

（3）采用 GJB151B—2013 通用要求中规定的带宽和最小测试时间，使测试接收机在适用的频率范围内扫描。

（4）对 30 MHz 以上的频率，天线应取水平极化和垂直计划两个方向。

（5）按测试频段更换相应接收天线，重复步骤（1）～（4）进行测试。

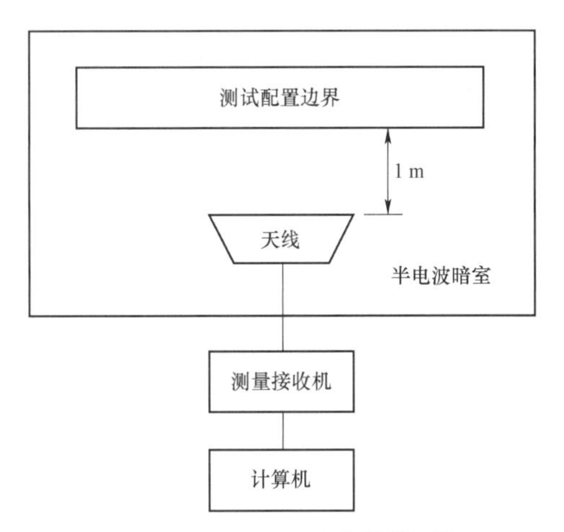

图 4-21　RE102 测试配置图

图 4-22～图 4-25 所示为现场测试的具体配置。

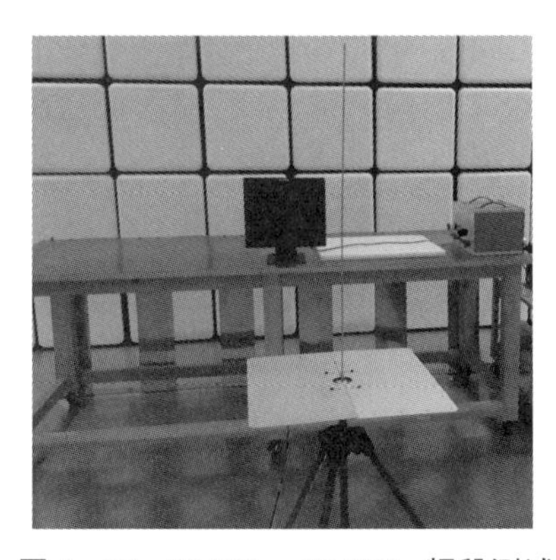

图 4-22　10 kHz～30 MHz 频段测试

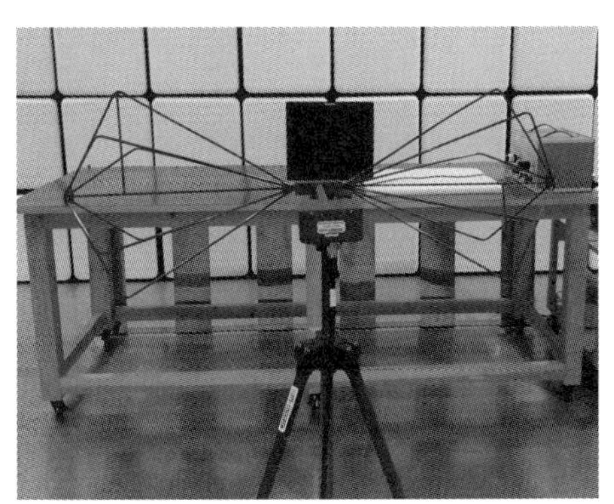

图 4-23　30～200 MHz 频段测试

图 4-24 200 MHz～1 GHz 频段测试

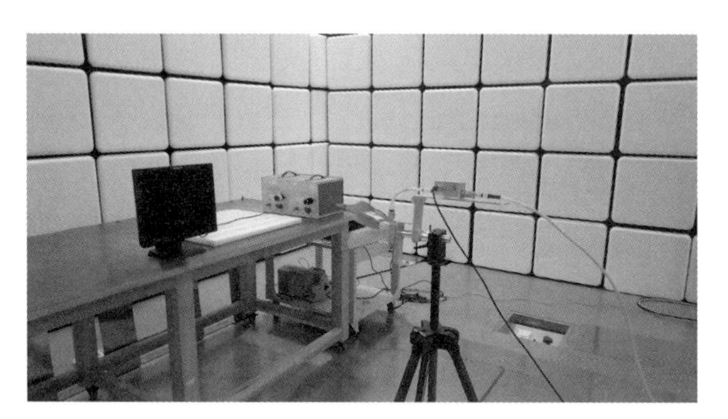

图 4-25 1～18 GHz 频段测试

测试结果如图 4-26 所示。

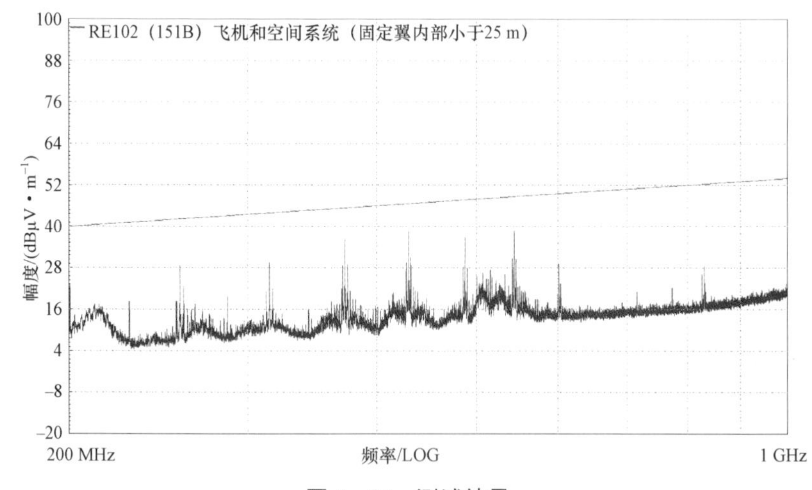

图 4-26 测试结果

4.4　电磁兼容诊断性测试

电磁兼容诊断性测试是在设备研制过程中进行的，通常属于定性测试。电磁兼容诊断性测试的目的是确定印制电路板、机箱、连接器、线缆等是否有电磁干扰产生或电磁泄漏，部件组装之后其周围是否有较大的辐射电磁场存在。电磁兼容诊断性测试也可以确定电磁干扰源的位置、频谱，获取敏感部件周围的电磁环境，以便有针对性地采取电磁整改措施。

电磁兼容诊断是当发现产品或系统出现不兼容现象后，根据其超标或故障现象，测试其基本参数，分析问题产生的原因，进而采取相应的措施。电磁兼容故障诊断涉及的知识领域较广，对人员的要求也较高，通常需要产品相关设计人员和试验人员的积极配合。确定电磁干扰位置，并及时排查和整改，是电磁兼容诊断的主要任务。其应用场景主要包含两个方面：一方面是在电磁兼容鉴定或认证试验中出现超标或敏感现象；另一方面是在设备使用过程中发生电磁兼容问题，要求判定问题所在。

4.4.1　专用电磁兼容诊断设备

1. 印制电路板近场扫描设备

印制电路板近场扫描设备能够自动测试印制电路板上电子组件的近区电场和近区磁场，可以在电子组件上方的某一个平面或某一个空间范围内进行检测，显示测量结果，精确快速的评估近场，并对测试结果进行多种处理和分析；它还能方便地输出图像和数据，如文档或进一步的数学分析，如图 4－27 和图 4－28 所示。

以 FLS 106 印制电路板型扫描仪为例，扫描仪和近场探头系列（从 SX 到 LF）的组合可以测试频率范围为 100 kHz～10 GHz 的电场或磁场。该近场探头可以在元件组上方沿三个轴运动。近场探头在被测设备上方的光学定位可以在数字显微相机的协助下完成。扫描仪支持防撞功能，在探头沿垂直方向运动触碰到被测设备时停止运动。在计算机上通过 ChipScan－Scanner 软件可以控制 FLS 106 印制电路板型扫描仪。这款软件同时可以从频谱分析仪中读取测试数据、（二维或三维）图像以及输出测试数据（CSV 文件）。

设备能够提供针对高速印制电路板、背板、连接器等高速互联基材和器件的电磁辐射诊断性评估的探针测试平台；能在三线性轴（x，y，z）或者四轴（三线性轴：x、y、z 和 α 旋转）运动，分辨率高达 5 μm，包括 ICS103、FLS102 和 FLS106，特别适合于印制电路板级电磁干扰扫描。扫描仪具备 ICS 系列近场微探头，分辨率可达 65 μm，频率范围覆盖为 10 MHz～3 GHz，具有多种分辨率探头。

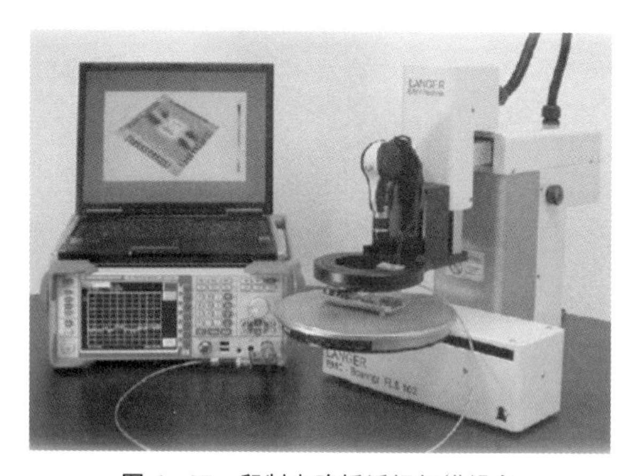

图 4－27　印制电路板近场扫描设备

图 4－28　近场扫描工作状态

ChipScan－Scanner 软件用于自动测试电子组件的近电场和近磁场。该软件可以在电子组件上方的某一个平面或某一个空间范围内进行检测，可以显示测试结果，从而精确快速地评估近场，并对测试结果进行多种处理和分析；它还能方便地输出图像和数据，如文档或进一步的数学分析，如图 4－29 所示。

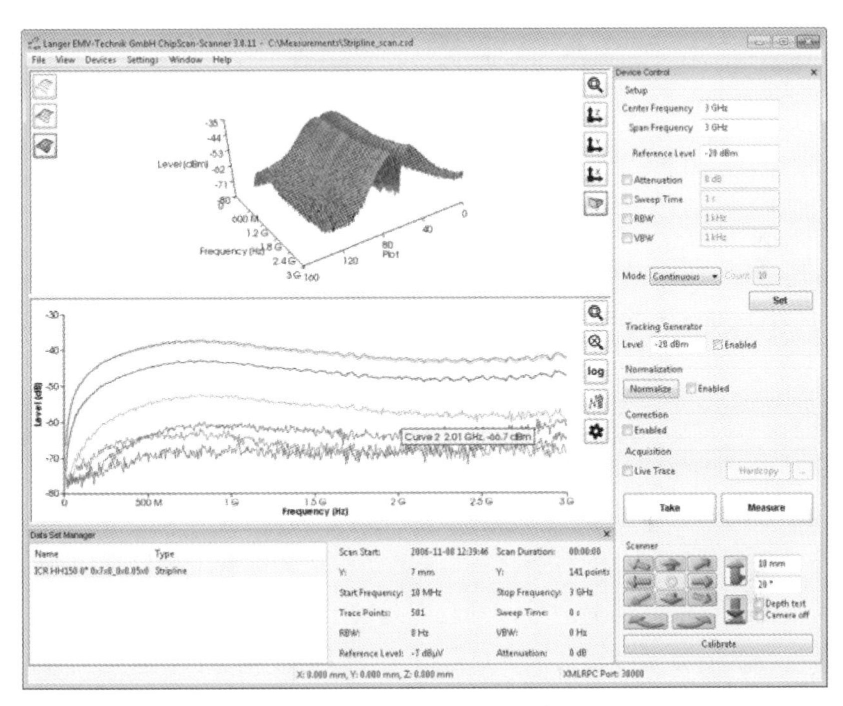

图 4－29　近场扫描测试结果

2. 设备级近场诊断测试

设备级近场诊断测试包括辐射发射诊断和传导发射诊断，传导发射诊断可以采用与标准电磁兼容一样的设备，辐射发射诊断可以采用近场探头。近场探头是一种低成本的电场、磁场探测器，能够定位电磁辐射泄漏点的位置，对设备的电磁辐射特性进行定性测量。近场探头本身仅仅是一种传感器，使用时需要与示波器、频谱分析仪或测试接收机连接，显示探测到的数据。近场探头与示波器相连可用于探测时域波形，与频谱分析仪相连可用于探测频域特性，如图 4－30 所示。

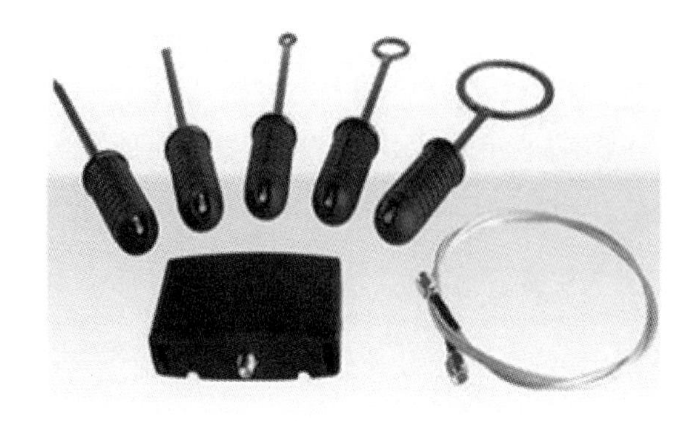

图 4-30　近场探头外形

近场诊断测试系统框图如图 4-31 所示。

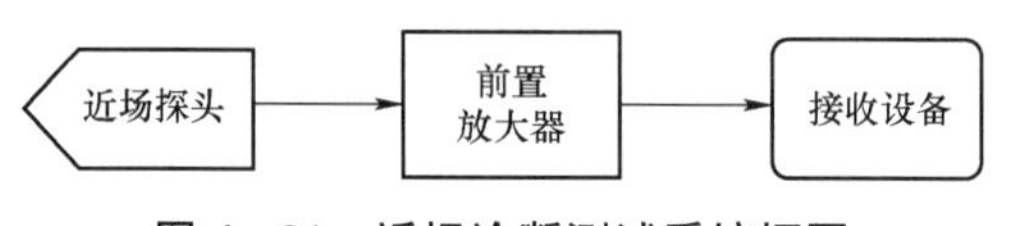

图 4-31　近场诊断测试系统框图

选择近场探头组需要考虑灵敏度、分辨率和频率响应等重要指标。近场探头的灵敏度不是一个绝对的指标，关键是探头和配合使用的接收设备能不能容易地测试到辐射泄漏信号，并且有足够的裕量去观察改进前后的变化。如果接收设备的灵敏度足够高，则可以选择灵敏度相对低一些的探头，反之就必须选择灵敏度高的探头，甚至考虑外接前置放大器提高系统的灵敏度，其次应当考虑分辨率。近场探头一般可以分为电场探头和磁场探头，磁场探头有时也称作环天线电场探头，即一根非常短的杆天线。

3. 专用电磁兼容诊断性测试设备

目前，国内一些厂家生产了一些专用电磁兼容诊断性测试设备，以东展科博（北京）技术有限公司的 EMCXT-01 电磁兼容综合质量检验台为例，可以开展设备的传导发射诊断、辐射发射诊断、屏蔽电缆组件（屏蔽电缆+连接器）的屏蔽效能、电源线滤波器的插损的测试，并将测试结果与基准数值进行比较，确定被测件与基准件之间差别，辅助电磁兼容整改技术方案的提出，如图 4-32 所示。

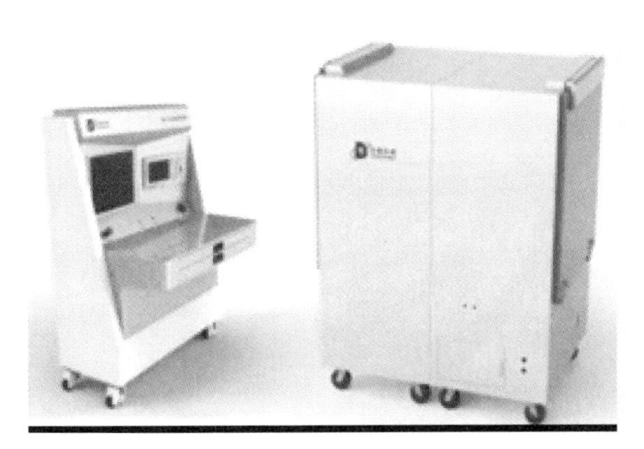

图 4-32　电磁兼容综合质量检验台

4.4.2　电磁辐射诊断性的测试步骤

在光电设备的电磁兼容标准测试中，电磁辐射（以 RE102 为主）的通过率较低。在设备无法通过电磁辐射测试时，需要采用电磁辐射诊断方法，找出设备电磁辐射的来源。在诊断工作开始前，将被测设备转到疑似最大辐射的位置，可以选择电连接器最多的一面，初步诊断造成被试设备电磁辐射大的原因，具体步骤如下。

1. 关掉被测设备电源

初步推测造成辐射过强的原因，如在这个位置上设备的屏蔽是否有效，这个位置上有没有电线电缆经过等。必要时还可以采用近场探头、频谱仪（或测量接收机、示波器）来探查造成辐射过强的部位，从而分析造成辐射过强的原因。

另外，必须注意的是，要关掉被测设备的电源，尽量断开被测设备与辅助设备的连接线缆，看噪声是否存在，以确定噪声是不是的确是由被试设备产生。某航天光电载荷在测试时，某一频点始终存在无法解决的超标现象，直至最后才发现这是由地检设备而非航天载荷本身所造成。

2. 逐一取下连接被测设备的周边电缆判断干扰的噪声是否降低或消失

若取下某一根电缆，而频点上的辐射发射减小甚至消失，则可以认定该电缆已成为辐射天线，将机内的电磁噪声辐射出来。任何电磁辐射必须要有天线的存在，才能产生辐射。倘若只存在噪声源而没有天线这一条件，即使有辐射源存在，其值充其量也是很小的。假设接了天线，由于天线效应便能把能量辐射到空间。所以处理电磁辐射除了要针对噪声源做处理外，最重要的是要检查产生辐射的条件，即天线。

下面介绍几种常见的产生辐射的原因。

（1）设备外部连接的电缆成为辐射天线。对于由设备外部连接的电缆成为辐射发射天线的情况，辐射发射的大小与电缆的长度有关，当电缆的长度接近于电磁干扰源的半波长时为最大。所以在辐射超标时，必须对外部连接电缆做一些判断（估计一下超标频率的波长与相应电缆长度之间是否存在某种关系），否则很可能因为疏忽而浪费时间。

当噪声是由设备内部的印制电路板或接地所产生，并经电缆传输，在这一过程中，噪声在电缆上边传导、边辐射，导致辐射超标。可先将电缆取下，或在电缆线上套一颗铁氧体磁珠，看下是否噪声降低或消失。再将电缆靠近设备（不用直接连接），若噪声并没有因此而明显升高，可以判断该噪声由设备内部产生，然后通过连接电缆向外边传输、边辐射的。

若噪声是由设备内部产生，经过电磁耦合后进入外部电缆，使外部电缆成为辐射天线。只要将这条电缆靠近设备，如果从测试的频谱上可以看到噪声立刻升高，则表示噪声已不单纯是由电缆线所带出来的，而是设备本身具有相当大的噪声能量。因此，在有电缆靠近设备时，噪声会通过耦合进入电缆，然后利用电缆的天线效应再辐射到周围空间。

（2）机器内部的引线，连接线成为辐射天线。在产品内部的一些部件之间经常会通过一些内部连接线完成内部信号传输。当这些内部连接线靠近噪声源时就很容易成为辐射天线，将噪声辐射出去。针对这一情况，对于200 MHz 以下的噪声，可以在内连线上套铁氧体磁珠来进行抑制（多数铁氧体磁珠、磁环和磁筒的峰值抑制频率为100 MHz 左右）。对于200 MHz 以上的高频噪声，可以将内连线的位置做前后左右的移动，通过观察噪声是否会增大或减小来进行判断。

（3）印制电路板上布线太长、布线不当而成为辐射天线。由于印制线走线太长或太靠近噪声源而使印制电路板的走线被耦合成为发射天线。对于此种情形当外部电缆都取下而仅剩印制电路板时，在测量仪器（如频谱仪）上依然可以看到有噪声存在，此时可用近场探头测量印制电路板噪声最强的地方，找到辐射的原因并加以解决。

（4）印制电路板上的组件。数字集成电路和微处理器电路在运行时会产生很大的辐射，使得电磁辐射发射测试无法通过。这时在经过前面步骤的分析后会发现噪声依然存在，在这种情况下，最常用的解决办法是换一个类似的组件（不同品牌的同类组件往往有不同的电磁兼容性能），观察电磁辐射的发射有没有好转。必要时，同样可以借助测量探头、频谱仪来探测造成辐射过强的部位。

最坏情况下要对印刷电路板重新布局和布线。新的布局要注意在高频和高速线路附近应该没有输入/输出接口及其连接线等经过。在情况允许时，将这部分电路采用局部屏蔽。

通过上面的分析，不难了解到造成电磁辐射的最关键地方就是电线和电缆问题，只要充当天线的条件存在，就很容易产生电磁辐射。另外，电源线也往往是造成天线效应的主要方面，这是在许多电磁辐射对策中很容易疏忽的地方。

3. 诊断电源线

当电源线无法移去，可在线上套铁氧体磁环，或者将电源线进行水平与垂直摆动，观察噪声是否有减小或变化。对于有电池的产品，则可以通过取下电源线来判断（判断噪声是不是与电源线有关）。

如前所述，电源线往往也会成为辐射天线，尤其是工控机类产品。对 300 MHz 以上的噪声，会由空间耦合到电源线上，所以判断产品的电源线是否受到耦合是必需的步骤。受噪声频带的影响，对 200 MHz 以下的频率，可用套铁氧体磁环的方式进行判断（可一次多套几个）。对 200 MHz 以上的噪声，由于铁氧体磁环的作用不大，可将电源线通过水平摆放和垂直摆放，判断噪声是否有差别。若频谱仪上显示的噪声大小有明显的差别，则表明电源线已成为辐射天线。

若辐射确实是由电源线产生的，通常的办法是要让设备内部的电磁噪声减小，以避免电源线的二次辐射。对于通过电磁耦合将噪声引入电源线的，应拉大噪声源与电源线的距离，但有时换用一根屏蔽线也可以取得很好的抑制效果。由此可知，除了要使可能产生辐射噪声的组件远离输入/输出端口外，也必须尽量远离电源线以及开关电源的板子，以免从电磁的噪声耦合到电源线上，使得辐射及传导都无法通过电磁兼容测试。

4. 检查电缆接头端的接地螺丝是否旋紧以及外端接地是否良好

按照前面三个步骤诊断问题后，必须再做一些检查。检查电缆端的螺丝是否旋紧。这时可以将松掉的螺丝上紧，以加强电缆的屏蔽效果。另外，还可以检查设备外接连接插头的接地是否良好。假设外壳为金属且有喷漆，则可考虑将连接插头处的喷漆刮掉，使其接地效果较佳。

如果使用屏蔽电缆，检查接头端处外覆的金属网与连接插头的金属外壳配合是否紧密，有许多性能好的屏蔽线，屏蔽线的金属屏蔽层并没有与连接插头的外壳紧密配合，以致起不到充分的屏蔽效果。

对于接插件（如键盘及电源的接插件），还常常由于电缆的插头与设备的插座之间配合得不好，影响了电磁噪声的辐射。检查的方法可以将接头拔掉看噪声是否减小，如果是减小了，则有两种可能性：一种是电缆本身的辐射干扰；另一种是接头间接触不好。这时插上接头，用手将接头端子稍微向左右摇动，看噪声是否会减小或消失，若会减小可以将键盘或电源的连接头，用铜箔胶带贴一圈，以增加其和机器接头的密合度。

4.4.3 案例 1——传导发射超标整改

某机载光电设备在做电源线传导发射测试时发现结果超标，不满足 CE102 基准限值的要求，如图 4-33 所示。

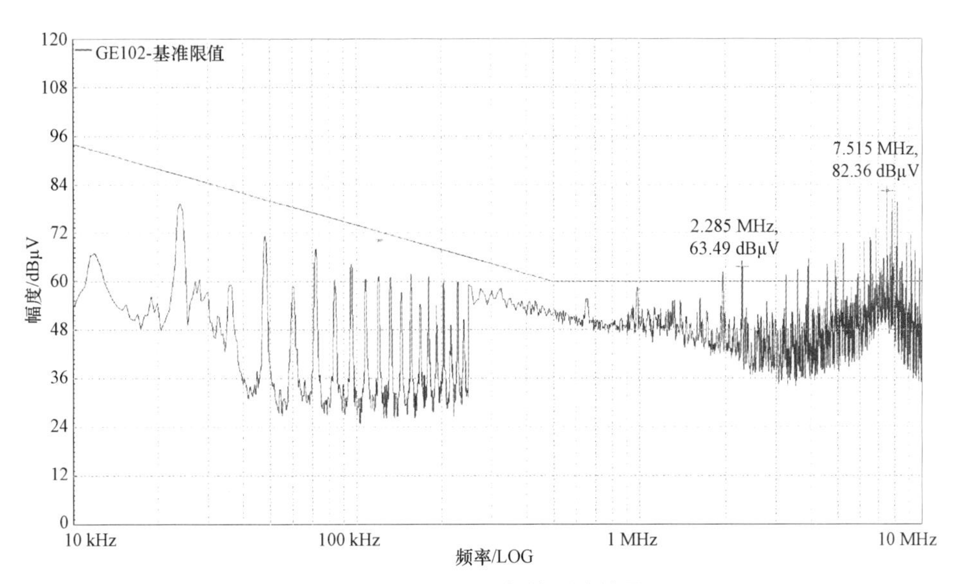

图 4-33　CE102 初始测试结果

检查机载设备开关电源的设计，从该设备的结构看，为了解决散热问题，散热器的尺寸较大，散热器边缘范围一直伸展到电源的输入端附近，将输入滤波器包含在散热器伸展范围内，耦合较大，电磁干扰滤波器件失去了应有的滤波功能，测试结果较差，如图 4-34 所示。

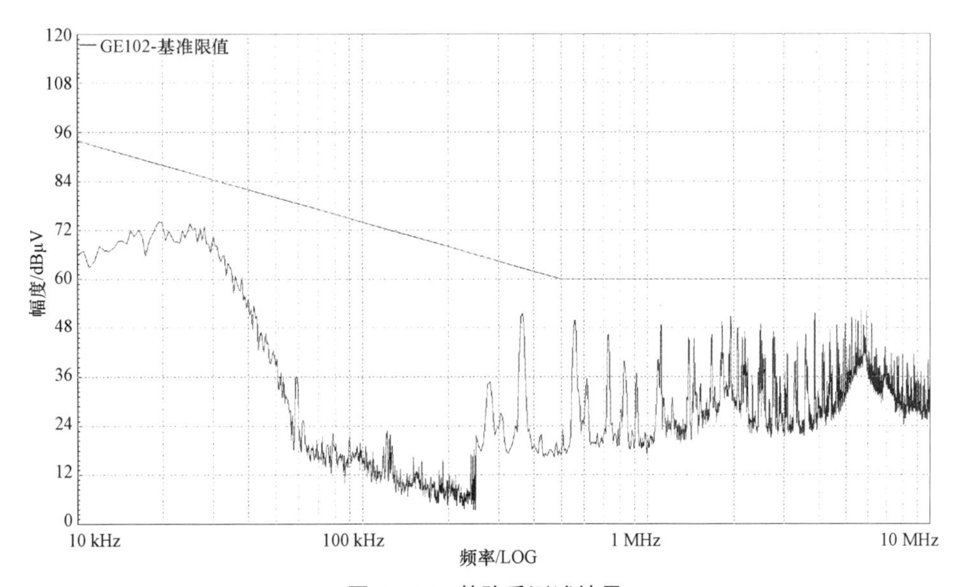

图 4-34　整改后测试结果

通过以上分析，修改散热器形状，切断与输入电路的耦合，新的传导发射（CE102）测试结果符合标准对限值的要求。

4.4.4 案例 2——辐射发射超标整改

某设备其输出端口使用屏蔽电缆，在对该产品进行辐射发射测试时发现辐射超标，如图 4－35 所示。

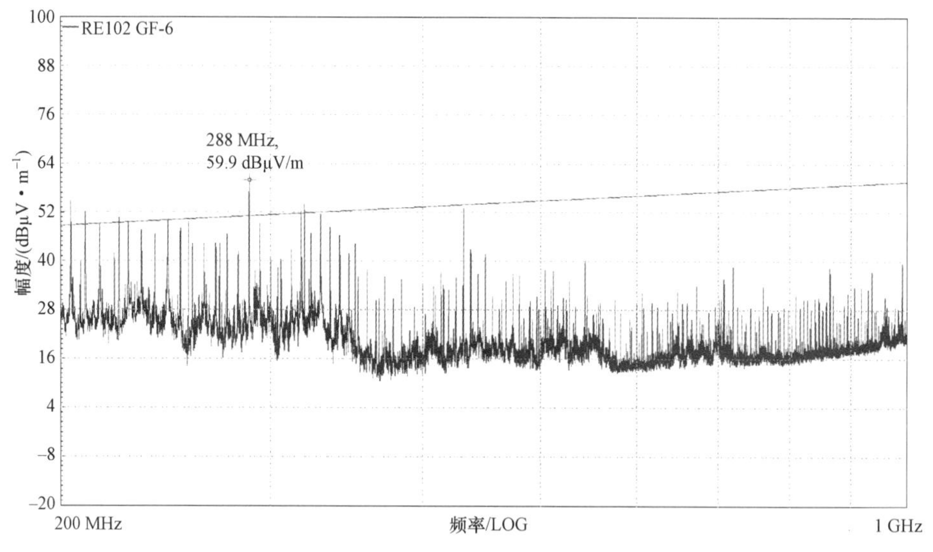

图 4－35 初始测试结果

检查中，首先去掉信号输出电缆，发现这时的设备辐射很低，满足限值要求。从图 4－35 中的测试结果看，超标的频点主要集中在 150～230 MHz，考虑到被试设备本身的尺寸较小，能够与这样的波长（2～1.3 m）可以比拟的只有电缆的长度，因此初步断定辐射问题与电缆线有关。进一步观察发现屏蔽电缆的屏蔽层接地方式不妥。

图 4－36 所示为将电缆屏蔽层引出线缩短为 10 mm 后的测试结果。

总之，为获最大限度的屏蔽效果，并确保传输信号不产生电磁辐射和由波形反射引起的畸变，电缆线的屏蔽层应保持均匀端接。连接器可以对屏蔽层提供 360° 的电接触。

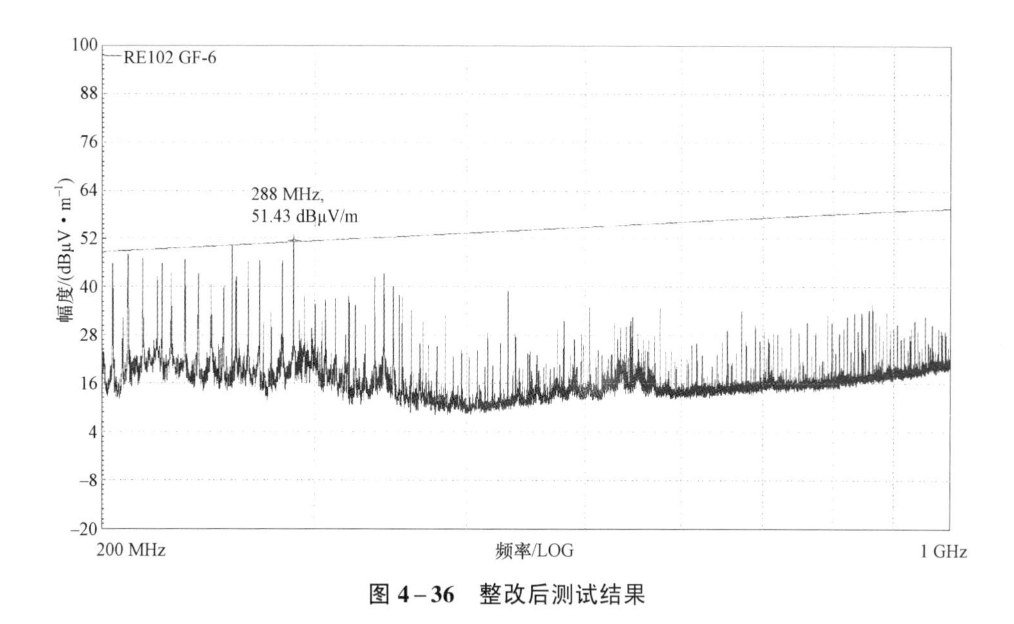

图 4－36　整改后测试结果

理想的屏蔽层端接要做到：接地阻抗要低；电缆与连接器的特性阻抗要匹配；屏蔽层要有 360° 的端接（360° 的端接本身也体现了配合上的阻抗连续）。

第5章 印制电路板级电磁兼容的设计方法

光电设备印制电路板级电磁兼容设计的主要方法是尽可能选用相互干扰最小、符合电磁兼容性要求的器件、部件和电路，并进行合理布局、装配，以组成设备或系统。本章重点论述了印制电路板级中主要电磁兼容器件的应用以及印制电路板的电磁兼容设计原则。

5.1 主要电磁兼容器件的应用

5.1.1 电容

电容是印制电路板级电磁兼容设计最常用的元件，电容能够滤除电路上的高频干扰，并对电源解耦［图 5-1（a）］。在低通滤波器中电容作为旁路器件使用，利用其阻抗随频率升高而降低的特性，对高频干扰旁路。高频下，实际电容的电路如图 5-1（b）所示，由等效电感（ESL）、电容（C）和等效电阻（ESR）构成串联网络。电感分量由引线和电容结构决定，电阻为介质材料固有特性，电感分量是影响电容频率特性的主要指标。在分析实际电容器的旁路作用时，可以用 LC 串联网络来等效。

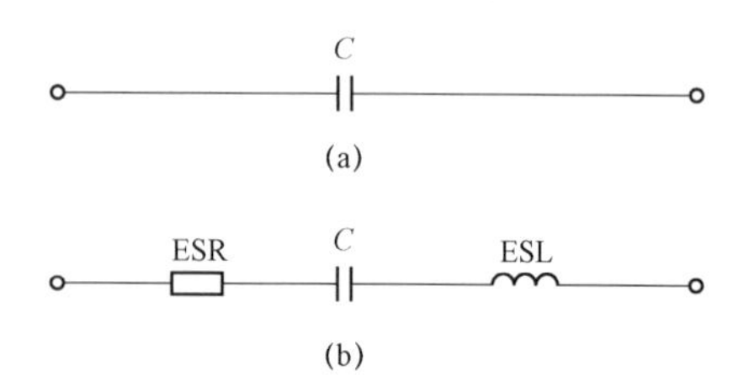

图 5-1　电容等效结构

（a）理想电容；（b）实际电容

实际电容的频谱特性如图 5-2 所示，当角频率为 $1/LC$ 时，会发生串联谐振，这时电容的阻抗最小，旁路效果最好。在频率较低时，呈现电容特性，即阻抗随频率的增加而降低，在某一点发生谐振，在这点电容的阻抗等于等效串联电阻。在谐振点以上，电容阻抗随着频率的升高而增加，这是电容呈现电感的阻抗特性，对高频干扰的旁路作用减弱，甚至消失。

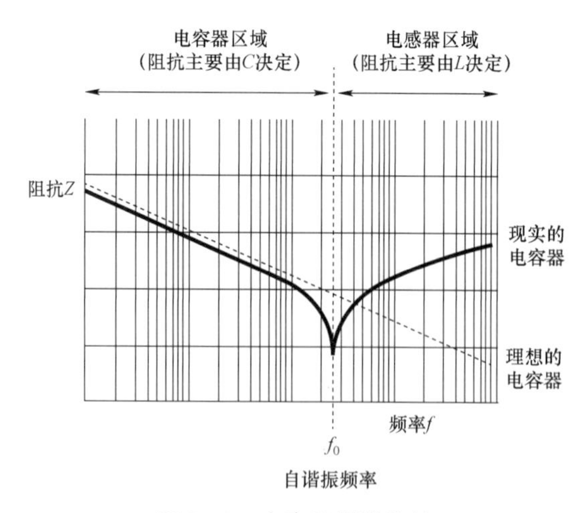

图 5-2　电容的频谱特性

电容的谐振频率由等效电感和电容共同决定，电容值或电感值越大，则谐振频率越低，也就是电容的高频滤波效果越差。等效电感除了与电容器的种类有关外，电容的引线长度是一个十分重要的参数，引线越长，则电感越大，电容的谐振频率越低。

尽管从滤除高频噪声的角度，不希望发生电容的谐振，但电容的谐振并不总是有害的。当要滤除的噪声频率确定时，可以通过调整电容的容量，使谐振点刚好落在干扰频率上。在实际工程中，要滤除的电磁噪声频率往往高达数百兆赫，甚至超过 1 GHz。对这样高频的电磁噪声必须使用穿心电容才能有效地滤除。普通电容不能有效地滤除高频噪声的原因有两个：一是电容引线电感造成电容谐振，对高频信号呈现较大的阻抗，削弱了对高频信号的旁路作用；二是导线之间的寄生电容使高频信号发生失真，降低了滤波效果。

穿心电容能有效地滤除高频噪声，是因为穿心电容不但没有引线电感造成电容谐振频率过低的问题，而且可以直接安装在金属面板上，利用金属面板起到高频隔离的作用。在使用穿心电容时，一定要注意安装问题。穿心电容不耐高温和温度冲击，使得将穿心电容往金属面板上焊接时比较困难，许多电容在焊接过程中会发生损坏。特别是当需要将大量的穿心电容安装在面板上时，只要有一个损坏，就很难修复，因为在将损坏的电容拆下时，会造成邻近其他电容的损坏。

电磁兼容设计中使用的电容要求谐振频率尽量高，这样才能够在较宽的频率范围（10 kHz～1 GHz）内起到有效的滤波作用。提高谐振频率的方法有两个：一是尽量缩短引线的长度；二是选用电感较小的材料，从这个角度考虑，陶瓷电容是最理想的一种电容。

电容的主要参数包括以下几项。

（1）标称容量及允许误差。电容的基本单位是法拉（F），这个单位太大，常用的单位是微法（μF）、纳法（nF）、皮法（pF），$1\ \text{F}=10^3\ \text{mF}=10^6\ \mu\text{F}=10^9\ \text{nF}=10^{12}\ \text{pF}$。电容的外壳表面上标出的电容量值称为电容的标称容量。标称容量和实际容量之间的偏差与标称容量之比的百分数称为电容的允许误差。常用电容的允许误差有±0.5%、±1%、±2%、±5%、±10%和±20%。

（2）工作电压。电容在使用时，允许加在其两端的最大电压值称为工作电压，也称耐压或额定工作电压。使用时，外加电压最大值一定要小于电容器的额定工作电压，通常外加电压应在额定工作电压的 2/3 以下。

（3）绝缘电阻。电容器的绝缘电阻表征电容器的漏电性能，在数值上等于加在电容器两端的电压除以漏电流。绝缘电阻越大，漏电流越小，电容器质量越好。品质优良的电容器具有较高的绝缘电阻，一般在兆欧级以上。

（4）电容产生的干扰噪声。电容器使用不当会造成干扰源。例如，铝电解和钽电解电容器常用作电源滤波或脉冲耦合电容，在处理微小信号的电路中，这些电容会因为漏电，或由于其他某些原因（如温度变化）而形成新的噪声源。

在电子电路设计中，采用去耦技术能够阻止能量从一个电路传输到另一个电路。在电路中，当 CMOS 逻辑器件的众多信号引脚同时发生“0”“1”变换时，不论是否接有容性负载，都会产生很大的 ΔI 噪声电流，使得逻辑器件外部的工作电源电压发生突变。这时可采用去耦技术来保证直流工作电压的稳定性，确保各逻辑器件正常工作。一般是选择安装去耦电容来提供一个电流源，以补偿逻辑器件工作时产生的 ΔI 噪声电流，防止器件从电源和接地分布系统中吸取该电流，从而造成电源电压的波动。从另外一个角度，由于电路中电源线和地线结构表现为一个感性阻抗，从而使 ΔI 噪声电流表现为一个 ΔI 噪声电压来破坏逻辑器件的工作，而去耦电容可以补偿并减小这个感性阻抗，以减小影响器件正常工作的 ΔI 噪声电压。

去耦电容可以分为两种：本地去耦电容和整体去耦电容（旁路电容）。本地去耦电容可以就近为器件产生的 ΔI 噪声电流提供一个电流补偿源；整体去耦电容则为整个印制电路板提供一个电流源，补偿印制电路板工作时所产生的 ΔI 噪声电流。

（1）本地去耦电容。所有高速逻辑器件都要求安装本地去耦电容来满足器件开关时所需的突变电流，CMOS 器件极快的波形边缘变化更是要求如此。安装本地去耦电容减少了电源供给结构的感性阻抗，阻止了器件工作电源电压的瞬间电压突变，可以保证逻辑器件的正常工作。

对每一个 CMOS 逻辑器件来说，一般需要安装 0.001 μF 的电容，其位置应尽可能靠近并联在器件的电源和接地引脚。现在人们常常采用一个值比较大的电容和一个值比较小（一般数量级相差 100 倍）的电容来作为一个去耦电容安装在器件旁，如 0.1 μF 和 0.001 μF 的电容并联，以便同时起到旁路和去耦的作用。

在使用本地去耦电容时，一定要保证 ΔI 噪声电压引发的芯片直流电源电压的波动在正常工作电压的漂移限值内。

本地去耦电容 C 的计算方法为

$$C=\frac{\Delta I}{\mathrm{d}U/\mathrm{d}t}(\mathrm{pF}) \tag{5-1}$$

式中，ΔI 为噪声电流与瞬态负载电流的复合；$\mathrm{d}U$ 为允许最大 U_{CC} 电压降（V）；$\mathrm{d}t$ 为上升/下降时间（ns）。

例如，$\Delta I=80\ \mathrm{mA}$，在最大允许 $\mathrm{d}U=0.3$ V，$\mathrm{d}t=2$ ns 的情况下，可得

$$C=\frac{\Delta I}{\mathrm{d}U/\mathrm{d}t}=\frac{80\ \mathrm{mA}}{0.3\ \mathrm{V}/2\ \mathrm{ns}}\approx 533\ \mathrm{pF} \tag{5-2}$$

选用量值接近 533 pF 的电容器，同时注意电容器应选用引线电感小的。

（2）整体去耦电容（旁路电容）。整体去耦电容用来补偿印制电路板与母板之间或印制电路板与外接电源之间电源线及地线结构上发生的电流突变。它一般工作于低频状态，为本地去耦电容补充所需电荷，以保证工作电源电压的稳定。整体去耦电容一般为印制电路板上所有负载电容总和的 50～100 倍，其位置应紧靠整个印制电路板外接电源线和地线。整体去耦电容又称为旁路电容。

常用电容的种类有如下几种。

（1）Ⅰ类陶瓷电容器的电容量为 0.5～80 pF，最佳允许误差为±1%，其电容量稳定性较好，随时间、温度、电压和频率的变化很小，可用在温度稳定性要求高或补偿电路中其他元件特性随温度变化的场合。Ⅱ类陶瓷电容器的电容量为 0.5～10^4 pF，其允许误差为±10%和±20%两种。其电压系数随介电常数的增加而非线性地变大，交流电压增加会使电容量及损耗角正切增

加，温度稳定性随介电常数的增加而降低，因此不适于精密应用。

（2）云母、玻璃电容器的电容量为 0.5～10^4 pF，最佳允许误差为±1%，具有高绝缘电阻、低功率系数、低电感和优良的稳定性等特点，特别适于高频应用。在 500 MHz 的频率范围内，性能优良，可用于要求容量较小、品质系数高以及温度、频率和时间稳定性好的电路中，也可用作高频耦合和旁路，或在调谐电路中作固定电容器元件。

（3）纸和塑料或聚酯薄膜电容器电容量范围较大，可从 10 pF 至几十微法，最小允许误差为±2%，可用于要求高温下具有高而稳定的绝缘电阻，在宽温度范围内具有良好的电容稳定性。金属化电容器采用金属化聚碳酸酯薄膜，有良好的自愈性能。但是，自愈也会明显增加背景噪声，在通信电路中使用需注意。金属化电容器在自愈中也会产生 0.5～2 V 电压的迅速波动，因此不宜在脉冲或触发电路中使用。

（4）固体钽电解电容器的电容量为 0.1～470 μF，最小允许误差为±5%。固体钽电容器是军用设备中使用最广泛的电解电容器，与其他电解电容器相比，优点是相对体积较小，对时间和温度呈良好的稳定性；缺点是电压范围窄（6～120 V），漏电流大，主要用于滤波、旁路、耦合、隔直流及其他低压电路中。在设计晶体管电路、定时电路、移相电路及真空管栅极电路时，应考虑到漏电流和损耗角正切的影响。

（5）非固体钽电解电容器的电容量为 0.2～100 μF，特点是体积小，耐压高（5～450 V），漏电流小（后两个特点都是与固体钽电解电容器相比而言的），主要用于电源滤波、旁路和大电容量值的能量储存。无极性非固体钽电解电容器适用于交流或可能产生直流反向电压的地方，如低频调谐电路、计算机电路、伺服系统等。

（6）铝电解电容器的特点是电容量大（1～65 000 μF），体积小，价格低，最好用在 60～100 kHz 频率范围内。一般用于滤除低频脉冲直流信号分量和电容量精度要求的场合，由于不能承受低温和低气压，所以一般只能用于地面设备。

旁路电容的工作原理如图 5－3 所示，去耦电容的应用示例如图 5－4 所示。

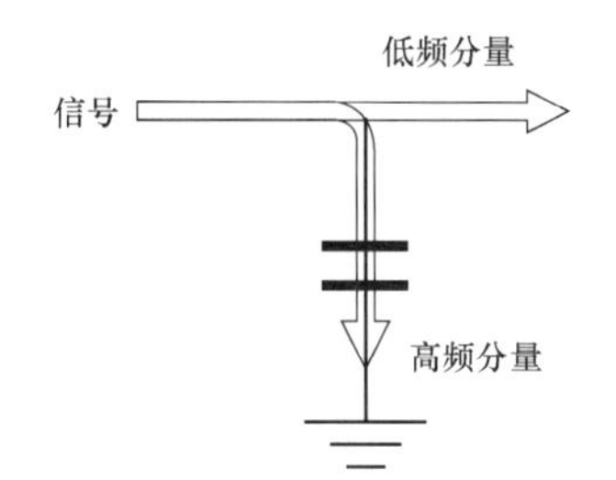

图 5-3　旁路电容的工作原理

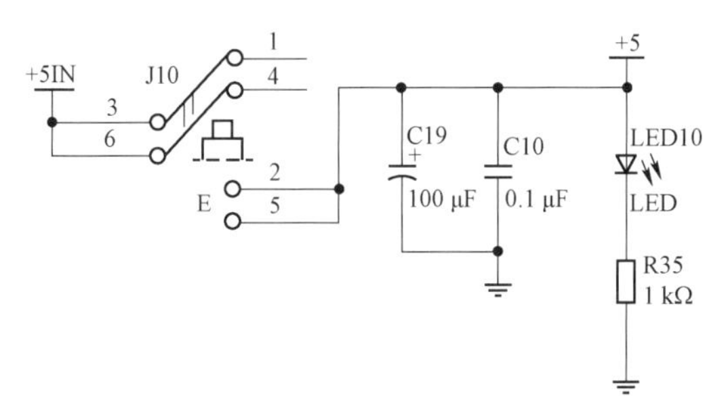

图 5-4　去耦电容的应用示例

5.1.2　电感

电感是印制电路板电磁兼容设计中的主要元器件之一（图 5-5），与电容一样，实际电感除了电感参数以外，还有寄生电阻和电容。其中，寄生电容的影响更大。理想电感的阻抗随着频率的升高成正比增加，这正是电感对高

图 5-5　电感外形图

频干扰信号衰减较大的根本原因。但是，由于匝间寄生电容的存在，实际的电感器等效电路是一个 LC 并联网络。当角频率为$1/\sqrt{LC}$时，会发生并联谐振，这时电感的阻抗最大，超过谐振点后，电感器的阻抗呈现电容阻抗特性——随频率增加而降低。电感的电感量越大，往往寄生电容也越大，电感的谐振频率越低。实际电感的等效电路和频率特性如图 5-6 所示。

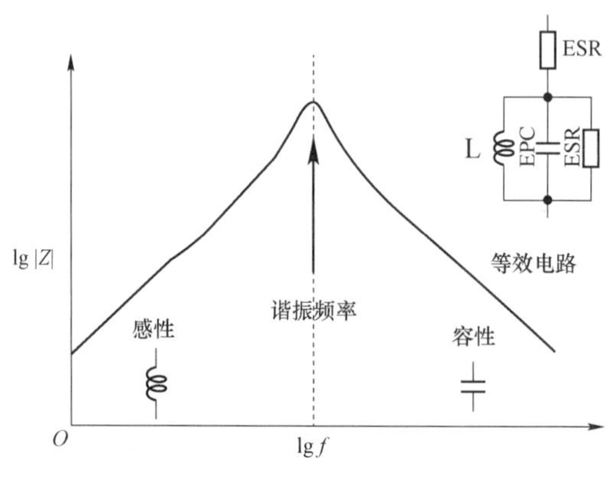

图 5-6　电感频率特性

实际电感在谐振频率以下比理想电感的阻抗更高，在谐振点达到最大。利用这个特性，可以通过调整电感的电感量和绕制方法使电感在特定的频率上谐振，从而抑制特定频率的干扰。此外还要注意，由于开放磁芯会产生漏磁，因此会在电感周围产生较强的磁场，对周围的电路产生干扰，为了避免这个问题，尽量使用闭合磁芯。与漏磁现象相反的是开放磁芯电感对外界的磁场十分敏感，要注意电感拾取外界噪声而增加电路敏感度的问题。

电感的主要参数有电感量、品质因数、分布电容、标称电流值和参数稳定性等。

（1）电感量。电感量的基本单位是亨利，用字母 H 表示。当通过电感线圈的电流每秒钟变化 1 A 所产生的感应电动势是 1 V 时，线圈的电感是 1 H。线圈电感量的大小主要取决于线圈的圈数、绕制方式及磁芯材料等。线圈圈数越多，绕制的线圈越密集，电感量越大；线圈内有磁芯的比无磁芯的大；磁芯磁导率越大，电感量越大。

电感的换算单位有毫亨（mH）、微亨（μH）、纳亨（nH），其单位换算关系为

$$1\ \mathrm{H}=10^{3}\ \mathrm{mH}=10^{6}\ \mu\mathrm{H}=10^{9}\ \mathrm{nH} \tag{5-3}$$

电感线圈的允许误差为±（0.2%～20%）。通常，用于谐振回路的电感线圈精度比较高，而用于耦合回路、滤波回路和换能回路的电感线圈精度比较低，有的甚至无精度要求。

（2）品质因数。品质因数是衡量电感线圈质量的重要参数，用字母 Q 表示。Q 值的大小表明了线圈损耗的大小，Q 值越大，线圈的损耗就越小；反之就越大。品质因数 Q 在数值上等于线圈在某一频率的交流电压下工作时，线圈所呈现的感抗和线圈的直流电阻的比值，即

$$Q=\frac{2\pi fL}{R}=\frac{\omega L}{R} \tag{5-4}$$

式中，Q 为电感线圈的品质因数（无量纲）；L 为电感线圈的电感量（H）；R 为电感线圈的直流电阻（Ω）；f 为电感线圈的工作电压频率（Hz）。

（3）分布电容。任何电感线圈，其匝与匝之间、层与层之间、线圈与参考地之间、线圈与磁屏蔽之间都存在一定的电容，这些电容称为电感线圈的分布电容。若将这些分布电容综合在一起，就成为一个与电感线圈并联的等效电容。

当电感线圈的工作电压频率高于线圈的固有频率时，其分布电容的影响就超过了电感的作用，使电感变成一个小电容。因此，电感线圈必须工作在小于其固有频率下。电感线圈的分布电容是十分有害的，在其制造中必须尽可能地减小分布电容。

（4）标称电流。标称电流是指电感线圈在正常工作时允许通过的最大电流，也称为额定电流。若工作电流大于额定电流，线圈就会因发热而改变其原有参数，甚至被烧毁。

（5）参数稳定性。参数稳定性指线圈参数随环境条件变化而变化的程度。线圈在使用过程中，如果环境条件（如温度、湿度等）发生了变化，则线圈的电感量及品质因数等参数也随之改变。例如，当温度变化时，由于线圈导

线受热后膨胀，使线圈产生几何变形，从而引起电感量的变化。

由于印制电路板电磁兼容设计中所面临的问题大多是共模干扰，共模电感的应用较为广泛。共模电感是一个以铁氧体为磁芯的共模干扰抑制器件，它由两个尺寸相同、匝数相同的线圈对称地绕制在同一个铁氧体环形磁芯上，从而形成一个四端器件，如图 5-7 所示。共模电感主要对共模信号呈现出的大电感具有抑制作用，而对差模信号呈现出很小的漏电感几乎不起作用，其原理是：当有共模电流流过时，磁环中的磁通相互叠加，从而具有相当大的电感量，这对共模电流起到抑制作用；而当两线圈流过差模电流时，磁环中的磁通相互抵消，几乎没有电感量，所以差模电流可以无衰减地通过。因此，共模电感在平衡线路中能有效地抑制共模干扰信号，而对线路正常传输的差模信号无影响。

图 5-7 共模电感外形

5.1.3 铁氧体元件

铁镁合金或铁镍合金是铁氧体材料，这种材料具有很高的磁导率，在低频时，它们主要呈电感特性，在高频情况下主要呈电抗特性。在实际应用中，铁氧体材料多是作为射频电路的高频衰减器使用的。铁氧体磁珠比普通的电感具有更好的高频滤波特性。

铁氧体抑制元件广泛应用于印制电路板、电源线和数据线上，如在印制电路板的电源线入口端加上铁氧体抑制元件，就可以滤除高频干扰。铁氧体磁环或磁珠专用于抑制信号线、电源线上的高频干扰和尖峰干扰，也具有吸收静电放电脉冲干扰的能力。

在具体应用中，使用磁珠还是电感主要取决于应用场合。在谐振电路中需要使用片式电感；若要消除电磁干扰噪声时，使用片式磁珠为最佳选择。

磁珠是按照其在某一频率产生的阻抗来标称的，阻抗的单位是欧（Ω）。磁珠的数据手册上一般会提供频率和阻抗的特性曲线图，一般以 100 MHz 为标准，如在 100 MHz 频率时磁珠的阻抗相当于 1 000 Ω。针对要滤波的频段，选取磁珠阻抗越大越好，通常情况下，选取 600 Ω 阻抗以上的。另外，选择磁珠时需要注意磁珠的流通量，一般需要降额 80%处理，用在电源电路时要考虑直流阻抗对压降的影响。

贴片式磁珠如图 5－8 所示，卡扣式磁环如图 5－9 所示。

图 5－8　贴片式磁珠外形

图 5－9　卡扣式磁环外形

5.2 印制电路板的电磁兼容理论

5.2.1 印制电路板迹线的阻抗

印制电路板上的迹线属于导线的一种。当频率超过数千赫时，导线的阻抗主要由导线的电感决定，细而长的回路导线呈现高电感（典型的为 10 nH/cm），其阻抗随频率的增加而增加。如果设计处理不当，将引起共阻抗耦合。减小电感的方法有两个：

（1）尽量减小导线的长度，如果可能，可增加导线的宽度。

（2）使回线尽量与信号线平行并靠近。

地面上单根圆直导线的电感可用下式计算：

$$L = 0.2S\left(\ln\left(\frac{4h}{d}\right) - 1\right) \quad (\mu\text{H}) \tag{5-5}$$

式中，h 为导线离地的高度（m）；S 为导线的长度（m）；d 为导线的直径（m）。

地面上扁平导线的电感可用下式计算：

$$L = 0.25S\left(\ln\left(\frac{2S}{W}\right) + 0.5\right) \quad (\mu\text{H}) \tag{5-6}$$

式中，S 为导线的长度（m）；W 为导线的宽度（m）。

地面上两根载有相同方向电流的导线的电感为

$$L = \frac{L_1 L_2 - M^2}{L_1 + L_2 - 2M} \tag{5-7}$$

式中，L_1、L_2 分别为导线 1 和导线 2 的自感；M 为互感。

若 $L_1 = L_2$，则

$$L = \frac{L_1 + M}{2} \tag{5-8}$$

当细导线相距 1 cm 以上时，互感可以忽略。当将细而长的布线改成铜箔板时，其优点是：允许无限大的板，无外部电感，它仅有电阻和内部电感，按趋肤深度范围上的频率增加，而不是按在细导线情况下的频率增加。例如，当频率为 100 MHz，板阻抗仅为 3.72 Ω，即 30 mA 开关电流在共地中仅引起 100 μV 的压降。因此，为了使电源和回路导线达到低阻抗，应使用尽可能宽的铜迹线。

当低阻抗板实现不了时，可以使用具有相当宽度的平直电源分配总线，因为它们有小的电感和大的电容，所以平直总线能提供较低的阻抗。

在高速数字电路中，应该把印制布线作为传输线处理。常用的印制电路板传输线是微带线和带状线，微带线是一种用电介质将导线与接地面隔开的传输线，印制布线的厚度、宽度、迹线与接地面间介质的厚度，以及电介质的介电常数，决定了微带线特性阻抗的大小。微带线准确的特性阻抗 Z 可用下式计算：

$$Z = \frac{87}{\varepsilon_r + 1.41} \ln\left(\frac{5.98h}{0.8W + t}\right) \tag{5-9}$$

式中，Z 为微带特性阻抗（Ω）；W 为印制迹线的宽度（mm）；t 为印制迹线的厚度（mm）；h 为印制迹线与接地面间电介质的厚度（mm）；ε_r 为相对介电常数。

5.2.2　电磁兼容设计的带宽

电磁兼容设计的频率范围在模拟电路中，除了基本频率外，再考虑谐波因素，通常取 10 倍频即可。但在数字电路中，对于电磁兼容设计的带宽，需要进行估算。以数字时钟信号为例，时钟信号是解读数字信息的基础，时钟信号要求稳定、具有标准波形和严格的相位关系。时钟电路的电磁兼容设计目的是保证在印制迹线上传输的时钟信号不发生终端反射效应、基本上没有传输延迟、不对其他电路或器件造成串扰。因此，必须对时钟信号的频谱特性进行分析。时钟信号的标准波形如图 5－10 所示，时钟信号的频谱特性如图 5－11 所示。

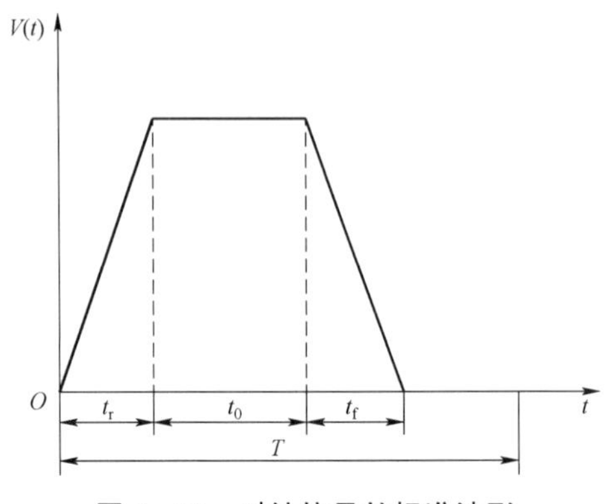

图 5－10　时钟信号的标准波形

周期时钟信号的傅里叶展开式为

$$V(t)=V_0\frac{\tau}{T}+\sum_{1}^{\infty}C_n\cos\left(2\pi\frac{t}{T}+\varphi_n\right) \tag{5－10}$$

其中，

$$C_n=2V_0\frac{t_0+t_r}{T}\frac{\sin\left[\frac{n\pi(t_0+t_r)}{T}\right]}{\frac{n\pi(t_0+t_r)}{T}}\frac{\sin\left[\frac{n\pi t_r}{T}\right]}{\frac{n\pi t_r}{T}},\quad \tau=t_0+t_r \tag{5－11}$$

$$\varphi_n=-n\pi\left(\frac{\tau+t_1}{T}\right) \tag{5－12}$$

式中，τ 为数字脉冲宽度；t_r 为数字脉冲的上升时间；T 为数字信号的重复周期；t_0 为等腰梯形的上底长度。

从图 5－11 可以看出，当考虑第一个转折点的 10 倍频点的频谱幅值时，在第二个区间中，时钟信号的频谱幅值 $C_n\approx\frac{2V_0}{\pi f}$，与频率成反比，则 10 倍频时谐波幅值将降为原来的 1/10，即降低 20 dB；在第三个区间中，时钟信

号的频谱幅值 $C_n \approx \dfrac{2V_0}{\pi^2 f^2 t_r^2}$ 与频率的平方成反比，则 10 倍频谐波幅值将降为原来的 1/100，即降低 40 dB。对标准的两根印制线来讲，线间串音强度随频率增长，也就是 10 倍频谐波幅值将增长 20 dB。

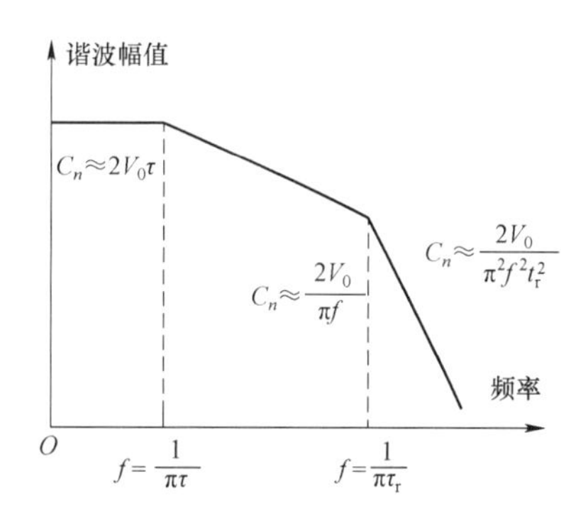

图 5－11　时钟信号的频谱特性

在设计时钟电路或逻辑门电路时，辐射带宽与数字信号的上升沿或下降沿有关，而不是数字信号的重复周期，其关系为

$$f_{max} = \frac{1}{\pi t_r} \tag{5-13}$$

$$f_r = 10 f_{max} \tag{5-14}$$

例如，典型时钟驱动器的边沿速率为 2 ns，此时 f_{max}≈160 MHz。再考虑 10 倍频，此时时钟电路可能产生直到 1.6 GHz 的辐射带宽，在选择器件时要选择最慢的逻辑系列。如果可能，应尽量采用边沿速率大于 5 ns 的逻辑器件，但现在使用的逻辑器件中有许多高速器件。例如，74 ACT 和 74 F 系列产品其上升时间只有 1.5～5 ns，在这样的速率下会产生很强的电磁辐射。

通常厂商在芯片说明中只给出最大的边沿（上升，下降）速率，并不给出最小的边沿速率。对一般器件来讲，t_{max}=2～5 ns，t_{min}=0.5～1.0 ns。器件对电磁辐射贡献的大小与工作频率无直接关系，只取决于边沿速率。例如，5 MHz 振荡器 74 F04 边沿速率为 1 ns，而 10 MHz 振荡器 74 ALS04 的边沿速率为 4 ns。此时，5 MHz 振荡器要比 10 MHz 振荡器辐射更大的干扰电波。

5.3 印制电路板电磁兼容的设计原则

印制电路板的电磁兼容设计目标是控制其电磁兼容性指标，具体包括：控制印制电路板电路的电磁辐射；控制印制电路板电路与设备中的其他电路间的耦合；降低印制电路板电路对外部电磁干扰的灵敏度；控制印制电路板上各种电路间的耦合。光电设备中，多采用多层印制电路板，故本节重点讨论多层印制电路板的电磁兼容设计原则。

5.3.1 印制电路板布线的基础原则

在多层印制电路板上进行布线时，首先要进行多层印制电路板的电磁兼容分析。多层印制电路板的电磁兼容分析的基本原理基于基尔霍夫定律和法拉第电磁感应定律。根据基尔霍夫定律，任何时域信号由源到负载的传输都必须构成一个完整的回路，频域信号由源到负载的传输都必定沿着一个最低阻抗的路径。这个原理完全适合射频电流的情况，如果射频电流不是经由设计中的回路到达目的负载的，就一定是通过某个客观存在的电路到达的，这个客观存在的电路多数是由一些分布的耦合元件连接的，构成这一非正常回路中的一些器件就会遭受电磁干扰。

根据法拉第电磁感应定律，任何磁通变化都会在闭合回路中产生感应电动势，任何交变电流都会在空间产生电磁场。在数字电路设计中，人们最容易忽略的是存在于器件、导线、印制线和插头上的寄生电感、电容和导纳。例如，电容器的等效电路应当是电容、电感和电阻构成的串联电路。此外，在多层印制电路板的电磁兼容设计中电通量对消技术是很有效的，最常用的电通量对消技术是利用由实金属平面产生的镜像电流的作用。这也是我们进行多层印制电路板布线时常常考虑的因素。

5.3.2　印制电路板布线的层数设计

在进行多层印制电路板设计时，首先要决定选用的多层印制电路板的层数。虽然多层印制电路板的层间安排随着具体电路的改变而改变，但有以下几条共同原则。

（1）电源平面应靠近接地平面，并且安排在接地平面之下。这样可以利用两金属平板间的电容作电源的平滑电容，同时接地平面还对电源平面上分布的辐射电流起到屏蔽作用。分布线层应尽量安排与整块金属平面相邻。这样的安排是为了产生通量对消作用。

（2）把数字电路和模拟电路分开。有条件时，最好将数字电路和模拟电路安排在不同层内。如果一定要安排在同一层，可采用开沟、加接地线条、分隔线条等方法来补救。模拟的和数字的地、电源都要分开，绝不能混用，因为数字信号有很宽的频谱，是产生干扰的主要来源。

（3）中间层的印制线条形成平面波导，在表面层形成微带线，两者传输特性不同。

（4）时钟电路和高频电路是主要的干扰和辐射源，一定要单独安排、远离敏感电路。不同层所含的杂散电流和射频电流不同，布线时不能等同看待。

常见的 4 层板叠层结构如图 5－12 所示，常见的 6 层板叠层结构如图 5－13 所示。

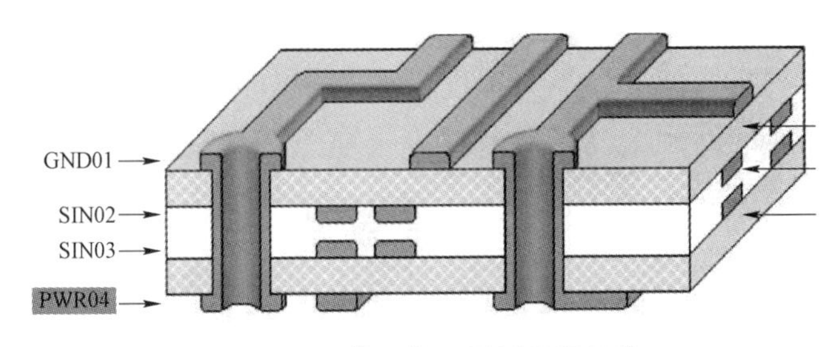

图 5－12　常见的 4 层板叠层结构

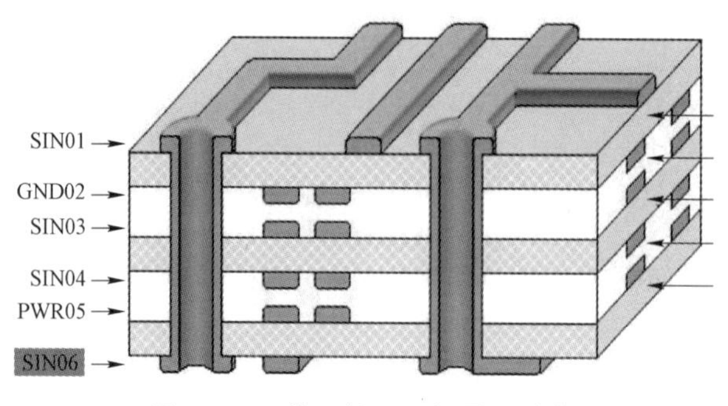

图 5－13　常见的 6 层板叠层结构

5.3.3　印制电路板布线层的布线安排和电气特征

在多层印制电路板电磁兼容设计中，决定印制线条间的距离和印制电路板电源层与边沿的距离有两个基本原则，一个是 20～H 原则，另一个是 3～W 原则。图 5－14 所示为印制电路板布线的 20～H 原则原理图。

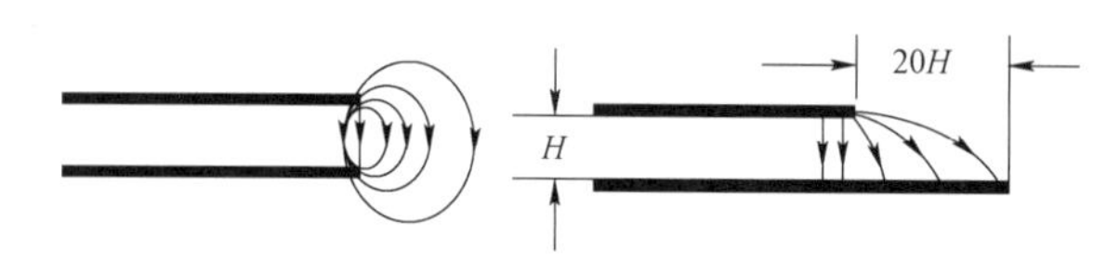

图 5－14　印制电路板布线的 20～H 原则

（1）20～H 原则是 W. Michael King 提出的，可以表述如下：所有的具有一定电压的印制电路板都会向空间辐射电磁能量，为了减小这个效应，印制电路板的物理尺寸应该比最靠近的接地板的物理尺寸小 20*H*，其中 *H* 是两层印制电路板的间距。在一定频率下，两个金属板的边缘场会产生辐射。减小一块金属板的大小使其边界尺寸比另一个接地板小，就可以减小印制电路板的辐射；当尺寸小于 10*H* 时，辐射强度开始下降；当尺寸小于 20*H* 时，辐射强度下降 70%；当尺寸小于 100*H* 时，辐射强度下降 98%。一般推荐一块金属板的边界尺寸比另一块接地板的尺寸小 20*H*，故称为 20～H 原则。

按照一般的典型印制电路板尺寸，20*H* 一般为 3 mm 左右。例如，平面间距为 0.006 mm 的电路板，则 20*H* 为 20×0.006＝0.120 mm，电源板只比接地平面小 0.120 mm。

采用了 20～H 原则后，如果布线落在无铜面上，则要重新走线使之落在有实铜板的区域，从而提高印制电路板的自激频率。20～H 原则决定了电源平面与最近的接地平面间的物理距离，这个距离包括铜皮厚、预填充和绝缘分离层。

（2）3～W 原则。当两条印制线的间距比较小时，两线之间会发生电磁串扰，串音会使有关电路功能失常。为避免发生这种干扰影响，应保持任何线条间距不小于 3 倍的印制线条宽度，即不小于 3*W*，*W* 为印制线条的宽度。印制线条的宽度取决于线条阻抗的要求，太宽会减少布线的密度，太窄会影响传输到终端的信号的波形和强度。

把 3～W 原则用于印制电路板边沿的线条时，要求印制线条的外边线到接地平面边线的距离大于 *W*（≥1－*W*）。不要把 3～W 法则只用于时钟线条，差分对、发射极耦合逻辑电路（ECL）等也是 3～W 原则的基本应用对象。在 I/O 部分，由于有多种线条布线，而常常没有铜底板或邻近的金属平面，因此也需要采用 3～W 技术。

差分对电路的线条，应当平行分布在布线层中，如果无法实现，必须分布在相邻的布线层。其他的线条与差分对电路的线条距离必须有 3 倍于对应线条宽度的距离，而且必须全程都如此。这将有利于减小线条间的电磁干扰造成的抖动。

5.3.4　旁路电容与去耦电容的设计

设计印制电路板时经常要在电路上加电容器来满足数字电路工作时要求的电源平稳和洁净度。电路中的电容可分为去耦电容、旁路电容和容纳电容三类。去耦电容用来滤除高速器件在电源板上引起的干扰电流，为器件提供一个局域化的直流，还能降低印制电路中电流冲击的峰值。旁路电容能消除印制电路板上的高频辐射噪声，噪声能限制电路的带宽，产生共模干扰。容纳电容则配合去耦电容抑制 ΔI 噪声。

设计中最重要的是确定电容量和接入电容的地点，电容器的自谐振频率是决定电容设计的关键参数。

电源板和接地板之间构成的平板电容器也有自谐振频率，这一谐振频率可以达到 200～400 MHz，采用 20～H 原则还可以使其提高 2～3 倍。这一谐振频率如果与时钟频率谐振，就会使整个印制电路板成为一个电磁辐射器。采用一个大容量的电容器与一个小容量的电容器并联的方法可以有效地改善自谐振频率特性。当大容量的电容器达到谐振点时，大电容的阻抗开始随频率增加而变大，小容量的电容器尚未达到谐振点，仍然随频率增加而变小并对旁路或去耦起主导作用。例如，去耦电容为大容量电容器，则容纳电容作为小容量电容器。去耦电容的电容量按式 $C=\dfrac{\Delta I}{\Delta U/\Delta t}$ 计算。

电容材料对温度很敏感，要选温度系数好的。还要选择等效串联电感和等效串联电阻小的电容器，一般要求等效串联电感小于 10 nH，等效串联电阻小于 0.5 Ω。在每个大规模集成电路（LSI）或超大规模集成电路（VLSI）器件处都要加去耦电容，电源入口处要加入旁路电容。此外，I/O 连接器、距电源输入连接器远的地方、元件密集处、时钟发生电路附近都要加旁路电容器。

5.3.5 时钟电路的电磁兼容设计

时钟电路在数字电路中占有重要地位。同时，时钟电路也是产生电磁辐射的主要来源。一个具有 2 ns 上升沿的时钟信号辐射能量的频谱可达 160 MHz，其可能辐射带宽可达 10 倍频，即能达到 1.6 GHz。因此，设计时钟电路是保证达到整机辐射指标的关键。时钟电路设计主要的问题有以下几个方面。

（1）阻抗控制。计算各种由印制电路板线条构成的微带线和微带波导的波阻抗、相移常数、衰减常数等。许多设计手册都可以查到一些典型结构的波阻抗和衰减常数，特殊结构的微带线和微带波导的参数需要用计算电磁学的方法求解。

（2）传输延迟和阻抗匹配。由印制线条的相移常数计算时钟脉冲的延迟，当延迟达到一定数值时，就要进行阻抗匹配以免发生终端反射，使时钟信号抖动或发生过冲。阻抗匹配方法有串联电阻、并联电阻、戴维南网络、RC 网络和二极管阵列等。

（3）印制线条上接入较多容性负载的影响。接在印制线条上的容性负载对线条的波阻抗有较大的影响。特别是对总线结构的电路，容性负载的影响往往是要考虑的关键因素。

描述传输线可以采用三种方式。

（1）采用传输波阻抗（Z_0）和传输时延（t_d）两个参数描述传输线：

$$Z_0 = \sqrt{\frac{1}{C}} \tag{5-15}$$

$$t_d = 1 \times \sqrt{LC} \tag{5-16}$$

（2）用传输波阻抗和（与波长有关的）归一化长度描述传输线。

（3）用单位长度的电感、电容和印制线的物理长度来描述传输线。

在印制电路板设计中经常采用第（1）种方式描述由印制线条构成的传输线。此时，传输时延的大小决定了印制线条是否需要采取阻抗控制的措施。当线条上有很多电容性负载时，线条的传输时延将会增大，与原来的传输时延有如下的关系：

$$t'_d = t_d \sqrt{1 + C_d / C_0} \tag{5-17}$$

$$l_m \leqslant t_r / 2t'_d \tag{5-18}$$

式中，t_d 为不考虑容性负载时的线条传输时延；C_0 为不考虑容性负载时的线条分布电容；l_m为无匹配的最大印制线条长度。

下面介绍其他时钟电路的设计问题：

（1）时钟区与其他功能区的隔离。

（2）同层板中时钟线条屏蔽。

（3）时钟线避免换层。

（4）系统中没有严格时间关系的电路最好使用单独的时钟。

第6章 设备级电磁兼容的设计方法

设备级电磁兼容的设计方法包括设备壳体的电磁屏蔽设计、各类电源线及信号线的滤波设计以及接地与搭接。电磁屏蔽设计一方面限制壳体内部的强电磁辐射泄漏；另一方面能够对设备内部的电磁敏感设备起到防护作用。滤波技术一方面用于滤除不必要的信号，减少电磁干扰的发射量；另一方面滤波技术能够对线缆连接的电磁敏感设备起到防护作用。接地用于将电磁能量传导到大地或等电位体，搭接的最大作用是保持屏蔽结构的连续性。设备级的电磁兼容设计通常是屏蔽、接地、滤波技术的组合使用。

6.1 电磁屏蔽设计

电磁屏蔽技术的主要目的是切断辐射电磁干扰源的传输途径，其核心思想是采用金属材料或磁性材料把所需屏蔽的区域包围起来，使屏蔽体内外的场相互隔离。电磁屏蔽分为主动屏蔽和被动屏蔽两种，主动屏蔽阻止电磁干扰源向外辐射场；被动屏蔽防止敏感设备受电磁辐射场的干扰。

6.1.1 电磁屏蔽的原理

电磁屏蔽的核心技术思想是以导电或导磁材料制成的屏蔽体将需要屏蔽的区域封闭起来，形成电磁隔离，使屏蔽体内部的电磁场和外来的辐射电磁场受到很大的衰减。其理论基础是利用屏蔽体对电磁能流的反射、吸收和引导作用，而这些作用是与屏蔽结构表面上和屏蔽体内感生的电荷、电流及极化现象密切相关的。

电磁屏蔽的核心指标为屏蔽效能，描述了屏蔽体对电磁波的衰减程度。屏蔽效能 SE 的单位通常为 dB。常用的屏蔽体的屏蔽效能可达 40 dB，军用设备的屏蔽体的屏蔽效能可达 60 dB，TEMPEST 设备的屏蔽体的屏蔽效能可达 80 dB 以上。对于电场、磁场、电磁场等不同的辐射场，由于屏蔽机理不同，因此采用的方法也不尽相同。

屏蔽效能的定义为

$$\mathrm{SE}_E=\left|\frac{E_0}{E_\mathrm{S}}\right| \tag{6-1}$$

$$\mathrm{SE}_H=\left|\frac{H_0}{H_\mathrm{S}}\right| \tag{6-2}$$

式中，E_0、H_0 分别为屏蔽前某点的电场强度与磁场强度；E_S、H_S 分别为屏蔽后某点的电场强度与磁场强度。

在工程计算中常采用 dB 计算，其表示式为

$$\mathrm{SE}_E(\mathrm{dB})=20\lg\left|\frac{E_0}{E_\mathrm{S}}\right| \tag{6-3}$$

$$\mathrm{SE}_H(\mathrm{dB})=20\lg\left|\frac{H_0}{H_\mathrm{S}}\right| \tag{6-4}$$

屏蔽效能还可以用传输系数来描述，传输系数 T 是指存在屏蔽体时某处的电场强度 E_S 与不存在屏蔽体时同一处的电场强度 E_0 之比；或者是指存在屏蔽体时某处的磁场强度 H_S 与不存在屏蔽体时同一处的磁场强度 H_0 之比，即

$$T=\frac{E_S}{E_0} \text{或} T=\frac{H_S}{H_0} \tag{6-5}$$

传输系数与屏蔽效能互为倒数关系，即

$$SE_E=20\lg\frac{1}{T_E} \tag{6-6}$$

$$SE_H=20\lg\frac{1}{T_H} \tag{6-7}$$

电磁屏蔽按其屏蔽原理可分为电场屏蔽、磁场屏蔽和电磁屏蔽。在实际工程设计中，通常需要综合考虑屏蔽效能，例如舰船光电设备，既需要考虑磁场屏蔽，又需要考虑电磁屏蔽，因此屏蔽材料的选择应在具备高磁导率的基础上，还具有优良的高频电磁场屏蔽特性。

磁场屏蔽是抑制磁场干扰源和敏感设备之间由于磁场耦合所产生的干扰。磁场屏蔽必须对不同的频率采取不同的措施。

对于低频磁场的屏蔽，当磁场频率低于 100 kHz 时，需要采用铁磁性材料，包括铁、硅钢片、坡莫合金等材料进行磁场屏蔽。铁磁性物质的磁导率比周围空气的磁导率大得多，一般为 10^3～10^4 倍，能够把磁力线集中在其内部通过。如果将线圈绕在由铁磁性材料组成的闭合环中，则磁力线主要在该闭合环的磁路中通过，漏磁通很小。

铁磁材料的磁导率越高、磁路截面积越大，则磁路的磁阻越小，集中在磁路中的磁通就越大，在空气中的漏磁通就大大减少。因此，铁磁材料起到磁场屏蔽作用，其实质是对磁场干扰源的磁力线进行了集中分流。同样，铁磁性材料做成的屏蔽体也能对电磁敏感设备进行被动屏蔽，如图 6-1 所示。把屏蔽壳体放入外磁场中，磁力线将集中在屏蔽体内通过，不至于泄漏到屏蔽壳体包围的内部空间中去，从而保证该空间不受外磁场的影响。

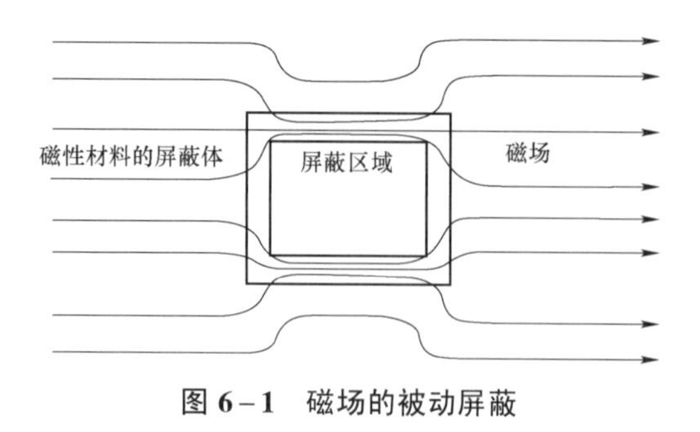

图 6-1 磁场的被动屏蔽

在低频情况下单层铁磁材料的屏蔽效能可用下式计算：

$$\mathrm{SE}_H(\mathrm{dB}) = 20\lg\left\{0.22\mu_\mathrm{r}\left[1-\left(1-\frac{t}{r}\right)^3\right]\right\} \tag{6-8}$$

式中，SE_H 为磁场屏蔽效能；μ_r 为铁磁材料的相对磁导率；t 为屏蔽体的厚度；r 为同屏蔽体相同容积的等效半径。

由式（6-8）可知，单层铁磁材料的磁场屏蔽效能最大不超过 20 lg（$0.22\mu_\mathrm{r}$）。铁磁材料的磁导率越大屏蔽效能越高；此外，随着屏蔽层的厚度增加，屏蔽效能也会增加。但是采用单层屏蔽，增加屏蔽层的厚度的做法并不经济，最好采用多层屏蔽的方法。

在使用铁磁性材料做屏蔽体时，一定要注意开缝的方向。例如，当壳体上磁力线是垂直流动时，横向的缝隙会阻挡磁力线，使磁阻增加，从而使屏蔽性能变坏。纵向的缝隙不会阻挡磁力线，但开缝也不能太宽。

低频磁场屏蔽的方法在高频时并不适用，这是因为铁磁性材料的磁导率随频率的升高而下降，从而使屏蔽效能变差。同时，高频时铁磁性材料的磁损增加。磁损包括由于磁滞现象引起的磁滞损失以及由于电磁感应而产生的涡流损失。磁损增加了被屏蔽线圈的电阻值，造成线圈的 Q 值大大下降。

高频磁场屏蔽材料需采用金属良导体，如铜、铝等。当高频磁场穿过金属板时，在金属板上产生感应电动势。由于金属板的电导率很高，因此产生很大的涡流，涡流又产生反磁场，与穿过金属板的原磁场相互抵消，同时又增加了金属板周围的原磁场，总的效果是使磁力线在金属板四周绕行而过。如果用一个金属盒把一线圈包围起来，则线圈电流产生的高频磁场在金属盒内壁产生涡流，从而把原磁场限制在盒内，不至于向外泄漏，起到了主动屏蔽作用。

金属盒外的高频磁场同样由于涡流作用只能绕过金属盒，而不能进入盒内，起到了被动屏蔽作用。如果需要在屏蔽盒上开缝，则缝的方向必须顺着涡流方向，并且缝的宽度要尽可能地缩小。如果开缝切断了涡流的通路则将大大影响金属盒的屏蔽效果。

金属盒的高频磁场屏蔽效能与高频磁场在盒体上产生的涡流大小有关。线圈和金属盒的关系可以看成是变压器，线圈视为变压器初级，金属盒视为一匝短路线圈，作为变压器的次级。根据变压器的原理，金属盒上的涡流可用下式计算：

$$i_{\mathrm{S}} = \frac{\mathrm{j}\omega M i}{\mathrm{j}L_{\mathrm{S}}\omega + r_{\mathrm{S}}} \tag{6-9}$$

式中，i_{S} 为金属盒上的涡流；M 为线圈与金属盒之间的互电感；i 为线圈上的电流；L_{S} 为金属盒的电感；r_{S} 为金属盒的电阻。

通常所说的屏蔽，一般指的是电磁屏蔽，即对电场和磁场同时加以屏蔽。电磁屏蔽一般用来防止高频电磁场的影响。

在交变场中，电场分量和磁场分量总是同时存在的，只是在频率较低的范围内，干扰一般发生在近场，而近场中随着干扰源的特性不同，电场分量和磁场分量有很大差别。高压低电流源以电场为主，磁场分量可以忽略，这时就可以只考虑电场的屏蔽；而低压大电流干扰源则以磁场为主，电场分量可以忽略，这时就可以只考虑磁场的屏蔽。

随着频率增高，电磁辐射能力增加，产生辐射电磁场，并趋向于远场干扰，远场中的电场、磁场均不能忽略，因而就要对电场和磁场同时屏蔽，即电磁屏蔽。高频时即使在设备内部也可能出现远场干扰，因此需要电磁屏蔽。

采用良导电材料，就能同时具有对电场和磁场（高频）屏蔽的作用。由于高频趋肤效应，对于良导体而言其趋肤深度很小，因此电磁屏蔽体的厚度仅由工艺结构及力学性能决定便可。

当频率为 500 kHz～30 MHz 时，屏蔽材料可选用铝；而当频率大于 30 MHz 时，则选用铝、铜和铜镀银等。

6.1.2 电磁屏蔽效能的计算

计算和分析屏蔽效能的方法主要有解析方法、数值方法和近似方法。解析方法是基于存在屏蔽体及不存在屏蔽体时，在相应的边界条件下求解麦克斯韦方程。解析方法求出的解是严格解，在实际工程中也常常使用。但是，解析方法只能求解几种规则形状屏蔽体（例如，球壳、柱壳、平板屏蔽体）的屏蔽效能，且求解比较复杂。随着计算机和计算技术的发展，数值方法显得越来越重要。从原理上讲，数值方法可以用来计算任意形状屏蔽体的屏蔽效能。然而，数值方法可能成本过高。为了避免解析方法和数值方法的缺陷，各种近似方法在评估屏蔽体屏蔽效能中就显得非常重要，在实际工程中获得了广泛应用。

1. 金属平板屏蔽效能的计算

屏蔽效能的计算公式为

$$\begin{aligned}\mathrm{SE} &= -20\lg|T| = 20\lg\frac{(1-r\mathrm{e}^{-2kl})\mathrm{e}^{(k-k0)l}}{t} \\ &= 20\lg\left|\mathrm{e}^{(k-k0)l}\right| - 20\lg|t| + 20\lg\left|1-r\mathrm{e}^{-2kl}\right| = A+R+B \quad (\mathrm{dB})\end{aligned} \tag{6-10}$$

式中，A 为电磁波在屏蔽体中的传输损耗（或吸收损耗），$A=20\lg\left|\mathrm{e}^{(k-k0)l}\right|$；$R$ 为电磁波在屏蔽体的表面产生的反射损耗，$R=-20\lg|t|$；B 为电磁波在屏蔽体内多次反射的损耗，$B=20\lg\left|1-r\mathrm{e}^{-2kl}\right|$。

如图 6-2 所示，屏蔽体的屏蔽效能由吸收损耗和反射损耗两部分构成。当电磁入射到不同媒质的分界面时，就会发生反射，于是减小了继续传播的电磁波的强度。反射的电磁波称为反射损耗，当电磁波在屏蔽材料中传播时，会产生损耗，这样就构成了吸收损耗。

$$\mathrm{SE}=R+A+B\ (\mathrm{dB}) \tag{6-11}$$

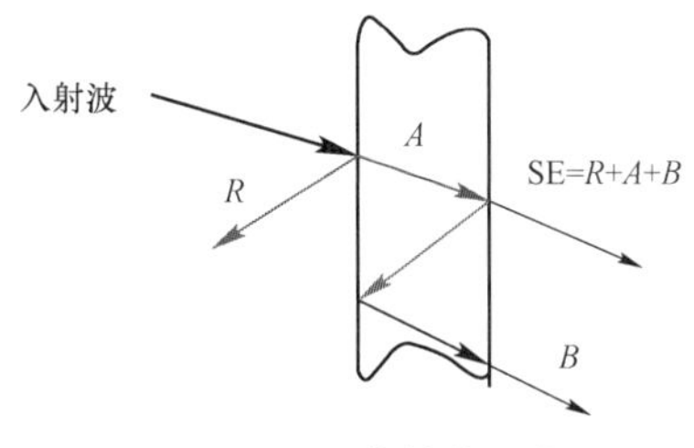

图 6－2　屏蔽效能分量

吸收损耗 A 是电磁波通过屏蔽体产生的热损耗引起的，电磁波在屏蔽体内的传播常数为由于 $k_0 \ll \alpha$，因而吸收损耗可忽略 $e^{-k_0 l}$。因此以 dB 为单位吸收损耗表达式为

$$A = 20\lg\left|e^{kl}\right| = 1.31l\sqrt{f\mu_r\sigma_r} \quad (\text{dB}) \tag{6-12}$$

式中，f 为频率（Hz）；μ_r、σ_r 分别为屏蔽体材料相对于铜的相对磁导率和相对电导率（铜的 $\mu_r = 4\pi \times 10^{-7}$ H/m，$\sigma_r = 5.82 \times 10^7/\Omega\cdot\text{m}$）；$l$ 为壁厚（cm）。

常用金属材料对铜的相对电导率和相对磁导率如表 6－1 所示。

表 6－1　常用金属材料对铜的相对电导率和相对磁导率

材料	相对电导率 σ_r	相对磁导率 μ_r	材料	相对电导率 σ_r	相对磁导率 μ_r
铜	1	1	白铁皮	0.15	1
银	1.05	1	铁	0.17	50～1 000
金	0.70	1	钢	0.10	50～1 000
铝	0.61	1	冷轧钢	0.17	180
黄铜	0.26	1	不锈钢	0.02	500
磷青铜	0.18	1	热轧硅钢	0.038	1 500
镍	0.20	1	高导磁硅钢	0.06	80 000
铍	0.1	1	坡莫合金	0.04	8 000～12 000
铅	0.08	1	铁镍钼合金	0.023	100 000

反射损耗 R 是由屏蔽体表面处阻抗不连续性引起的，计算公式为

$$R=-20\lg|t|=20\lg\left|\frac{(Z_{\rm w}+\eta)^2}{4Z_{\rm w}\eta}\right| \tag{6-13}$$

$$\eta=(1+{\rm j})\sqrt{\frac{\pi\mu f}{\sigma}}\approx(1+{\rm j})\sqrt{\frac{\mu_{\rm r}f}{2\sigma_{\rm r}}}\times3.69\times10^{-7}(\Omega) \tag{6-14}$$

式中，$Z_{\rm w}$ 为干扰场的特征阻抗，即自由空间波阻抗；η 为屏蔽材料的特征阻抗。

通常 $|Z_{\rm w}|\gg|\eta|$，则

$$R\approx20\lg\left|\frac{Z_{\rm w}}{4\eta}\right| \tag{6-15}$$

自由空间波阻抗在不同类型的场源和场区中，其数值是不一样的。

在远场 $\left(r\gg\dfrac{\lambda}{2\pi}\right)$ 平面波的情况下，有

$$Z_{\rm w}=120\pi=377(\Omega) \tag{6-16}$$

在低阻抗磁场源的近场 $\left(r\ll\dfrac{\lambda}{2\pi}\right)$，有

$$Z_{\rm w}={\rm j}120\pi\left(\frac{2\pi r}{\lambda}\right)\approx{\rm j}8\times10^{-6}fr(\Omega) \tag{6-17}$$

在高阻抗电场源的近场 $\left(r\ll\dfrac{\lambda}{2\pi}\right)$，有

$$Z_{\rm w}={\rm j}120\pi\left(\frac{\lambda}{2\pi r}\right)\approx-{\rm j}\frac{1.8\times10^{10}}{fr}(\Omega) \tag{6-18}$$

式中，r 为场源至屏蔽体的距离（m）。

综合式（6-16）～式（6-18），可以得出三种情况下的反射损耗。

屏蔽体的反射损耗不仅与材料自身的特性（电导率、磁导率）有关，而且与金属板所处的位置有关，因而在计算反射损耗时，应先根据电磁波的频率及场源与屏蔽体间的距离确定所处的区域。如果是近区，还需知道场源的

特性；若无法知道场源的特性及干扰的区域（无法判断是否为远、近场）时，为安全起见，一般只选用 R_H 的计算公式，因为通常 $R_E > R_P > R_H$。

多次反射损耗 B 的计算：

$$B = 20\lg\left|1 - r\mathrm{e}^{-2kl}\right| = 20\lg\left|1 - \left(\frac{\eta - Z_{\mathrm{w}}}{\eta + Z_{\mathrm{w}}}\right)\mathrm{e}^{-2kl}\right| \tag{6-19}$$

式中，Z_{w} 为干扰场的特征阻抗；η 为屏蔽材料的特征阻抗。

多次反射损耗是电磁波在屏蔽体内反复碰到壁面产生的损耗。当屏蔽体较厚或频率较高时，导体吸收损耗较大，这样当电磁波在导体内经一次传播后到达屏蔽体的第二分界面时已很小，再次反射回金属的电磁波能量将更小。多次反射的影响很小，所以在吸收损耗大于 15 dB 时，多次反射损耗 B 可以忽略，但在屏蔽体很薄或频率很低时，吸收损耗很小，此时必须考虑多次反射损耗。

2. 非实芯型的屏蔽体屏蔽效能的计算

金属屏蔽体孔阵所形成的电磁泄漏，仍可采用等效传输线法来分析，其屏蔽效能表达式为

$$\mathrm{SE} = A_{\mathrm{a}} + R_{\mathrm{a}} + B_{\mathrm{a}} + K_1 + K_2 + K_3 \tag{6-20}$$

式中，A_{a} 为孔的传输衰减；R_{a} 为孔的单次反射损耗；B_{a} 为多次反射损耗；K_1 为与孔个数有关的修正项；K_2 为由趋肤深度不同而引入的低频修正项；K_3 为由相邻孔间相互耦合而引入的修正项。

式（6-20）中各参数的单位均为 dB，式的前三项分别对应于实芯型屏蔽体的屏蔽效能计算式中的吸收损耗、反射损耗和多次反射损耗；后三项是针对非实芯型屏蔽引入的修正项目。各项的计算公式如下。

（1）A_{a} 项：当入射波频率低于孔的截止频率 f_{c}（按矩形或圆形波导孔截止频率计算）时，可按下述两式计算。

矩形孔：

$$A_{\mathrm{a}} = 23.7\frac{l}{W} \tag{6-21}$$

圆形孔：

$$A_{\mathrm{a}} = 32\frac{l}{D} \quad (6-22)$$

式中，A_{a} 为孔的传输衰减（dB）；l 为孔深（cm）；W 为与电场垂直的矩形孔宽度（cm）；D 为圆形孔的直径（cm）。

（2）R_{a} 项：取决于孔的形状和入射波的波阻抗，其值由下式计算：

$$R_{\mathrm{a}} = -20\lg R_{\mathrm{a}} = 20\lg\left|\frac{4p}{(p+1)^2}\right| \quad (6-23)$$

式中，p 为孔的特征阻抗与入射波的波阻抗之比。

根据波导理论可知，在截止情况下矩形孔的特征阻抗为

$$Z_{\mathrm{c1}} = \mathrm{j}\frac{2W}{\lambda}(120\pi) \quad (6-24)$$

圆形孔的特征阻抗为

$$Z_{\mathrm{c1}} = \mathrm{j}\frac{1.705D}{\lambda}(120\pi) \quad (6-25)$$

各种入射波的波阻抗由式（6－23）给出，对于低阻抗场的矩形孔，有

$$p = \frac{Z_{\mathrm{c1}}}{Z_{\mathrm{w}}} = \frac{\mathrm{j}2W(120\pi)}{\mathrm{j}120\pi\left(\dfrac{2\pi r}{\lambda}\right)} = \frac{W}{\pi r} \quad (6-26)$$

对于低阻抗场的圆形孔，有

$$p = \frac{Z_{\mathrm{c2}}}{Z_{\mathrm{w}}} = \frac{\mathrm{j}\dfrac{1.705D}{\lambda}(120\pi)}{\mathrm{j}120\pi\left(\dfrac{2\pi r}{\lambda}\right)} = \frac{D}{3.68r} \quad (6-27)$$

同理，对于高阻抗场的矩形孔，有

$$p = \frac{-4\pi W r}{\lambda^2} \quad (6-28)$$

对于高阻抗场的圆形孔，有

$$p = \frac{-3.41\pi Dr}{\lambda^2} \tag{6-29}$$

对于平面波场矩形孔，有

$$p = \frac{\mathrm{j}2W}{\lambda} = \mathrm{j}6.67\times10^{-8} fW \tag{6-30}$$

对于平面波场圆形孔，有

$$p = \frac{\mathrm{j}1.705D}{\lambda} = \mathrm{j}0.57\times10^{-8} fD \tag{6-31}$$

式中，W 为矩形孔宽边长度（m），D 为圆形孔的直径（m），r 为干扰源到屏蔽体的距离（m），f 为频率（Hz），λ 为波长（m）。

（3）B_a 项：当 A_a＜15 dB 时，多次反射修正项由下式计算：

$$B_a = 20\lg\left|1-\frac{(p-1)^2}{(p+1)^2}10^{-A_a/10}\right| \tag{6-32}$$

（4）K_1 项：当干扰源到屏蔽体的距离比孔间距大得多时，孔数的修正项由下式计算：

$$K_1 = -10\lg(an) \tag{6-33}$$

式中，a 为单个孔的面积（cm^2）；n 为每平方厘米面积上的孔数。如果干扰源非常靠近屏蔽体，则 K_1 可忽略。

（5）K_2 项：当趋肤深度接近孔间距（或金属网丝直径）时，屏蔽体的屏蔽效能将有所降低，用趋肤深度修正项表示这种效应的影响，即

$$K_2 = -20\lg(1+35P\mathrm{e}^{-2.3}) \tag{6-34}$$

式中，P 为孔间隔导体宽度与趋肤深度之比。

（6）K_3 项：当屏蔽体上各个孔眼相距很近，且孔深比孔径小得多时，由于相邻孔之间的耦合作用，屏蔽体将有较高的屏蔽效能。相邻孔耦合修正项由下式计算：

$$K_3 = 20\lg\left[\coth\left(\frac{A_a}{8.686}\right)\right] \qquad (6-35)$$

3. 多层屏蔽体屏蔽效能的计算

在屏蔽要求很高的情况下，单层屏蔽往往难以满足要求，这就需要采用多层屏蔽。

理论分析得出，三层屏蔽的屏蔽效能为

$$\mathrm{SE} = \sum_{n=1}^{3}\left(A_n + B_n + R_n\right) \quad (\mathrm{dB}) \qquad (6-36)$$

式中，A_n、R_n、B_n 分别为单层屏蔽的吸收损耗、反射损耗和多次反射损耗，其单位均为 dB。

同理，可得出多层（n 层）屏蔽体的屏蔽效能为

$$\mathrm{SE} = \sum_{n=1}^{n} A_n + B_n + R_n \quad (\mathrm{dB}) \qquad (6-37)$$

值得注意的是，一般多层屏蔽体中间的夹层大多为空气，此时应用三层屏蔽体屏蔽效能的公式（设两个实体金属屏蔽体为同一种金属，且厚度相等为 l），则

$$A = 2\times 1.31 l\sqrt{f\mu_r\sigma_r} \quad (\mathrm{dB}) \qquad (6-38)$$

$$R = 2\times 20\lg\left|\frac{(Z_w+\eta)^2}{4Z_w\eta}\right| \quad (\mathrm{dB}) \qquad (6-39)$$

$$B = 2\times 20\lg\left|1 - r\mathrm{e}^{-2kl}\right| + 20\lg\left|1 - r_2\mathrm{e}^{-\mathrm{j}2\beta_0 l_2}\right| = 2B_1 + B_2 \qquad (6-40)$$

4. 导体球壳屏蔽效能的计算

上面所用的分析方法是将实际具有各种形状的屏蔽体作为无限大平板处理，所得屏蔽效能仅仅是屏蔽体材料、厚度以及频率的函数，而忽略了屏蔽体形状的影响。这种处理方法只适用于屏蔽体的几何尺寸比干扰波长大，以及屏蔽体与干扰源间距离相对较大这种情况，即只适用于频率较高的情况。

当需要考虑屏蔽体的形状和计算低频情况的屏蔽效能时，上述等效传输

线法往往不能满足要求。利用电磁场边值问题的各种解法，可求出屏蔽前后某点的场强，从而可以进行屏蔽效能计算。电磁场边值问题的解法很多，包括解析方法（分离变量法、格林函数法等）和数值解法（矩量法、有限差分法等），对于求解导体球壳的屏蔽问题，可用严格解析法来计算，也可用似稳场解法。首先求解出低频场的屏蔽效能；然后推广给出高频情况下的屏蔽效能公式。为了避免冗长的数学推导，这里直接给出利用似稳场解法所求得的导体薄壁空心球壳在电屏蔽和磁屏蔽两种情况下的屏蔽效能公式。

电屏蔽情况导体球壳在低频和高频的屏蔽效能 SE_{LFE} 和 SE_{HFE} 分别为

$$SE_{LFE} = -20\lg\left(\frac{3\omega\varepsilon_0 a}{2\sigma d}\right), \quad d < \delta \tag{6-41}$$

$$SE_{HFE} = -20\lg\left(\frac{3\sqrt{2}\omega\varepsilon_0 a e^{-d/\delta}}{\sigma\delta}\right), \quad d > \delta \tag{6-42}$$

磁屏蔽情况导体球壳在低频和高频的屏蔽效能 SE_{LFE} 和 SE_{HFE} 分别为

$$SE_{LFE} = -20\lg\left(1+\frac{2\mu_r d}{3a}\right) + 20\lg\left|1+j\frac{ad\omega\mu_r\sigma}{3}\right|, \quad d < \delta \tag{6-43}$$

$$SE_{HFE} = -20\lg\left(1+\frac{2\mu_r d}{3a}\right) + 20\lg\left|\frac{be^{d/\delta}}{3\sqrt{2}\delta}\right|, \quad d > \delta \tag{6-44}$$

式中，a 为球壳的半径；d 为壳壁的厚度，且 $a \gg d$；σ 为导电率；δ 为趋肤深度；μ_r 为屏蔽材料的相对磁导率。

6.1.3 电磁屏蔽的完整性

设备的外壳对内部易受干扰的组件进行屏蔽保护，此时设备的外壳要按屏蔽要求来设计。但其壳体为了设备的正常工作，还必须为电源线、控制线、信号线的输入/输出线等留下引线孔，基于散热、通风等原因，还需在壳体上开孔开窗，这样就造成电气不连续，使屏蔽效能大大降低，造成外壳泄漏或易受干扰。完全屏蔽是理想情况，在实际的屏蔽中很难做到。因此需要设计者根据实际情况制定壳体屏蔽设计方案，对电磁屏蔽的不连续结构进行处理。

在屏蔽的设计中需要考虑的屏蔽不连续结构包括可拆卸壁板、散热孔、状态指示灯、显示窗口、调节按钮、开关、门、穿线孔和电连接器。

显然，几乎在所有实际应用中都需要对孔、缝隙进行屏蔽。虽然从理论上讲，对壳体的所有边进行很好的焊接就能提供极好的屏蔽，但这在实际中是不可能的。因此，有必要考虑采用哪种材料来提高屏蔽的完整性。

1. 孔的屏蔽处理

电磁不连续结构中，散热孔、状态指示灯、显示窗口、调节按钮、开关、门、穿线孔及电连接器等都可以归类为孔的屏蔽处理。

散热孔的处理通常采用蜂窝状盖板。蜂窝状结构在提供较高屏蔽效能的同时能够保证散热效果。蜂窝状结构中，每一个六边形单元都是一个截止波导，用于提高屏蔽效能，如图 6–3 所示。

对于状态指示灯、调节按钮、开关等安装在外壳上的小孔结构，推荐采用如下处理措施。

（1）采用金属网与电磁密封衬垫相互配合的方法，如图 6–4 所示。

图 6–3 蜂窝状盖板

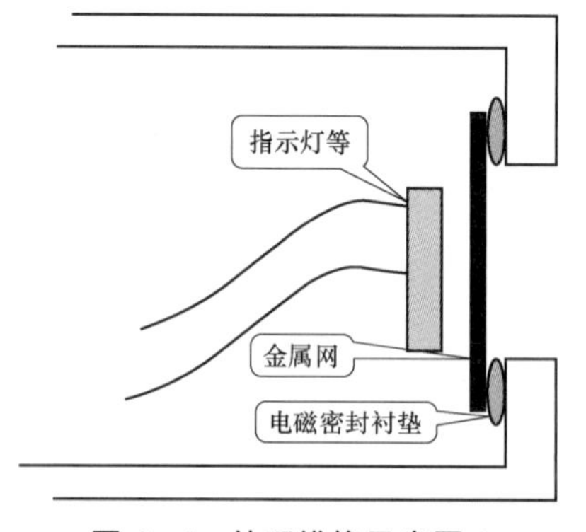

图 6–4 处理措施示意图 1

（2）采用滤波器加隔离舱的屏蔽方法，如图 6－5 所示。

（3）采用截止波导，如图 6－6 所示。

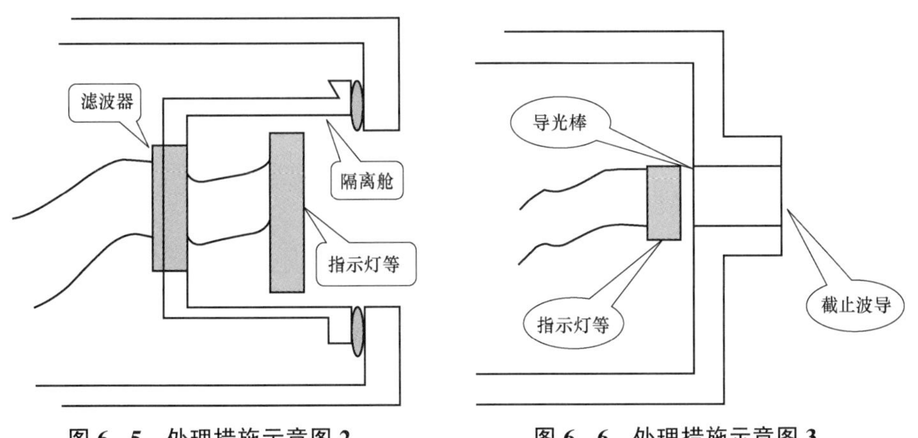

图 6－5　处理措施示意图 2　　图 6－6　处理措施示意图 3

穿过屏蔽体的导线将屏蔽体外部的干扰信号传导至屏蔽体内部，造成屏蔽体屏蔽效能的下降，同时可能将屏蔽体内部的信号传导到屏蔽体外部，对其他设备造成干扰。在导线为屏蔽电缆时推荐将屏蔽电缆作为屏蔽体的延伸，屏蔽体与屏蔽电缆构成如图 6－7 所示的哑铃式的全封闭体。

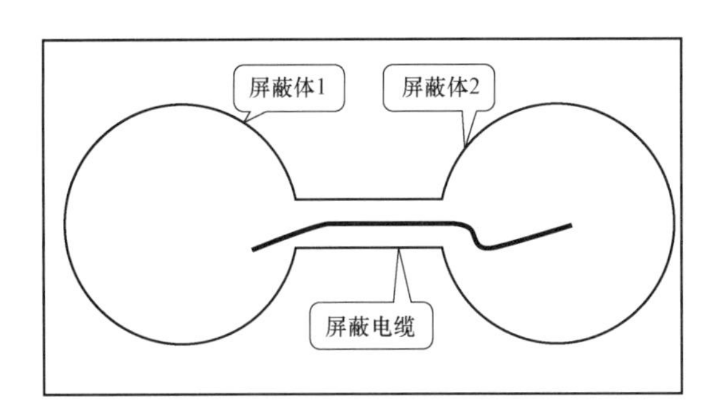

图 6－7　哑铃式屏蔽电缆的屏蔽

屏蔽电缆的屏蔽层必须将芯线完整地覆盖起来，两端也不例外。因此，电缆两端的连接器外壳必须能够与电缆所安装的屏蔽机箱 360° 电气搭接。矩形连接器护套中的床鞍夹紧方式能够满足大多数场合对搭接的要求。绝对要避免使用小辫连接。图 6-8 所示为典型 D 形连接器的屏蔽端接方式。

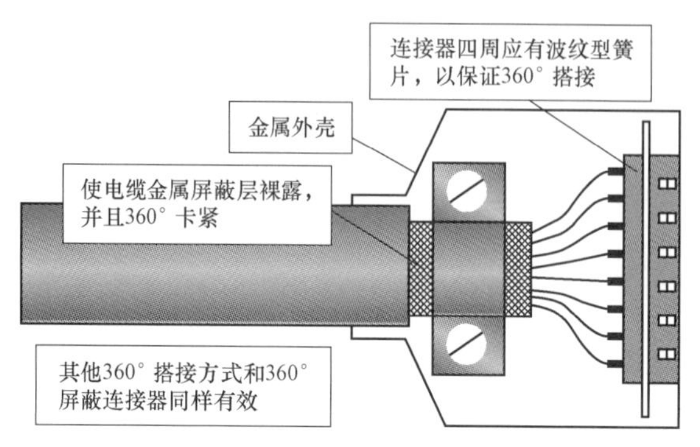

图 6-8 典型 D 形连接器的屏蔽端接

对于显示窗口这样大的孔结构，建议采用透光屏蔽材料进行处理。透光导电聚酯膜如图 6-9 所示，透光导电聚酯膜是在透明的聚酯膜上喷镀高导电性的涂层，而后在镀层外覆盖一种既可增加透光率又可保护镀层的陶制薄膜。适用于各种电子设备的显示窗口工作于电场、平面波、接地和静电放电的场合。夹丝网屏蔽玻璃如图 6-10 所示。

图 6-9 透光导电聚酯膜

夹丝网屏蔽玻璃是一种低阻抗的金属丝网通过特殊工艺夹在两层玻璃或聚丙烯树脂之间，能在恶劣的环境中防止电磁干扰辐射。其结构坚固、透光性好、显示失真性小，还可在设计时选用彩色滤光片和用来增强对比的偏振片，可以灵活方便地满足特殊场合下的光学和屏蔽要求，目前广泛应用于电子设备需要透光的窗口，如液晶显示窗口等。

图 6－10　夹丝网屏蔽玻璃

2. 缝隙的屏蔽处理

光电仪器中的屏蔽体上的接缝处由于接合表面不平、清洗不干净、有油污或焊接质量不好以及紧固螺钉之间、铆钉之间存在空隙等原因会在接缝处造成缝隙。缝隙结构通常会导致金属屏蔽体的屏蔽效能下降。

当金属屏蔽体缝隙的缝长约等于 3 倍金属板的趋肤深度时，缝隙的吸收损耗和金属板的吸收损耗相等，缝隙基本上不降低屏蔽效能。若缝长大于 3 倍金属板的趋肤深度时，则缝隙屏蔽效能就会减小。推荐采用以下几种方法来提高屏蔽效能。

（1）增加缝隙深度。缝隙深度往往主要取决于屏蔽体的壁厚。若在连接处加上边，不但增加接触面，便于紧固，而且还增加了缝隙深度，使吸收损耗增加，从而提高总的屏蔽效能。

（2）提高接合面加工精度。提高接合面的加工精度是减少漏缝的有效方法，但采用精密加工方法会使成本骤增，通常采用铸造成型加工、端面磨平加工、电焊接加工等可以取得较好的效果。例如，航空航天领域的机载设备，为提高屏蔽效能，其中不乏采用整体精密铸造和焊接连接的机盒。

（3）加装导电衬垫。通常以钣金加工制成的屏蔽盒箱，其接合面很难做到不留缝隙，因而只有通过在缝隙中加装导电衬垫来提高屏蔽效能，如图 6－11 所示。

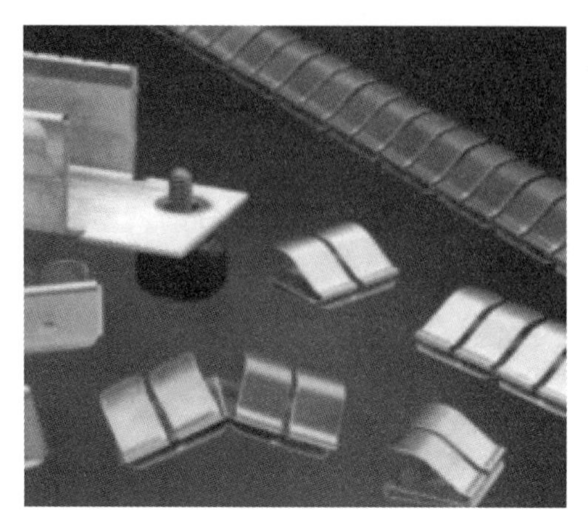

图 6-11 导电衬垫

铍铜簧片是用特殊合金铍铜制成的指型簧片，可用在存在电磁干扰/射频干扰或静电问题的范围很广的电子设备中。它既解决了其他衬垫不能在剪切方向受力问题，又具有接合压力小、形变范围也小，低频段和高频段屏蔽性能优良，同时还具有高导热性、重量轻的特点，可用于光电设备的各种屏蔽室/舱门/机箱门/盖板等。

斯派尔螺旋管是高性能的电磁屏蔽衬垫，如图 6-12 所示，它是由铍铜/不锈钢制成的螺旋管，有很好的弹性和抗永久压缩变形的性能。螺旋管镀锡后能进一步提高其电导率及屏蔽性能，边缘涂覆的衬垫在潮湿及烟雾环境中具有很强的抗电化学腐蚀的性能。由于具有以上特点，这种屏蔽衬垫材料是应用于军事和航天项目中的理想屏蔽材料，并且在其他衬垫不能解决的屏蔽问题上得到广泛的应用。

（1）在接缝处涂导电涂料。导电涂料流动性好，容易渗透进入接合表面以填补缝隙。使用导电涂料，必须对接缝表面进行清理。

（2）增加接缝处的重叠尺寸。在使用螺钉或铆钉紧固接合部位的许多缝隙中，缝长主要取决于螺钉间距，因此调整紧固钉间距可以改善屏蔽效果。两个接合面的重叠量是缝隙深度的主要决定因素，因此缝深也是影响屏蔽效能的参量之一。重叠量越多，屏蔽效能就越大。在同样重叠量情况下，频率越高则波长就越短，在螺钉间距不变，缝长一定时，缝长相对波长的比值就越小，屏蔽效能就随频率升高而下降。

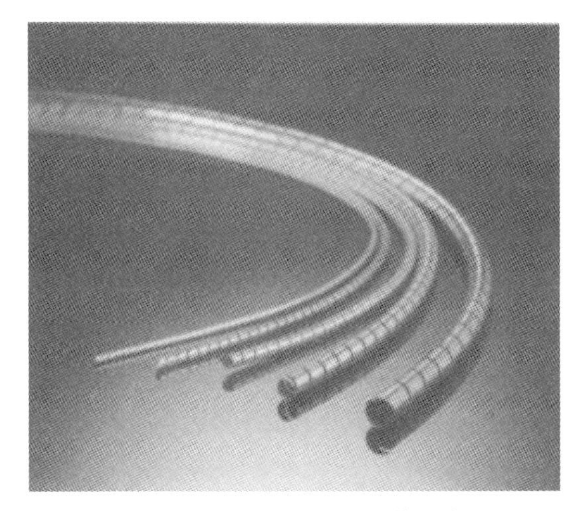

图 6－12　螺旋管电磁屏蔽衬垫

6.2　滤波设计

滤波器对某一个或几个频率范围（频带）内的电信号给以很小的衰减，使这部分信号能顺利通过；对其他频带内的电信号则给以很大的衰减，从而尽可能地阻止这部分信号通过。滤波是抑制电磁发射、防护传导干扰的主要措施。

6.2.1　电磁干扰滤波器的工作原理

分离信号，抑制干扰是滤波器广泛和基本的应用。电磁干扰滤波器是抑制电气电子设备传导干扰、提高电气电子设备传导敏感度水平的主要手段，也是保证电气电子设备整体或局部屏蔽效能的重要辅助措施。实践表明，即使对一个经过很好设计并且正确采用屏蔽和接地措施的设备或系统，也仍然会有不需要的能量传导进入此设备或系统，导致设备或系统的性能降低或引起失效。

电磁干扰滤波器的主要工作方式有两种，一种是不让无用信号通过，并把它们反射回信号源，称为反射式滤波器；另一种是把无用信号在滤波器里消耗掉，称为吸收式滤波器。

滤波器的特性参数有额定电压、额定电流、频率特性、输入/输出阻抗、插入损耗以及传输频率特性等。其中最主要的是插入损耗，插入损耗的大小随工作频率不同而改变。插入损耗的定义为

$$L_{\text{in}}=20\lg\frac{V_1}{V_2} \tag{6-45}$$

式中，V_1 为信号源通过滤波器在负载阻抗上建立的电压（V）；V_2 为不接滤波器时信号源在同一个负载阻抗上建立的电压（V）；L_{in} 为插入损耗（dB）。

滤波器的主要特性参数介绍如下。

（1）额定电压。指输入滤波器的最高允许电压值。若输入滤波器的电压过高，会使内部电容损坏。

（2）额定电流。指在额定电压和规定环境温度条件下，滤波器所允许的最大连续工作电流。一般使用温度越高其允许的工作电流越小。同时，工作电流还与频率有关，工作频率越高，其允许电流越小。

（3）频率特性。滤波器的频率特性是描述其抑制干扰能力的参数，通常用中心频率、截止频率以及上升和下降斜率表示。依据频率特性，滤波器种类有低通滤波器、高通滤波器、带通滤波器和带阻滤波器四种。

低通滤波器的频率特性是低频通过、高频衰减，在电磁兼容技术中的应用最为广泛，如图 6-13 所示。

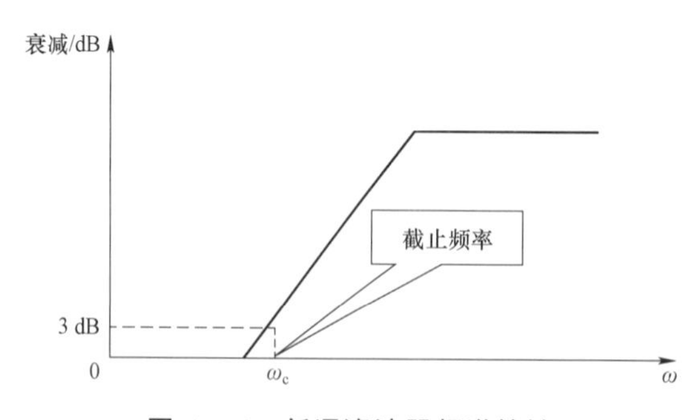

图 6-13 低通滤波器频谱特性

在降低电磁干扰上，高通滤波器可以用于从信号通道上滤除交流电流频率或抑制特定的低频外界信号，如图 6－14 所示。

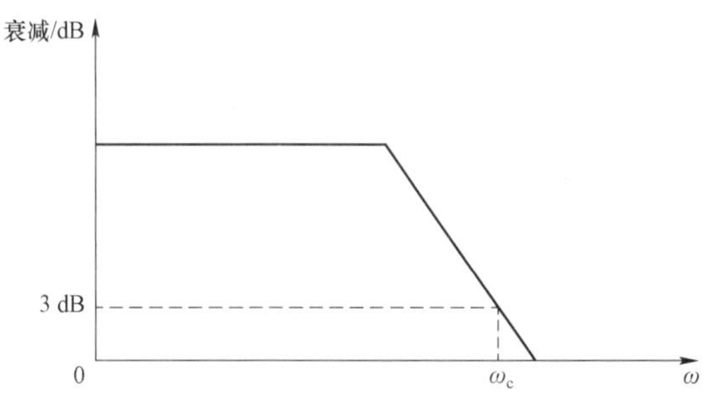

图 6－14　高通滤波器频谱特性

带通滤波器是对通带之外的高频及低频干扰能量进行衰减，其基本构成方法是由低通滤波器经过转换而成为带通滤波器。带通滤波器通常并接于干扰线和地之间，以消除电磁干扰信号，达到电磁兼容的目的，如图 6－15 所示。

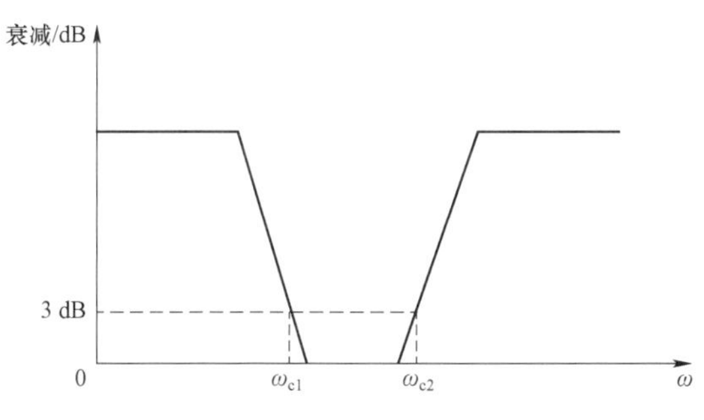

图 6－15　带通滤波器频谱特性

带阻滤波器用于对特定窄频带内的能量进行衰减，通常串联于干扰源与干扰对象之间，如图 6－16 所示。

6.2.2　电源滤波器的结构和选型

电源线供电质量是光电设备发挥正常工作性能的基石，电源滤波器用于滤除光电设备电源线上的无用能量，是滤波器中非常重要的一种类型。电源

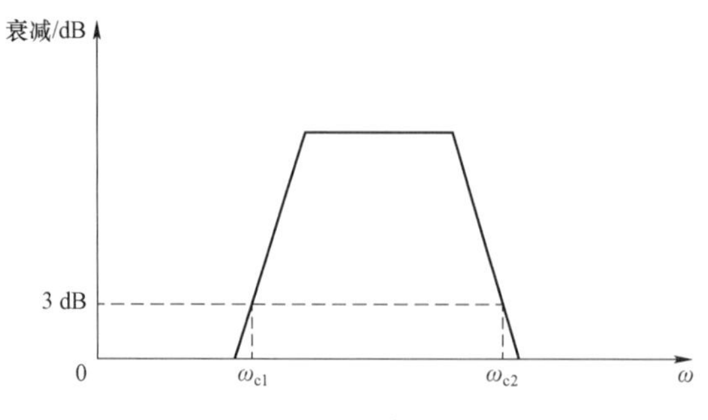

图 6-16　带阻滤波器频谱特性

滤波器是由电感、电容等器件构成的无源双向多端口网络滤波设备。电源滤波器起到两个低通滤波器的作用：一个是衰减共模干扰；另一个是衰减差模干扰。电源滤波器能在阻带范围内衰减射频能量，而让工频无衰减，或者很少的衰减，就能通过电磁干扰电源滤波器。电源滤波器是控制传导电磁干扰和辐射电磁干扰的首选工具。

电源滤波器是一种无源双向网络：它的一端是电源；另一端是负载。电源滤波器内部电路本质上为阻抗适配网络：电源滤波器输入/输出侧与电源和负载侧的阻抗失配越大，对电磁干扰的衰减就越有效，如图 6-17 所示。

图 6-17　电源滤波器

电源滤波器原理如图 6-18 所示，共模电感的两个线圈磁通方向相同，经过耦合后总电感量迅速增大，因此对共模信号呈现很大的感抗，使之不易通过。它的两个线圈分别绕在低损耗、高磁导率的铁氧体磁环上，当有共模电流通过时，两个线圈上产生的磁场就会互相加强。电容组成的网络能够同时滤除差模干扰（电源线之间的干扰）和共模干扰（各组电源线对地之间的干扰）。

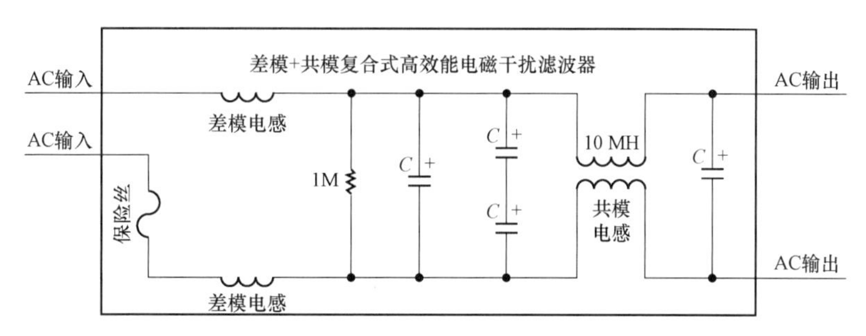

图6-18　电源滤波器原理

对电源滤波器进行选型，主要考虑三个方面的指标。

1. 电压/电源

电源可分为交流电源和直流电源。相应地，电源滤波器也可以分为交流电源滤波器和直流电源滤波器。

从原理上讲，交流电源滤波器既可用于交流电源又可用于直流电源，但直流滤波器不能用于交流电源。直流滤波器中使用的旁路电容是直流电容，用在交流条件下可能会发生过热而损坏，如果直流电容的耐压较低，还会被击穿而损坏。即使不会发生这两种情况，一般直流滤波器中的共模旁路电容的容量较大，用在交流的场合会发生过大的漏电流，违反安全标准的规定。

交流滤波器用在直流场合，从安全的角度看没有问题，但要付出成本和体积的代价；在样机阶段，如果仅有交流滤波器，也可以代替直流滤波器。

当电源滤波器的工作电流超过额定电流时，不仅会造成滤波器过热，而且由于滤波器中的电感在较大电流的情况下磁芯饱和，实际电感量将减小。因此，确定电源滤波器的额定工作电流时，要以设备的最大工作电流为准，确保电源滤波器在最大电流状态下具有良好的性能，否则当干扰在最大工作电流状态下出现时，设备会受到干扰或传导发射超标。

在确定滤波器的额定电流时，要留有一定的余量。通常滤波器的额定电流值应取实际电流值的 1.5 倍。

2. 插入损耗

插入损耗分为差模插入损耗和共模插入损耗。从抑制干扰的角度考虑，插入损耗是最重要的指标。在选用电源滤波器之前，首先在设备不安装滤波器的情况下，对设备进行传导发射和传导敏感度的测量，与要满足的标准进行比较，计算距离标准限值的量值。如图 6-19 所示，在 0.15～2 MHz 频段超出标准限值要求，由此确定滤波器的插入损耗。首先将设备的传导发射值最大包络线与标准给出的限值相比较；然后计算其差值得到需要的插入损耗值。

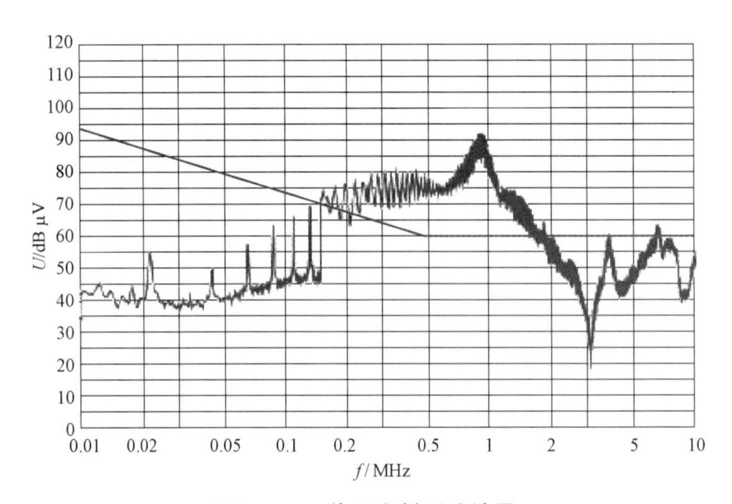

图 6-19 传导发射测试结果

在实际选择滤波器时，应加 20 dB 的裕量，这是由于滤波器出厂的测试数据通常是在滤波器两端阻抗为 50 Ω 的条件下测得的，而在实际使用条件下，滤波器的插入损耗会有所降低。

实际电源滤波器与理想滤波器的差别：理想的电源滤波器是低通滤波器，但实际的电源滤波器通常是带阻滤波器。造成这种差别的原因是电容器和电感器。此外，高频时器件之间的电容器的引线是有电感的，而电感线圈上又存在着寄生电容，尽管这些电感、电容很小，但当频率较高时，它们的影响是不能忽略的。因此，由实际电感、电容器构成的低通滤波器电路在频率较高时，就变成了一个带阻滤波器电路。

即使滤波器的电路结构完全相同，由于器件的特性不同、器件的安装方式的不同、内部结构的不同，它们的高频性能也会相差很多。滤波器的电路结构仅决定了滤波器的低频特性。要想提高滤波器的高频性能，生产时需要从许多方面注意制作工艺，如选用电感小的电容器、制作寄生电容小的电感、焊接时电容器的引线尽量短、在内部采取适当的隔离等。

当设备的辐射发射不合格时，有很多场合辐射发射的超标是由于电源线上的共模电流造成的，特别是设备的电源线传导发射已经满足了标准要求时，电源滤波器的高频特性是十分重要的。由于设备上的电缆是高效的辐射天线，当电缆上有高频传导电流时，会产生强烈的辐射，使设备不能满足辐射发射极限值的要求。因此，当电源线上有高频干扰电流时，同样也会产生辐射，使设备的辐射发射超标。

3. 结构尺寸

由于滤波器内部一般是经过灌封处理的，因此环境特性不是主要问题。但是，所有的灌封材料和滤波电容器的温度特性对电源滤波器的环境特性有一定的影响。

以上为电源滤波器选型的基本原则，电源滤波器的安装方式对其的性能也有很大影响，电源滤波器的安装需要遵循以下三点。

（1）滤波器应安装在导电金属表面或通过编织接地带与接地点就近相连，避免细长接地导线造成较大的接地阻抗，如图 6-20 所示。

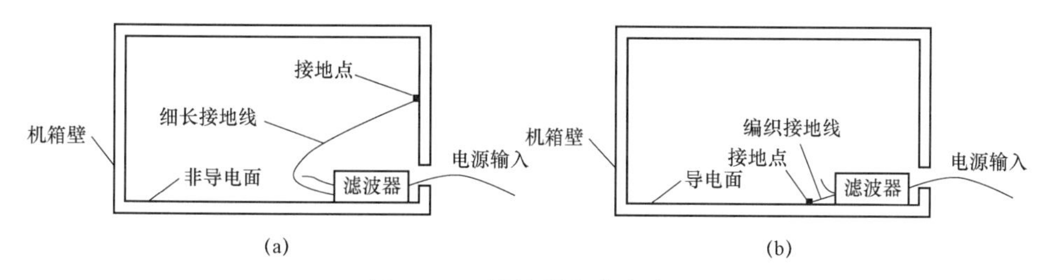

图 6-20　滤波器安装方式 1

（a）错误接法；（b）正确接法

（2）滤波器应尽量安装在设备的入口/出口处，如图 6－21 所示。

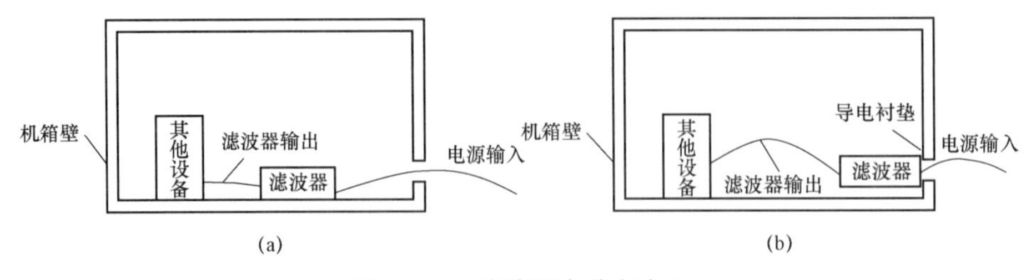

图 6－21　滤波器安装方式 2

（a）错误接法；（b）正确接法

（3）尽量去除滤波器输入/输出端之间的电磁耦合，如图 6－22 所示。

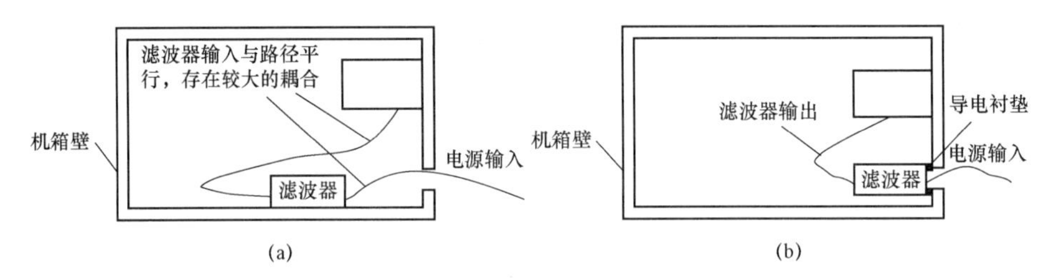

图 6－22　滤波器安装方式 3

（a）错误接法；（b）正确接法

6.2.3　吸收式滤波器

吸收式滤波器是由有耗元件构成的，它通过吸收不需要频率成分的能量（转化为热能）来达到抑制干扰的目的。当有源滤波器和源阻抗不匹配时，一部分有用能量将被反射回能源，这将导致干扰电平的增加，这种情况下需要采用吸收式滤波器来抑制不需要的能量。

为了解决 LC 低通滤波器的频率谐振和要求终端负载阻抗匹配的限制，使电磁干扰滤波器能在较宽的频率范围里具有较大的衰减，根据介电损耗和磁损耗原理研究出一种损耗滤波器。其基本原理是选用具有高损耗系数或高损耗角正切的电介质，把高频电磁能量转换成热能。常见的吸收式滤波器包括铁氧体磁环、磁珠等。

铁氧体的应用主要有以下三个方面：低电平信号应用，电源变换与滤波，电磁干扰抑制。不同的应用对铁氧体材料的特性及铁氧体芯的形状有不同的要求。在低电平信号应用中，所要求的铁氧体材料的特性由磁导率决定，并且铁氧体芯的损耗要小，还要具有好的磁稳定性，即随时间和温度变化其改变不大。铁氧体在这方面的应用包括高 Q 值电感器，共模电感器，宽带、匹配脉冲变压器，无线电接收天线和有源、无源天线。在电源应用方面，要求铁氧体材料在工作频率和温度上具有高的磁通密度和低损耗的特点。在这方面的应用包括开关电源、磁放大器、直流-直流（DC-DC）变换器、电源线滤波器、触发线圈和用于电车电源蓄电池充电的变压器。在抑制电磁干扰应用方面，对铁氧体性能影响最大的是铁氧体材料的磁导率，它直接与铁氧体芯的阻抗成正比。

铁氧体最常用的应用方式是将铁氧体芯直接用于元器件的引线或线路板级电路上，能抑制任何寄生振荡和衰减感应或传输到元器件引线上或与之相连的电缆线中的高频无用信号。将反射式滤波器与吸收式滤波器串联起来，既能够获取较陡峭的频率特性，又有很高的阻带衰减，可以更好地抑制高频干扰。

图6-23所示为低通滤波器的独立使用特性，图6-24所示为低通滤波器的组合使用特性。

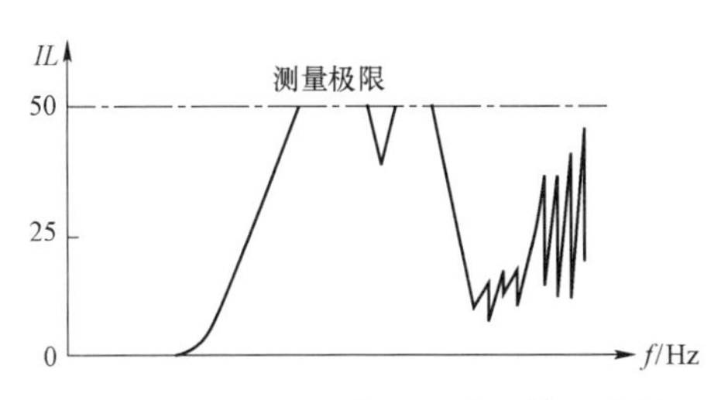

图6-23　低通滤波器的独立使用特性

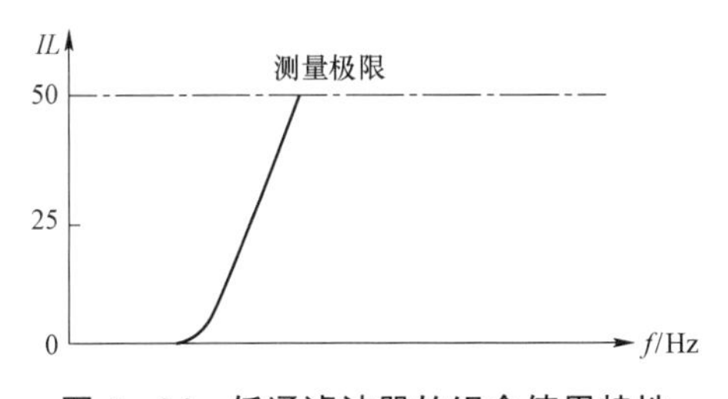

图6-24　低通滤波器的组合使用特性

6.3 接地与搭接设计

6.3.1 接地的概念

光电设备中的地包括安全地和系统基准地。接地就是指在系统的某个选定点与某个电位基准面之间建立低阻的导电通路。安全地是以地球的电位作为基准，并以大地作为零电位，把光电设备的金属外壳、线路选定点等通过接地线、接地极等组成的接地装置与大地相连接。系统基准地是指信号回路的基准导体，通常以金属底座、机壳、屏蔽罩或粗铜线等作为基准导体的电位设为零电位，把线路选定点与基准导体间的连接称为接地系统基准。接地的目的主要有两个：① 为了安全，称为安全地；② 为信号电压提供一个稳定的零电位参考点，称为信号地或系统地。

光电设备通常以设备的金属底座、机架、机箱等作为基准电位，但金属底座与机架、机箱不一定和大地相连接，即设备内部的系统基准地不一定与大地电位相同。为了防止雷击对设备和操作人员造成危险，通常将设备的机架、机箱等金属结构与大地相连，提高光电设备电路系统工作的稳定性，泄放机箱上积累的静电电荷，避免静电高压导致设备内部放电而造成干扰，并为设备和操作人员提供安全保障。

理想的接地平面是一个零电位、零阻抗的物理体，任何干扰信号通过它都不会产生电压降。但实际上，理想的接地平面是不存在的。即使电阻率接近于零的超导体，其表面两点之间渡越时间的延迟也会呈现某种电抗效应。

6.3.2 接地的方式

接地方式主要包括浮地、单点接地与多点接地，有时还采用把单点接地和多点接地组合起来的方式，称为混合接地。

1. 浮地

将设备地线系统在电气上与大地相绝缘，这样可以减小由于地电流引起的电磁干扰。浮地的缺点是由于设备不与大地相连，容易产生静电积累现象，这样积累起来的电荷达到一定程度后，在设备和大地之间会产生具有强大放电电流的静电击穿现象。为了解决这个问题，需要在设备与大地之间接入一个阻值很大的泄放电阻，以消除静电积累的影响。低频、小型电子设备，容易做到真正的绝缘，可以采用浮地方式；对于较大的光电设备，当系统基准电位因受干扰不稳定时，通过对地分布电容会出现位移电流，使设备不能正常工作。

2. 单点接地

单点接地是指在一个线路或整个电路系统中，只有一个物理点被定义为接地参考点，其他各个需要接地的点都直接到这一点上，如图 6-25 所示。

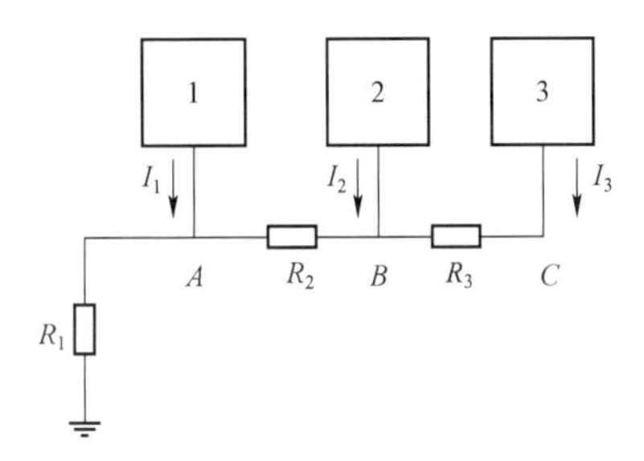

图 6-25　单点接地

当单点接地的几条连接线的长度与电路工作波长相比很小时，可以采用这种方式接地。当系统的工作频率很高，连线长度可以和工作波长相比拟时，相当于一段终端短路的传输线。尤其当线长等于$\lambda/4$ 时，连接电路端等效为开路，相当于没有接地。所以，单点接地仅适用于低频设备系统中。

3. 多点接地

多点接地是指设备中各个接地点都直接接到距它最近的接地平面上，以使连接线的长度最短。接地平面可以是设备的底板，也可以是贯通整个系统的接地母线，如图 6-26 所示。在比较大的系统中，还可以是设备的结构框架。

多点接地的优点是电路结构简单，接地线上可能出现的高频驻波现象显著减小。因此，它是高频信号电路唯一实用的接地方式。但是，多点接地使设备内存在许多地线回路，因而提高接地系统的质量就变得十分重要。当导线长度超过 $\lambda/8$ 时，多点接地就需要一个等电位接地平面。系统中每一级或每一装置都各自用接地线分别单点就近接地，其每一级中的干扰电流就只能在本级中循环，而不会耦合到其他级中。

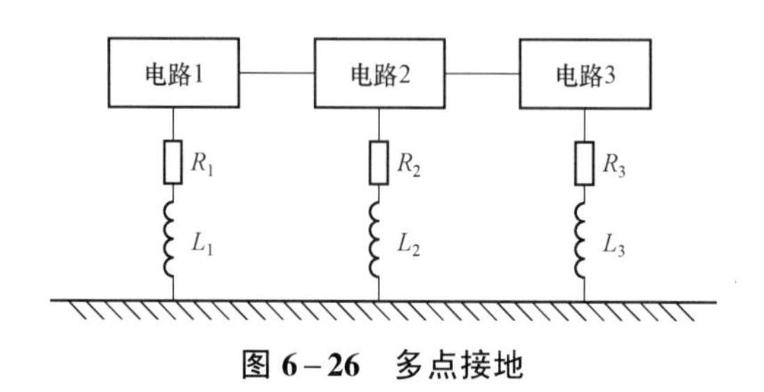

图 6-26 多点接地

4. 混合接地

混合接地是单点接地和多点接地的组合，如图 6-27 所示。

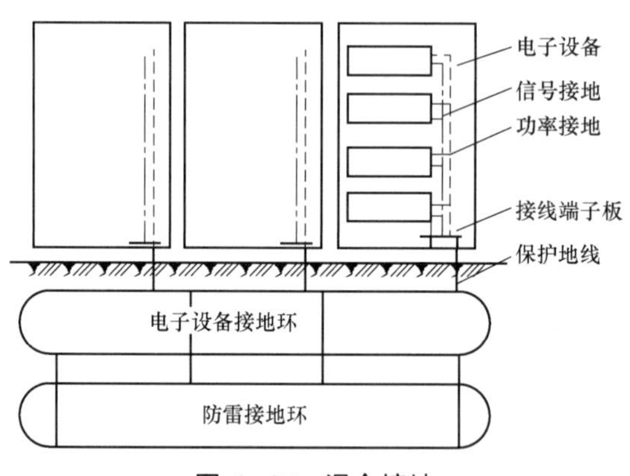

图 6-27 混合接地

6.3.3 安全地

安全地对于光电设备来说，具有重要的作用：当绝缘被破坏时，安全地线能起保护作用，若不接安全地，绝缘被破坏时，设备外壳就会带上电网电压，对操作人员的安全构成威胁；防止设备感应带电而造成电击。当设备机箱或按键上的电压超过规定的电压后，就有触电的危险。为了保证操作和维修人员的安全，应把设备的机箱或底座等金属件与大地连接，防止雷击事故。

在实验室中，常采用的供电方式包括三相三线制、三相四线制、三相五线制和单相三线制，如图 6－28 所示。

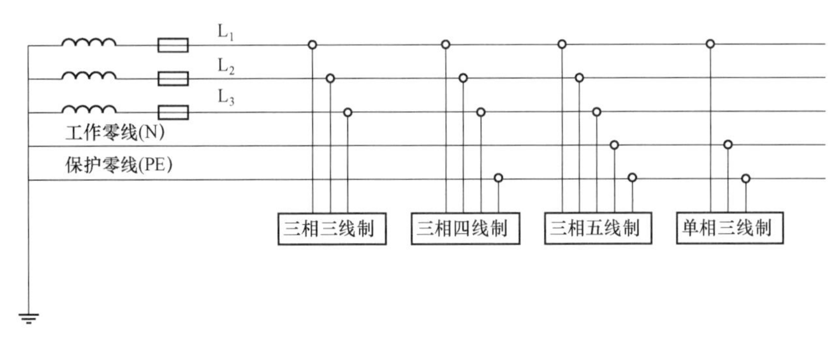

图 6－28　常见供电制式

光电设备的安全地常采用接地装置，尤其对于车载光电设备。接地装置是指埋入地下的板、棒、管、线等导电体，要求具有良好的抗腐蚀性及小的接地电阻。安装接地装置的方法主要有埋设铜板、打地桩、钻孔法、埋设导线和地下管道等方法。

地线中的干扰电压除与流过地线的电流有关外，还与地线的阻抗有关。地线阻抗 Z_g 包括电阻分量 R_g 和电感分量 L_g，即

$$Z_g = R_g + j\omega L_g \tag{6-46}$$

圆形截面导体的低频电阻表达式为

$$R_g = \frac{l}{\sigma S} = \frac{l}{\pi a^2 \sigma} \tag{6-47}$$

式中，l 为导体的长度（m）；σ 为导体的电导率（S/m）；a 为导体的半径（m）；S 为导体的横截面积（m^2）。

式（6－47）中，导体的横截面积应理解为有效载流面积。在直流情况下，电流在导体截面上均匀分布，导体的横截面积就是它的几何截面积。但是对于射频电流，由于趋肤效应，导体的有效载流面积将远小于导体的几何

截面积，即导体的射频电阻高于直流电阻。

6.3.4 搭接技术

搭接是指两金属物之间建立一个供电流流动的低阻抗通路，通过机械或化学的方法对金属物体间进行结构固定的方式。

搭接的目的在于为电流的流动提供一个均匀的结构面和低阻抗通路，以避免在相互连接的两金属件间形成电位差，因为这种电位差对所有频率都可能引起电磁干扰。良好搭接是减小电磁干扰、实现电磁兼容性所必需的。良好搭接能够减少设备间电位差引起的干扰；减少接地电阻，从而降低接地公共阻抗干扰以及各种地回路干扰；实现屏蔽、滤波和接地等技术的设计目的；防止出现雷电放电的危害，保护设备和人身安全；防止设备运行期间的静电电荷积累，避免静电放电干扰。

搭接分为 A、B、C 三类，A 类搭接是两金属物体通过焊接的方法实现的电连接；B 类搭接是两金属物体通过螺接的方法实现的电连接（图 6－29）；C 类搭接是两金属物体通过跨接线缆的方法实现的电连接。

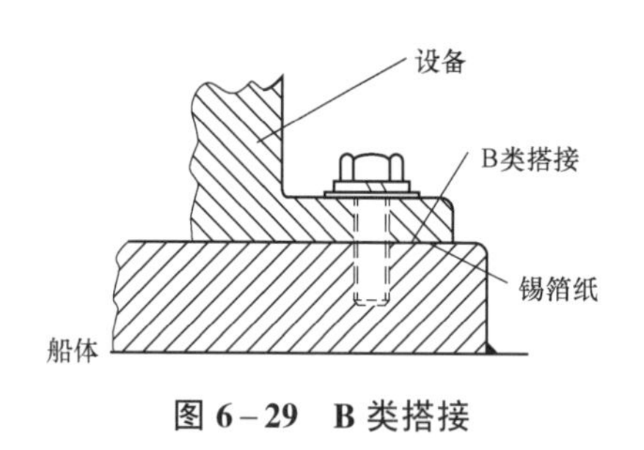

图 6－29 B 类搭接

A 类搭接和 B 类搭接将金属特定部位的表面直接接触，牢固地建立一条导电良好的电气通路。熔接、焊接、锻造、铆接和拴接等方法都可以实现两金属间的裸面接触。搭接前需要对搭接体表面进行净化处理，有时还要在搭接体表面镀银或金来覆盖一层良导电层。直接搭接的连接电阻的大小取决于搭接金属的接触面积、接触压力、接触表面的杂质和接触表面硬度等因数。

C 类搭接适用于要求两种互连的金属导体在空间位置上分离或者保持

相对的运动的情况。此时，需要采用搭接带或者其他辅助导体将两个金属物体连接起来，这种连接方式也称为间接搭接。间接搭接的连接电阻等于搭接条两端的连接电阻之和再加上搭接条的电阻，搭接条在高频时呈现很大的阻抗，所以高频时多采用直接搭接。

当两种不同的金属互相接触时，会出现腐蚀现象。在电化学序列中，属于不同组的两种金属在溶液存在情况下相互接触，形成一个化学电池，而使金属逐渐产生原电池腐蚀和电解腐蚀。能起电解液作用的液体有盐水、盐雾、雨水和汽油等。

表 6–2 所列为常见金属的电化学序列，按对腐蚀的灵敏度大小递减排序。腐蚀的程度取决于两种不同金属在电化学序列中的组别和接触时所处的环境。适当地改变这两个因素，可使搭接的腐蚀减小。在电化学序列中，同一组的两种金属接触时不会发生明显的腐蚀现象。如果是不同组的两种金属接触，则在表 6–2 中，前面组别中的金属将构成一个阳极，而且受到较强的腐蚀；后面组别中的金属将构成一个阴极，相对而言它不受腐蚀。组别相差越远的两种金属接触时的腐蚀越严重。因此两个相接触的金属材料，应尽量选择表 6–2 中同一组别的金属或者相邻组别中的金属。

表 6–2　电化学序列

第一组	镁
第二组	铝及其合金，锌，镉
第三组	碳钢，铁，铅，锡及锡铅焊料
第四组	镍，铬，不锈钢
第五组	铜，银，金，铂，钛

两种金属材料搭接的加工方法很多，按接合作用原理可分为物理、化学和机械三类不同的原理。

物理加工方法主要有熔焊和钎焊。热熔接合是通过气体燃烧和电弧加热使两种金属熔化并流动，形成连续的金属桥的加工工艺，其接合处的电导率高、机械强度好、耐腐蚀，但加工成本高。常用的熔焊加工方法有气焊、电弧焊、氩弧焊和放热焊等。钎焊是一种金属焊接工艺，它把连接的金属表面加热到低于熔点的温度，而后施加填充的金属焊料和适当的焊剂，通过焊料与连接金属表面的紧密接触实现接合。

机械加工方法有螺栓连接、铆接、压接、卡箍紧固、销键紧固和拧绞连接等。

化学加工方法主要采用导电黏结剂。它是一种具有两种成分的银粉填充的热固性环氧树脂，经固化后成为一种导电材料。通常它用于搭接金属的表面，既使之黏结，又形成导电良好的低电阻通路。黏结剂不仅具有很好的防腐能力，还具有很强的机械强度，有时将它和螺栓结合使用，效果更佳。

搭接技术是抑制电磁干扰的重要措施之一，因此必须把搭接设计纳入系统设计中。首先，搭接设计应结合设备和系统的整体布局，综合电磁兼容性设计的要求和指标，考虑屏蔽、接地和滤波的需要，合理设计搭接点的布局和配置；其次，搭接设计应满足搭接的有效性和可靠性要求。

搭接质量的有效性和可靠性主要取决于搭接点的连接电阻。影响搭接点连接电阻的主要因素有搭接结构、金属表面的处理情况、搭接加工方法、环境条件以及通过接头的电流频率和幅值等。

电缆屏蔽层搭接示意图如图 6-30 所示。

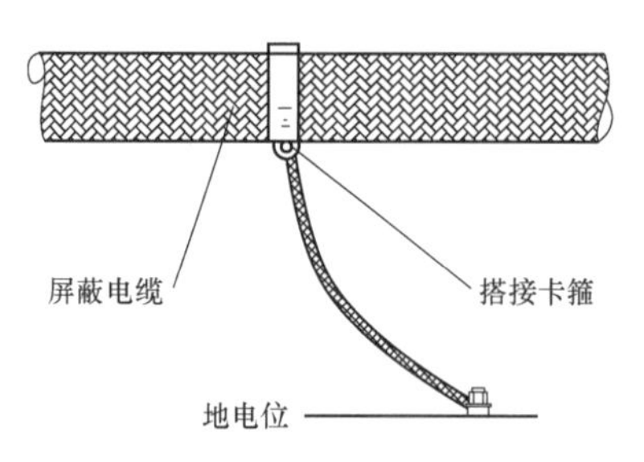

图 6-30　电缆屏蔽层搭接示意图

第7章 车载光电设备电磁兼容设计

随着现代国防装备的迅速发展，各种光电设备相继问世并投入使用，从系统的机动性考虑，车载式光电干扰系统越来越受到重视。但车载式光电干扰系统的载车空间小，在同一个载车上，大功率 TEA CO_2 激光器与跟踪架伺服控制功率级的强电磁辐射导致电磁环境恶劣，同时载车上集成的光电成像等弱信号处理模块易受恶劣的电磁环境干扰。如果系统的电磁兼容问题不能得到很好的解决，将严重降低系统的性能，影响系统整体作战效能的发挥。极端情况下，将造成某些关键部件的失效，因此如何保证这些电子、电气设备能够相互协调工作而不产生相互电磁干扰，达到系统内的电磁兼容，是一个极为重要的课题。由电磁兼容的定义可知，为使光电干扰系统达到电磁兼容，应使处于同一个电磁环境下的所有电子设备和系统均能按照设计的功能指标要求满意地工作，互不产生不允许的干扰。

从电磁兼容的观点出发，在设计设备、分系统时，除需按要求进行功能设计外，还必须基于设备、分系统所在的电磁环境进行电磁兼容设计，一方面使它具有规定的抗电磁干扰能力；另一方面使它不产生超过限值的电磁发射。

7.1 概　　述

光电干扰系统的电磁兼容设计实施到设备和分系统级，光电干扰系统在功能上由三大分系统组成，即激光器分系统、跟踪测量分系统、指挥控制分系统，在进行电磁兼容设计时，采用自顶至下的设计方法。首先切断分系统之间的电磁干扰耦合路径，保证分系统之间互不干扰；其次对分系统内的敏感设备进行电磁兼容设计，使分系统本身达到电磁兼容；最后进行整体的接地设计，使光电干扰系统达到整体的电磁兼容。图 7-1 所示为光电干扰系统电磁兼容设计系统化流程。

分系统间的电磁兼容设计包括大功率 TEA CO_2 激光器电磁屏蔽方舱设计、供电系统电源滤波器设计和系统安全接地设计三个部分，电磁兼容设计目标是切断分系统间电磁干扰传输路径。

大功率 TEA CO_2 激光器是光电干扰系统中强电磁干扰发射源，激光器主机的强电磁辐射不仅对激光器系统内部的电子设备产生干扰，而且通过场线耦合、孔缝泄漏等干扰途径传输到其他分系统，对敏感设备造成干扰，设计良好的电磁屏蔽方舱可以在最大限度上切断激光器的电磁辐射能量传播；供电系统的电源线传导发射是系统的主要干扰源之一，电磁干扰能量能够沿输电线传输到系统中的其他敏感设备，造成干扰，应设计良好的电源滤波器，采用高频衰减、低频通过的方式，最大限度切断传导发射的传播路径；对系统进行良好的安全接地设计，一方面能保证用电人员安全，另一方面由于各分系统内的接地点最终要汇总于大地接地，因此较低的接地电阻可以减小分系统间的地环路干扰。

分系统内的电磁兼容设计目标是保证分系统自身的电磁兼容，设计内容包括器件及设备选型、屏蔽电缆选择与金属过线管设计、分系统内屏蔽设计和分系统内滤波器设计。

器件及设备选型是比较重要的一步，选型的原则是电磁抗扰度高，对于一些敏感设备，如图像传感器，选择产品时需要通过相应的电磁兼容标准；屏蔽电缆选择与金属过线管的目的是提高线缆本身的抗扰度。例如，在电磁屏蔽方舱屏蔽效能良好的情况下，辐射发射传输途径被切断。但是，激光器方舱与上位计算机通信电缆的一部分在屏蔽方舱内部，线缆耦合的干扰电流仍会对敏感设备产生干扰，因此需要提高线缆的抗扰度；分系统屏蔽设计的对象为分系统内的设备，如激光器中的数字信号处理器（DSP）控制系统、液晶显示器（LCD）显示系统，必须通过被动屏蔽的方式将激光器主机的电磁辐射隔离在外，分系统滤波设计的对象为分系统内的二次供电系统，如开关电源。光电干扰系统电磁兼容设计流程如图 7－1 所示。

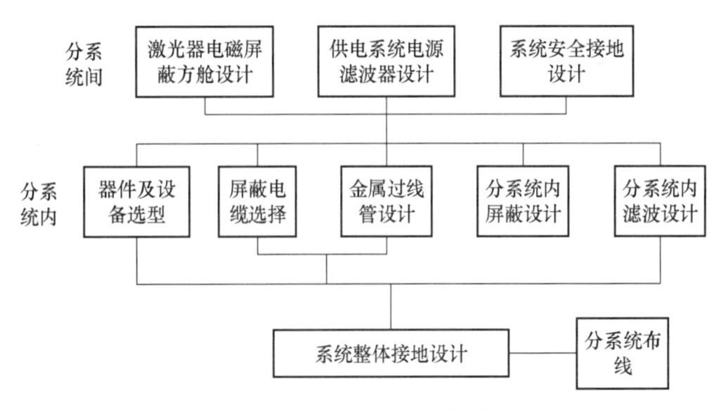

图 7－1　光电干扰系统电磁兼容设计流程

将系统整体接地设计放在最后一步，是因为已采用的电磁兼容措施本身也需要进行良好的接地。若提前进行接地设计，当电磁兼容控制措施更改时，需要修改接地设计，不符合工程优化的原则。接地设计后，需要进行系统的整体布线，布线需要遵守较多的原则。

7.2 强电磁干扰源的抑制

光电干扰系统的特点是在有限的空间内，安装了大量的分系统和设备，设备间的相互干扰有两种途径，一种是辐射干扰，另一种是传导干扰。屏蔽是抑制辐射干扰源电磁发射的主要手段，采用屏蔽措施，可以将电磁场限制在一定的空间方位内，切断辐射干扰的路径；屏蔽的结构形式包括隔板、金属盒、电缆和接口屏蔽等，而大功率 TEA CO_2 激光器系统体积庞大，必须采用电磁屏蔽方舱来抑制激光器的辐射发射。

方舱作为移动箱式工作间，具有一定的强度、刚度和使用寿命，并以其良好的防护能力、密封性能、运输灵活性等优点，广泛应用于军事、运输、医疗等方面。光电干扰系统在结构上需要集成于载车中，从集成角度考虑，采用了方舱设计，而系统电磁环境的复杂，决定了方舱必须增加电磁屏蔽效果方面的要求，即电磁屏蔽方舱。

电磁屏蔽方舱既具有通用方舱要求的各种性能，又具备电磁屏蔽室要求的电磁屏蔽性能，是两者有机结合形成的一种新的设备平台。

在 GJB1126—91《CAF40PD 方舱规范》中，将方舱的电磁屏蔽要求分为三级。

Ⅰ级：对频率范围为 0.15 MHz～10 GHz 电磁波的衰减量为 60 dB。

Ⅱ级：对频率范围为 0.15 MHz～10 GHz 电磁波的衰减量为 40 dB。

Ⅲ级：无电磁屏蔽要求。

电磁屏蔽方舱舱体和通用方舱舱体一样，主要由前板、后板、左板、右板、顶板和底板等组成，大板由角件、角柱、端梁和侧梁等部件连接成一个整体，再加上门、窗、孔口、滑橇及其他附件就构成了一个方舱舱体。电磁屏蔽方舱与通用方舱的主要区别是电磁屏蔽方舱舱体在设计、加工和组装时，舱体各部分一定要做到电气连续。

7.2.1 屏蔽方舱的设计流程

大功率 TEA CO_2 激光器电磁屏蔽方舱的设计通常按以下步骤进行。

（1）确定方舱的屏蔽效能指标。依据电磁兼容标准确定激光器的辐射发射电平极限值，结合实际的辐射场强，确定方舱屏蔽效能的指标。

（2）选择屏蔽材料和结构。依据要屏蔽的电磁场性质，确定屏蔽类型，选择屏蔽结构和材料；电磁场性质包括近场区性质和远场区性质，屏蔽类型分为三种，分别是电场屏蔽、磁场屏蔽和电磁屏蔽。在选择屏蔽材料时除考虑电磁屏蔽特性外，还要兼顾材料的耐腐蚀性、加工工艺和价格等诸多因素。另外，需要特别注意谐振效应对屏蔽体尺寸的要求。

（3）进行屏蔽结构的完整性设计。主要是对孔隙、外连接线缆和接口的处理。

（4）验证屏蔽效能。分析电磁屏蔽方舱的整体屏蔽效能，考察否满足设计指标要求，结合验证结果修改设计。

屏蔽效能SE 定义为空间的某点未加屏蔽时的强度与加屏蔽后的场强度之比，由于对电磁场中的电场分量和磁场分量，采用同一种屏蔽措施时，屏蔽效能在大多数情况下不等，因此，需要分别定义电场屏蔽效能与磁场屏蔽效能。

电场强度 E_0 与加屏蔽后的电场强度 E_S 之比定义为电场屏蔽效能，即 $SE_E = \frac{E_0}{E_S}$；磁场强度 H_0 与加屏蔽后的磁场强度 H_S 之比定义为磁场屏蔽效能，即 $SE_H = \frac{H_0}{H_S}$。

通常屏蔽效能值的变化范围较大，甚至相差几个数量级，这种情况下，采用分贝表示，即

$$SE_E = 20\lg\left(\frac{E_0}{E_S}\right) \text{和} SE_H = 20\lg\left(\frac{H_0}{H_S}\right) \quad (\text{dB}) \qquad (7-1)$$

电磁屏蔽的本质是应用屏蔽结构反射并且引导辐射场源产生的电磁能流，使电磁能流不进入敏感设备所在的区域。电磁屏蔽分为主动屏蔽和被动屏蔽，主动屏蔽是限制电磁发射源向外辐射电磁场，被动屏蔽是将干扰电磁场屏蔽在敏感设备外部，使敏感设备不受干扰；电磁屏蔽方舱属于主动屏蔽措施。金属板的屏蔽效能计算公式是基于传输线理论推导的。

单层金属板屏蔽的情况下，电场和磁场的屏蔽效能为

$$\mathrm{SE} = A + R + B \quad (\mathrm{dB}) \tag{7-2}$$

式中，A 为吸收损耗，表述了电磁波在屏蔽层中传输时的衰减损耗，可定义为

$$A = 8.686T\sqrt{\frac{2\pi f \mu_{\mathrm{r}} \mu_0 \sigma_{\mathrm{r}} \sigma_{\mathrm{Cu}}}{2}} \approx 131T\sqrt{\mu_{\mathrm{r}} \sigma_{\mathrm{r}} f} \quad (\mathrm{dB}) \tag{7-3}$$

式中，μ_{r} 为材料的相对磁导率，σ_{r} 为相对于铜的材料的相对电导率，T 为金属板的厚度（m）；f 为频率（Hz）。

R 为反射损耗，表述了电磁波在屏蔽层与空气分界面处的反射效应。电磁屏蔽方舱尺寸的数量级为 m，相对于激光器的主要辐射频率范围属于近场屏蔽。近场屏蔽分电场屏蔽和磁场屏蔽，屏蔽效能需要分别计算。

近场区电场：

$$R_E = 20\lg\left[\frac{0.01169}{r}\sqrt{\frac{\mu_{\mathrm{r}}}{f\sigma_{\mathrm{r}}}} + 5.35r\sqrt{\frac{f\sigma_{\mathrm{r}}}{\mu_{\mathrm{r}}}} + 0.5\right] \quad (\mathrm{dB}) \tag{7-4}$$

近场区磁场：

$$R_H = 322 - 20\lg\sqrt{\frac{f^3 r^2 \mu_{\mathrm{r}}}{\sigma_{\mathrm{r}}}} \quad (\mathrm{dB}) \tag{7-5}$$

令 B 为多次反射损耗，表述电磁波在屏蔽层中的多次反射效应。当吸收损耗当 A＞15 dB 时，B 可以忽略，反射损耗 B 定义为

$$B = 20\lg\left[1 - \left(\frac{Z_{\mathrm{m}} - Z_{\mathrm{d}}}{Z_{\mathrm{m}} + Z_{\mathrm{d}}}\right)\right]^2 10^{-0.1A} \cdot (\cos 0.23A - \mathrm{j}\sin 0.23A) \tag{7-6}$$

式中，Z_m 为屏蔽体的波阻抗，$Z_m = \sqrt{\frac{j\omega\mu}{\sigma}}$；$Z_d$ 为介质的波阻抗，通常为空气，$Z_d \approx 377\,\Omega$。

7.2.2　屏蔽材料和结构的选择

1. 屏蔽材料的选择

舱壁选材设计的内容包括屏蔽层金属材料种类的确定、屏蔽层厚度和屏蔽层的层数三个方面。设计的依据是激光器电磁辐射的频率特性，由于大功率 TEA CO_2 激光器近场区域内，电场发射和磁场发射都具有很大的强度，因此设计时需要同时考虑电场屏蔽效能要求和磁场屏蔽效能要求。

舱壁一般由大板加内外蒙皮构成，在选材上，方舱舱体内、外蒙皮通常要求外观平整、密封性好、刚度强度高和导电性能好，因此通常选用铝板；方舱壁板的厚度是由多种因素共同确定的，包括系统对方舱舱体刚度、强度、保温性能、质量及工艺等方面的要求；在满足这些要求的基础上，从电磁屏蔽要求的角度，方舱壁板的屏蔽效能应高于所要求的指标。表 7–1 所列为常用金属材料的相对磁导率 μ_r 和相对电导率 σ_r，相对磁导率是相对于真空的磁导率定义的 $\mu = \mu_r\mu_0$，$\mu_0 = 4\pi\times10^{-7}\,\text{H/m}$，相对电导率在指相对于铜的电导率 $\sigma_{Cu} = 1.673\,0\times10^{-8}\,\Omega\cdot\text{m}$，有 $\sigma = \sigma_r\sigma_{Cu}$。

表 7–1　常用金属材料的 σ_r 和 μ_r

金属材料	σ_r	μ_r	金属材料	σ_r	μ_r
铜	1	1	白铁皮	0.15	1
银	1.05	1	锡	0.15	1
铁	0.7	1	镍	0.20	1
铝	0.61	1	铅	0.08	1
锌	0.29	1	镉	0.23	1

续表

金属材料	σ_r	μ_r	金属材料	σ_r	μ_r
黄铜	0.26	1	不锈钢	0.02	500
铁	0.17	1 000	热轧硅钢	0.038	1 500
冷轧钢	0.17	180	铁镍钼合金	0.023	100 000

依据金属板对电磁波吸收损耗公式 $A \approx 131T\sqrt{\mu_r \sigma_r f}$ 计算，图 7-2 所示为使吸收损耗在激光器的辐射频率为 300 MHz 以内，达到 60 dB 时，屏蔽层的厚度随频率的变化。

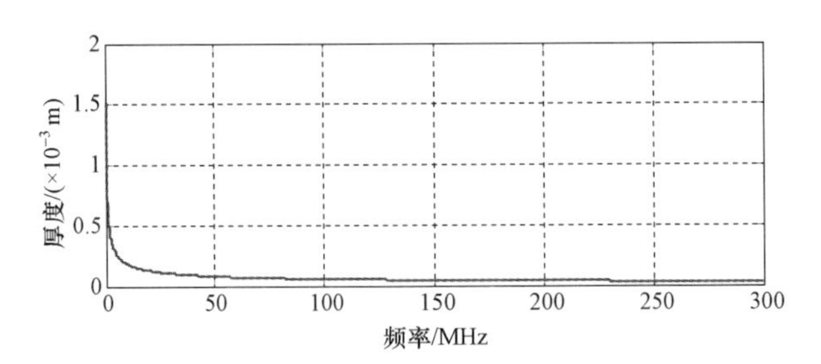

图 7-2 吸收损耗 60 dB 下铝板频率与厚度的关系

在频率为 0.15 MHz 时，厚度 T=1.5 mm 的单层铝板可以使吸收损耗达到 60 dB，由于需要的屏蔽层厚度随频率的变化减小，因此 1.5 mm 厚度的铝板可以满足在 0.15 MHz～10 GHz 内吸收损耗达到 60 dB 的要求；再依据方舱壁板的刚度等要求，外蒙皮铝板的厚度选择为 2.0 mm。

但是，在 0.15 MHz～10 GHz 内，铝板的磁导率近似于空气的磁导率，对低频磁场屏蔽作用大为降低，而激光器在低频范围内具有强磁场辐射，图 7-3 描述了激光器辐射磁场的低频特征。f=1.13 MHz 时，辐射强度高达 H=0.33 A/m，即 110.4 dBμA/m，此时需要采用高磁导率的材料，依据低磁阻的旁路原理，对低频磁场进行屏蔽。

由表 7-1 可知，冷轧钢的相对磁导率 μ_r=180，相对电导率 σ_r =0.17，当单层厚度 T=0.4 mm 时在频率为 0.15 MHz～10 GHz 范围内吸收损耗即可达到 60 dB 以上，再从刚度等方面考虑，内部蒙皮可以采用厚度为 1.0 mm 的冷轧钢板。

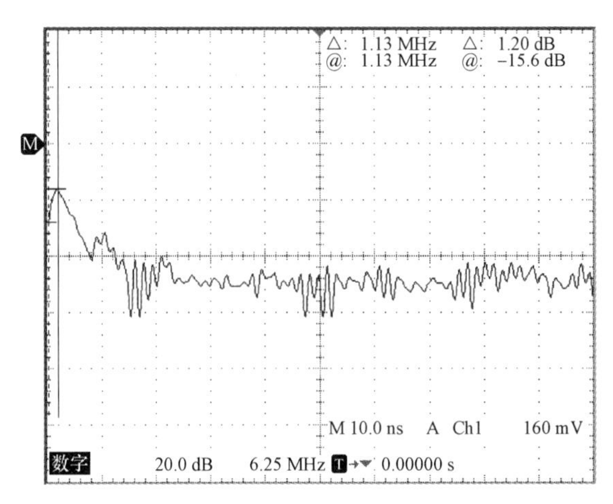

图 7－3　激光器辐射磁场的低频特性

电场反射损耗在激光器主要辐射频率内随频率增加而增加，磁场反射损耗在激光器主要辐射频率内随频率增加而减小，图 7－4 所示为厚度为 1 mm 的冷轧钢板的反射损耗 R 随频率的变化，f= 150 kHz 时，R_E= 36.148 dB，R_H= 136.47 dB。图 7－5 所示为厚度 2 mm 的铝板的反射损耗 R 随频率的变化，f= 150 kHz 时，R_E= 64.18 dB，R_H= 164.57 dB。

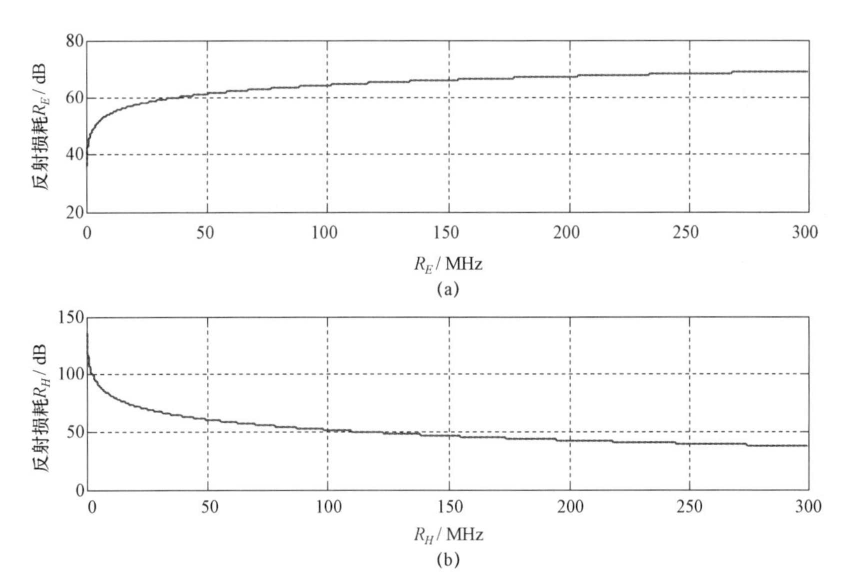

图 7－4　冷轧钢的反射损耗 *R*

（a）电场反射损耗；（b）电磁场反射损耗

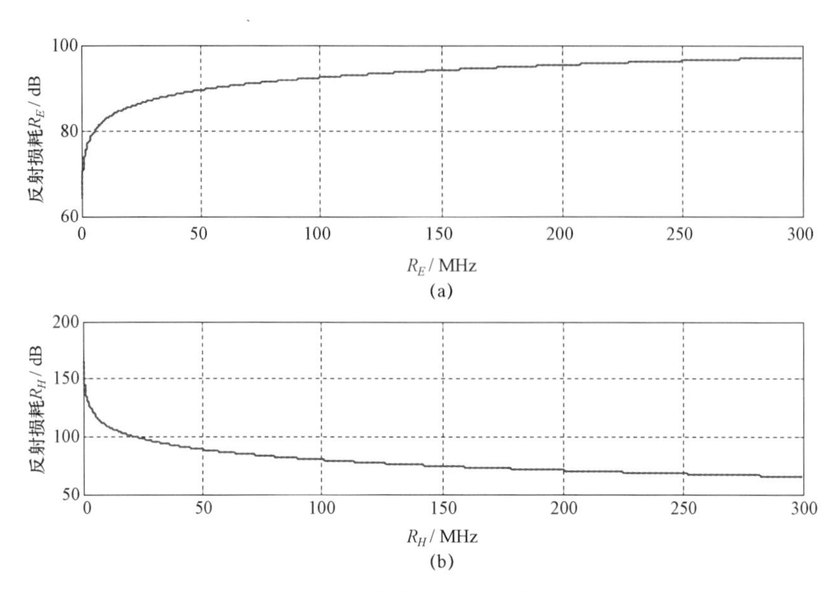

图 7-5 铝板的反射损耗 *R*

（a）电场反射损耗；（b）电磁场反射损耗

综上所述，结合市场供应情况等实际条件，在 0.15 MHz～10 GHz 范围内满足屏蔽效能为 60 dB 的方舱舱体内外蒙皮，外部蒙皮采用 T=2.0 mm 的铝板，内部蒙皮采用 T=1.0 mm 的冷轧钢板时，若无任何孔缝，屏蔽层的综合屏蔽效能 SE=A+R 超出 60 dB。

2. 方舱尺寸的确定

在选材工作的基础上，需要进行方舱尺寸大小的确定。方舱尺寸由安装在方舱内的设备量和设备总体积来确定，并考虑安装、调试和运输的需求。除满足这些条件外，从电磁屏蔽的角度，在确定方舱尺寸时要避免方舱成为系统中存在的某一主要频率源的谐振腔。当电磁发射源的某一主要干扰频率与方舱的固有频率相同时，屏蔽方舱就会产生谐振现象，使屏蔽效能大为降低。因此，为了保证新设计的屏蔽方舱在系统工作频段内无谐振点，需要在确定方舱的尺寸后进行验证。方舱谐振频率 f_{abc} 可用下式计算：

$$f_{abc}=150\sqrt{\frac{a^2}{L^2}+\frac{b^2}{W^2}+\frac{c^2}{H^2}} \tag{7-7}$$

式中，L、W、H 分别为屏蔽方舱的长、宽、高（m）；a、b、c 为正整数，其取值不同则谐振频率也不同，即方舱的谐振频率点有很多，而依据工程实际，方舱的长和宽应在 2～3 m 内，高在 1.5～2 m 内。

经计算，方舱的尺寸在这个范围时谐振频率在大功率 TEA CO_2 激光器电磁辐射的主要频段内。在这种情况下，基于尽量减小谐振频率对电磁屏蔽效能影响的原则，结合大功率 TEA CO_2 激光器电磁辐射的频率特性，应避免发生谐振的主要频率为 34 MHz、44 MHz、65 MHz 和 103 MHz。

经多次计算与比较，在选择方舱长为 2.5 m，宽为 2.9 m，高为 2 m 时，方舱的主要谐振频率为 51 MHz、75 MHz、91 MHz、96 MHz 和 109 MHz。

图 7-6 所示为激光器主回路 1 m 处的电场辐射频谱。由图可知，在方舱的主要谐振频率上，电场发射强度很小，因此，由于谐振而对方舱电磁屏蔽效能产生的影响也达到最小。

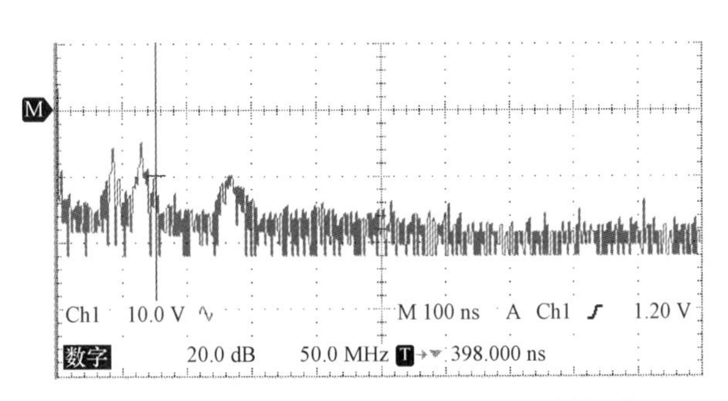

图 7-6　激光器主回路 1 m 处电场辐射频谱

3. 电磁屏蔽方舱的结构

电磁屏蔽方舱在结构设计时舱体需要满足刚度、强度要求及电磁屏蔽效能指标，因此结构设计上需要采取两种措施。

（1）尽可能减少接缝，将各壁板设计成整张铝（铁）板，与小板方舱相比，既提高了屏蔽性能，又提高了方舱的密封性能、“三防”（防潮、防盐雾、防霉）性能及表面质量。

（2）尽可能防止内外蒙皮的导通，除各孔口有局部导通外，其余均采用断热桥结构，既可提高屏蔽性能，又可提高方舱的保温性能。方舱六大壁板的连接靠内外包边加铆钉连接，需要选择合适的铆钉距离。

Ⅰ级方舱外包边拉铆钉双排交错，单排钉距 40 mm，内包边钉距 20 mm，且包边搭接面必须清洁，不导电的防护层应去掉。舱壁上的换气通风孔采用截止波导，既满足屏蔽效能要求，又满足通风量要求，波导与舱体要有很好的电气连接。

7.2.3 屏蔽结构的完整性设计

在理想情况下，用金属板组成的屏蔽层可以完全屏蔽大功率 TEA CO_2 激光器的辐射电磁场，但这在实际工程中是不可实现的，激光器进出线缆的开孔、散热孔、显示仪表、门、接缝等结构都会导致屏蔽的不连续，降低电磁屏蔽效能。因此，必须对这些孔缝结构进行电磁加固，即屏蔽结构的完整性设计。

孔缝结构影响电磁屏蔽效能的原理：电磁波入射到金属屏蔽层时，会在表面上产生感应电流，屏蔽的作用是将屏蔽层上的电流在最小扰动的情况下疏导到大地，而孔缝结构将导致导电路径的中断，使屏蔽效能降低。降低程度取决于缝隙或孔洞尺寸与信号波长之间的关系。电磁波具有较长波长时，只有一个小孔则不会明显降低屏蔽效能；而对于较短波长的电磁波来说，屏蔽效能将急剧下降。

因此，电磁屏蔽方舱应尽量减少孔和缝的数量，而且不宜将小孔集中排布。屏蔽工作间最多开设一个工作门、一个应急门，并且工作门和应急门不能在一个壁板上。舱体允许开设电源线进线孔及信号线进线孔，电源线进线孔和信号线进线孔之间应保持最大的距离，尽可能不在一个壁板上。舱体允许开设轴流风机孔口，包括进风孔口和排风孔口，风机口尽可能与工作门不在同一个壁板，与电源孔口之间的距离应保持最大，Ⅰ级屏蔽方舱开设散热孔口处的波导板面积不宜大于 700 mm×700 mm，不推荐开设采光窗。因为若开设采光窗，需要增设包括采用导电玻璃、增加屏蔽小门等措施，会给设计、工艺制造带来很多不便，而且采用导电玻璃将影响光线的透射性。因此，对于电磁屏蔽效能要求高的方舱，应尽可能不用采光窗。

1. 方舱门的屏蔽设计

门是方舱孔缝结构中最大的开口，门和门框之间形成的缝隙，导致电磁屏蔽效能降低，因此，解决好门的电磁波屏蔽对舱体屏蔽是非常重要的。为保证门体与门框之间的电气连续性，采用如下措施。

（1）门框和门体边框的金属材料进行表面处理，对屏蔽效能为 40 dB 的方舱的金属屏蔽材料需要进行导电氧化处理，对屏蔽效能为 60 dB 的方舱的金属屏蔽材料需要进行镀镍磷合金处理，保证接触面有较好的耐磨性和导电性。

（2）采用垫屏蔽衬垫或焊接的方式，保证蒙皮与门框及门体边框具有充分的接触，以保证电气连续性。

（3）门框和门体组装时要保证其平面度符合设计要求，确保门与门框周边间隙的一致性。

（4）门和门框通过金属丝网导电衬垫连接，金属丝网衬垫的材料、尺寸要根据屏蔽效能要求确定，通常衬垫的压缩量为 35%左右时屏蔽效能最佳。

（5）门把手中间采用非贯通式轴，在轴中部采用非金属连接件使轴断开，防止因天线效应造成电磁波泄漏。

2. 出光口的屏蔽设计

利用波导管对位于激光器方舱上的出光口进行改造。波导管是由铜、铝等良导体做成的空心圆形、六角形或矩形导管。根据波导理论，电磁波在波导管中传输的过程中，当电磁波频率低于波导管截止频率 f_c 时将产生很大衰减。因此，激光器方舱出光口处可改原来的与激光器无连接为用波导管连接，以提高方舱的屏蔽效能。

长度为 l，内壁直径为 D 的圆形波导管的截止频率为 $f_c = 176/D$（MHz），低于截止频率的电磁波（频率为 f）在管中传播时，电磁能量的衰减损耗为

$$SA = 1.823 \times f_c \bullet l \bullet \sqrt{1-\left(\frac{f}{f_c}\right)^2} \times 10^{-9}\,\text{dB} \qquad (7-8)$$

依据激光器电磁辐射的特性及激光器出光口直径为 50 mm 的实际情况，在屏蔽效能设计值至少 100 dB 时，可取波导管内直径 10 cm，长度 32 cm，

此时实际的屏蔽效能大约为 86 dB。

3. 信号口、电源口的屏蔽设计

方舱舱体上信号口、电源口开口尺寸较小，但是数量较多，在进行电磁屏蔽加固时需要重视，解决电气不连续问题的重点位置在于孔口面板与孔口面板支架、孔口面板支架与内蒙皮及孔口罩与内蒙皮之间，可以采用加衬垫、锡焊和加密铆钉等办法。

4. 通风口的屏蔽设计

通风口需要采用安装通风波导窗来进行电磁屏蔽，屏蔽良好的关键在于波导窗与内蒙皮的电连接及波导窗本身的屏蔽指标，前者需要采用加衬垫、焊接等办法，后者要合理设计波导窗的几何参数。

波导窗有矩形、圆形和六角形蜂窝状三种结构形式，其中六角形蜂窝状波导窗具有更好的工艺特性，被广泛采用。在要求的截止频率下波导窗的屏蔽效能受到波导孔径、波导长度的影响。

截止频率 $f_c = 15 / D \times 10^9\ \mathrm{Hz}$。其中，$D$ 为六角形波导的外接圆直径（cm）；当低于截止频率的电磁波在波导中传播时，波导管的衰减损耗为

$$\mathrm{SE} = 1.873 f_c I \times 10^{-9} \sqrt{1-(f / f_c)^2}\ \ (\mathrm{dB}) \qquad (7-9)$$

式中，f_c 为电磁波的频率（Hz），I 为波导管的长度（cm）。

由式（7－9）可以看出，波导管的断面尺寸决定了截止频率，波导管的长度提供的额外损耗增加屏蔽效能，即长度决定屏蔽效能。因此，可以首先根据干扰的最高频率来确定截止波导和截止频率；然后根据 f_c 计算截止波导管的开口最大尺寸；最后由计算确定截止波导管的长度。波导窗从专业生产厂家订购，为了保证总体的屏蔽效能指标，在订购波导窗时，一般要求比系统设计指标高出 10～20 dB，波导窗的参数还要参考专业生产厂家提供的型号。

5. 空调安装的屏蔽设计

Ⅰ级屏蔽方舱宜采用窗式空调；Ⅱ屏蔽方舱推荐采用分体式空调。空调相应的过孔包括气管、液管、排水管、室内/室外机控制线和电源线，由于气管和液管为铜管，本身就形成了单孔的波导，具有良好的屏蔽效果。当铜管贯穿方舱板时，为保证铜管与方舱内外蒙皮可靠电气连接，可以采用特制

的指型簧片使其穿过舱壁时紧贴舱壁。排水管也可采用矩形波导的形式，截止频率的计算方法为：$f_c=\dfrac{v}{\gamma c}=\dfrac{1}{2\sqrt{\mu\varepsilon}}\sqrt{\left(\dfrac{m}{a}\right)^2+\left(\dfrac{n}{b}\right)^2}$，式中的 a, b 为矩形截面的长度和宽度。排水管内径不能太小，可以通过增加排水管的长度提高其屏蔽效能，同时需要保证排水管外壁与方舱的内外蒙皮实现可靠的电气连接。对于控制线与电源线，需选用相应的电源滤波器，采用穿墙式的安装形式。

6. 舱体组装时屏蔽设计

屏蔽方舱与一般方舱的区别在于其增加了屏蔽性能，因此由 6 块大板组装成整体时要特别注意采取屏蔽措施。为减少缝隙的泄漏，可以适当加宽舱体内外角柱、端梁和侧梁的宽度，以增加缝隙的深度，加大接触面积；适当增加铆钉数量，减小铆钉间距或者增加铆钉排数，从而减小缝隙长度，提高屏蔽效能；为了保证相邻两大板电连续的可靠性，外部用导电良好的铜皮连接，内部用铜丝网连接，8 个角件处内蒙皮尽量焊在一起，这样所有的接缝都很好地连在一起，确保有较高的屏蔽效能；为了保证电气长久的连续性，要保证舱体有较高的强度和刚度，屏蔽方舱大板内部可以增加加强梁，角柱、端梁和侧梁，可以用钢制件或增加厚度。

7.2.4　设计结果的验证

理想的验证方法是在激光器加屏蔽方舱和不加屏蔽方舱两种情况下，分别在空间中的各个点进行电磁辐射强度的全方位测试，结合测试结果综合分析电磁屏蔽方舱的整体屏蔽效能，但由此导致的工作量巨大。因此，基于孔缝结构是电磁屏蔽方舱降低电磁屏蔽效能的主要原因，采取在主要的孔缝结构处进行测量的方法，验证电磁屏蔽方舱的设计结果。

所有孔缝结构中，屏蔽方舱门是激光器方舱电磁泄漏的最大部位，而且由于门的活动性，可以分别在门开、门关的情况下测试激光器的电磁辐射，依据测试结果计算电磁屏蔽，试验实施较为方便；而在其他孔缝处，需要采取撤除屏蔽加固措施的办法进行测量，代价较大；在方舱接地良好的情况下，电场屏蔽效能很容易达到 60 dB，而磁场的屏蔽较为复杂，因此以磁场的屏蔽效能验证设计结果。图 7-7 所示为方舱门打开时的磁场辐射波形，图 7-8 所示为方舱门关闭时的磁场辐射波形。

在试验中，门开时测得的辐射场强为 H_0，门关时测得的辐射场强为 H_1，屏蔽效能的表达式为 $\text{SE} = H_0 - H_1(\text{dB})$。

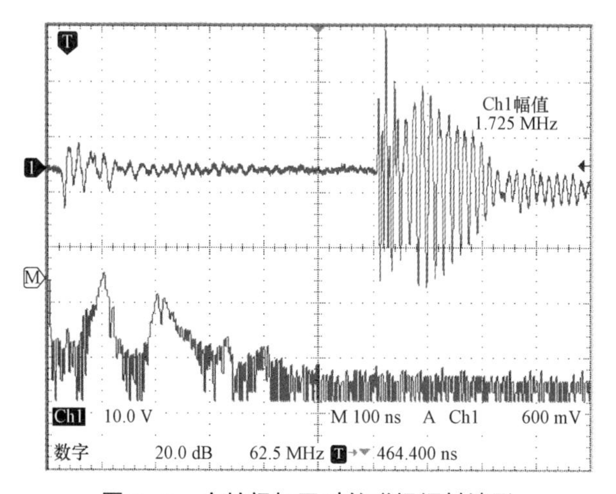

图 7-7 方舱门打开时的磁场辐射波形

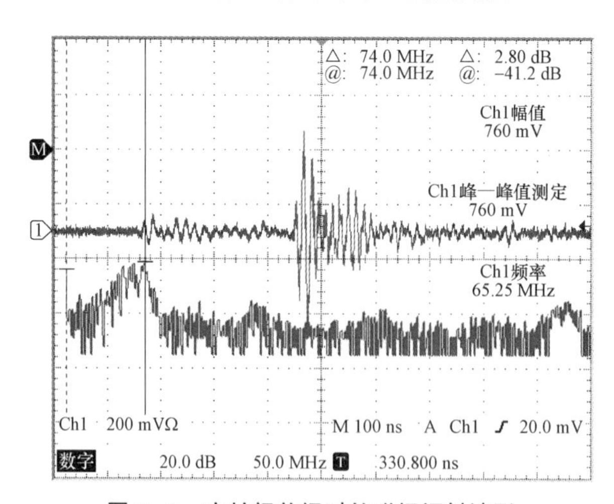

图 7-8 方舱门关闭时的磁场辐射波形

表 7-2 所列为主要辐射频率屏蔽效能的测试数据，由结果分析，屏蔽方舱达到Ⅱ级方舱 40 dB 的要求，但未达到Ⅰ级方舱 60 dB 的要求，原因在

于激光器方舱的各种孔缝结构无法做到完全屏蔽，存在相当的电磁泄漏。此外，由于测试位置、探头误差及激光器每次放电状态不同，导致不能真正严格做到对同一个信号的对比。

表 7－2　屏蔽效能测试

频率/MHz	屏蔽前/dBV	屏蔽后/dBV	屏蔽效能/dB
34	－12	－54	42
44	－9	－50	41
65	3	－44	47
101	－14	－58	44
127	－2	－48	46
135	－3	－64	61
170	－10	－52	42

7.3　电源系统的传导发射和抑制

电磁兼容控制手段中的滤波技术是抑制电气、电子设备传导电磁发射，提高电气、电子设备传导抗干扰度的主要手段，并且是保证设备整体或局部屏蔽效能的重要辅助措施。对于采用了正确的屏蔽和接地措施的设备，仅仅抑制了辐射发射，而传导发射以线缆作为传输路径，线缆通常经过线孔穿越屏蔽层，使传导干扰发射进入设备。滤波是抑制传导发射干扰频谱的一种方法，当干扰频谱成分不同于有用信号的频带时，可以采用滤波器将无用的干扰信号滤除。电磁干扰滤波器的作用是允许有用的信号通过，而对非有用信号产生很大的衰减；由于大功率 TEA CO_2 激光器电源系统的传导发射较强，电源滤波器是抑制传导发射的唯一手段。电源滤波器的设计通常采用电抗组件实现，设计原理是将不需要的干扰信号反射回去，在系统的其他地方吸收掉，即反射式滤波器。

7.3.1 电源滤波器的结构

电磁干扰（EMI）电源滤波器实质上是由电感、电容等电抗元件组成的低通滤波器，在功能上使直流或 50 Hz 的信号无衰减通过，而对高频率的无用信号和干扰信号产生较大的衰减作用。由于电源线传导发射分为差模发射和共模发射两种，因此要求 EMI 电源滤波器的结构对这两种干扰都能产生足够的衰减作用。

EMI 滤波器的本质是 LC 无源网络，要注意不能用有源滤波器作为 EMI 电源滤波器，因为有源滤波器将会引入新的干扰。LC 无源网络利用阻抗失配的原理，衰减电源线传导发射，电源滤波器的滤波能力取决于阻抗失配的程度，阻抗的适配程度越大，滤波器的效果越好。为了得到较好的滤波效果，应将输入阻抗高的滤波器应用在低阻抗电源侧，将输入阻抗低的滤波器应用在高阻抗的负载侧。电源滤波器的基本原理如图 7–9 所示。

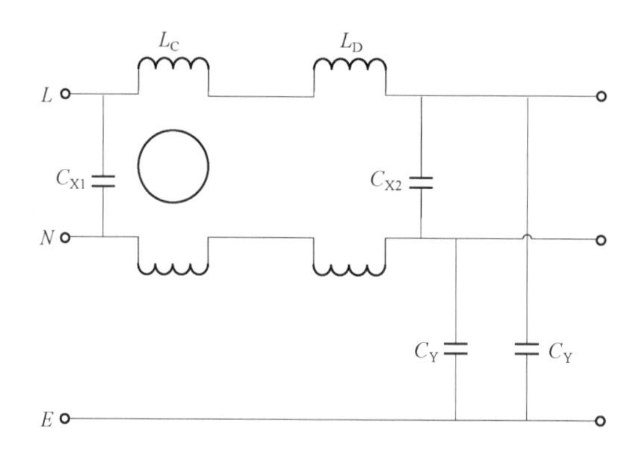

图 7–9 EMI 电源滤波器基本原理图

由于传导发射包括共模传导发射和差模传导发射两部分，共模信号在 $L-E$ 及 $N-E$ 两个路径上出现，差模信号在 $L-N$ 中传播，因此电源滤波器必须能同时抑制共模发射和差模发射，图 7–9 所示的电路即可达到目标，相应的差模等效电路和共模等效电路如图 7–10 和图 7–11 所示。

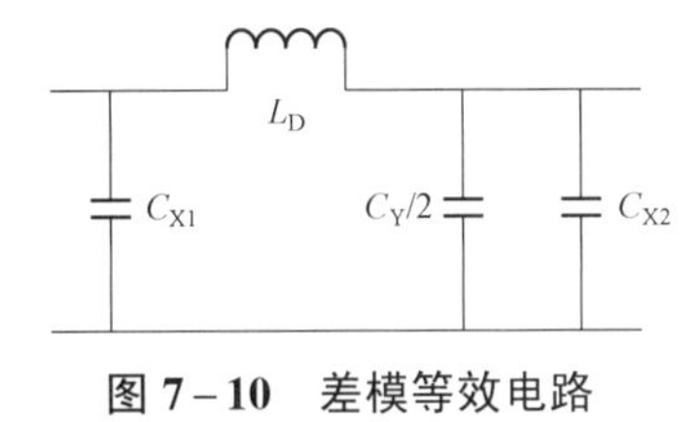

图 7－10　差模等效电路

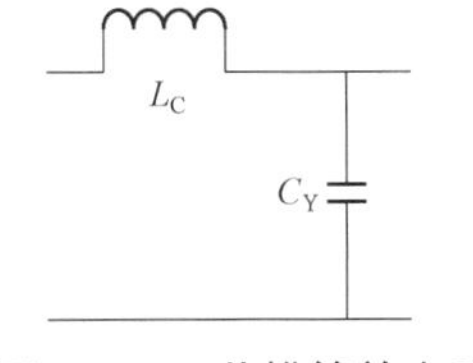

图 7－11　共模等效电路

电容 C_{X1}、C_{X2} 和差模电感 L_D 主要实现抑制差模噪声的功能，C_Y 和共模电感 L_C 主要实现抑制共模噪声的功能，L_C 是将两组线圈绕在同一个铁芯上，铁芯通常采用高磁导率的铁氧体，由于 μ 值较高，L_C 的数量级通常在 $10^0 \sim 10^2$ mH，在合适的绕线方式下，差模电流相互抵消，因此可以认为 L_C 对差模电流不起作用，也不易使铁芯饱和；而对共模电流而言，L_C 产生的磁通加倍，但由于漏电感的存在，在实际工程中 L_C 的功能达不到理想化。

差模电感 L_D 必须流过交流电流，通常采用低磁导率的铁粉芯，相应的电感值也较低，在几十微亨到几百微亨。

C_X 电容在 L、N 之间，通常选用高电容值的金属薄膜电容，电容值在 0.1～1 μF。

C_Y 电容在 L、E 与 N、E 之间，通常以相等的电容值对称出现，电容值的大小必须符合安全规定的限制。

电源滤波器通常用来抑制频率在 30 MHz 以下的传导干扰发射，对于频率在 30 MHz 以上传导具有一定的抑制功能。依据工程经验，在它的截止频率范围内基本可以分为三个频段：在频率为 5 kHz 以下时，以抑制差模传导干扰为主；在频率为 0.005～1 MHz 时，以抑制共模传导干扰为主；频率为 1～30 MHz 时，在抑制共模干扰上，还需处理与环境中电磁波的耦合问题，需要根据实际情况采取加地线接地、电感等辅助抑制手段。

7.3.2　电源滤波器的主要指标

电源滤波器的指标主要包括插入损耗、频率特性、阻抗的匹配性、额定工作电流值、绝缘电阻值、漏电流值、物理尺寸及重量及可靠性等。在具体设计和使用时，电源滤波器的插入损耗、额定电流和电压、漏电流三项指标占主导地位。

1. 滤波器的插入损耗

插入损耗用来描述电源滤波器对传导发射干扰的抑制能力，定义为：在电源与设备间没有接入滤波器时，从传导干扰源传导到负载的功率 P_1 与接入滤波器后，从传导干扰源传导到负载端的功率 P_2 的比值，由于比值的数值范围较大，通常用 dB 作为标准单位。插入损耗的定义为

$$\mathrm{IL}=10\lg\frac{P_1}{P_2} \tag{7-10}$$

式中，V_1 为线路中未安装滤波器时的输出电压；V_2 为线路中安装滤波器后的输出电压。在电源滤波器设计中，插入损耗是最重要的技术指标。

由于 $P_1=U_1^2/R$，$P_2=U_2^2/R$，所以有 $\mathrm{IL}=20\lg U_1/U_2$

在电源滤波器的设计中，为了避免抑制有用信号，必须谨慎提出插入损耗的指标，军用和民用的电磁兼容标准中，都明确规定了设备或分系统的电源线传导发射电平。

通过采取计算或测量的手段可以获得激光器实际的电源线传导干扰，将实际的电源线传导干扰与 GJB151A—97 中的电源线传导发射标准比较，可以确定所需的电源滤波器的最小插入损耗，通常军用电源滤波器需要满足在频率为 10 kHz～30 MHz 范围内，插入损耗为 30～60 dB。

当电源滤波器的结构参数及安装方式确定后，插入损耗数值的大小决定了滤波器的滤波能力，插入损耗越大，则电源滤波器的滤波效果越好。

2. 额定电流和电压

额定电流和电压是从滤波器的安全与性能角度考虑的。若电源滤波器的工作电流超出额定电流时，滤波器会产生较大的热量，并导致电源滤波器的低频性能下降。用电设备的最大工作电流，可以作为确定电源滤波器额定工作电流的参考，推荐保留一定的裕量；通常电源滤波器的额定电流值是用电设备最大电流值的 1.5 倍左右，同时需要考虑连续运作时的最大值，并配合

供电线路中熔断器、断路器以及线缆的允许值。

额定电流可用下式计算：

$$I = I_e \sqrt{(85 - x)/45} \tag{7-11}$$

式中，I_e为额定电流值；x为环境温度；I为用电设备运行时的电流值。

3. 漏电流

漏电流是指在额定的电压下，电源滤波器的相线、中线与地之间流过的电流，漏电流产生的原因是接地电容的存在，从安全的角度出发，对漏电流的大小有严格的规定。

漏电流可以由下式计算：

$$I_g \approx U_m \times 2\pi f_m \times C_Y \times 10^{-6} (\mathrm{mA}) \tag{7-12}$$

式中，U_m为电源电压，f_m为电源频率，C_Y为Y电容容值。

通常在安全规定中，相线或零线对大地的漏电流不超过 3.5 mA，若电源系统的大地漏电流必须超过 3.5 mA，则漏电流不能超过每相电流的 5%，同时设备必须良好接地。在电源系统断电后，端电压下降到安全电压的时间不能超过 10 s，安全电压为交流峰值电压不超过 42.4 V，直流不超过 60 V。

7.4　电磁敏感设备的防护设计

图 7-12 所示为大功率 TEA CO_2激光器控制系统的方框图。DSP 控制系统接收的信号可以分为四个部分：一是通过模拟量变送器发送的模拟量信号，这些信号包括电压、电流、气体压力、温度等，模拟量信号经过模拟隔离接口进入 DSP 控制器中；二是各种执行设备通过输入/输出接口和复杂可编程逻辑器件 CPLD 传送的激光器各种工作状态信号；三是使用人员通过触摸键盘输入的指令；四是上位计算机通过通信接口发送的控制指令。DSP 控制器根据上述信号对激光器进行实时控制。

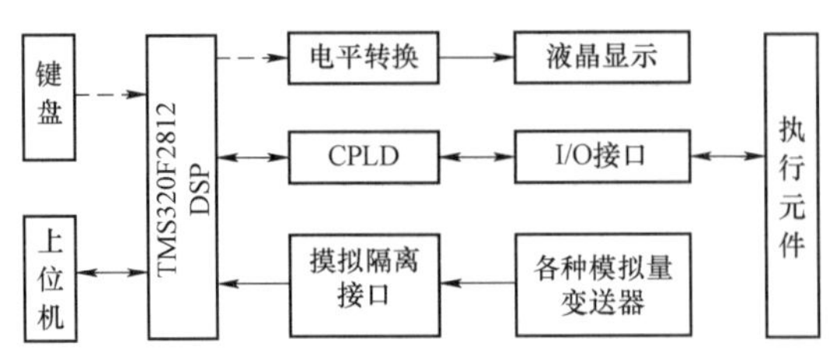

图 7-12 大功率 TEA CO_2 激光器控制系统方框图

大功率 TEA CO_2 激光器显示控制系统中，DSP 控制器为控制系统的核心，液晶显示模块为人机交互的接口，二者是实现激光器显示控制功能的关键器件。但是，DSP 控制器和液晶显示模块的工作电流和电压都为弱信号，由于显示控制系统本身处于激光器方舱，周围的电磁环境恶劣，是典型的敏感性器件。

实际工程中，在不加任何电磁兼容控制措施情况下，激光器方舱内恶劣的电磁环境将导致激光器显示控制系统不能正常工作，具体表现在两方面：一是当激光器工作在连续放电状态时，DSP 控制系统会错误复位，导致激光器系统停机，突然停机将对激光器系统产生很大的冲击，包括机械冲击等，将给激光器系统带来严重后果；二是当激光器工作时，液晶显示模块工作不正常，包括显示字符移位、传感器的参数跳动较大、显示出现乱码，极端情况下液晶显示模块无法工作，液晶屏无任何显示等现象。另外，还会造成触摸键盘输入指令无响应的情况。因此，对激光器显示控制系统进行良好的 EMC 设计，是保证大功率 TEA CO_2 激光器工作性能正常、稳定的关键。

通过第 4 章激光器方舱的电磁拓扑分析可知，显示控制系统耦合电磁干扰的三个主要途径是场线耦合、线间串扰及电源线的传导干扰。电源线的传导干扰可以通过设计良好的电源滤波器进行滤除；场线耦合包括两大部分，第一部分是激光器方舱内的辐射电磁场入射到连接显示控制设备与其他设备电缆时耦合的干扰；第二部分是激光器方舱内的辐射电磁场入射到器件本身，包括印制电路板和液晶显示模块的接口及微带线。线间串扰主要指显示控制系统与其他设备的连接电缆间的串扰，串扰中以电源线与其他信号线、控制线间的耦合干扰为主；此外，良好的接地也是一个重要的因素。

实际工程中，DSP 控制器与 CPLD、模/数转换（A/D）等模块安装在印制电路板上，印制电路板与直流稳压电源组成 DSP 控制系统，液晶显示模块安装在激光器电气控制柜的面板上，液晶显示模块与 DSP 控制系统间用排线连接，结合显示控制系统的具体硬件连接形式，最终确定采用如下方案来保证显示控制系统能正常工作。

（1）为排除激光器方舱内的辐射电磁场入射到器件本身造成的干扰，采取屏蔽手段，与 5.1 节中的屏蔽方舱不同，显示控制系统的屏蔽属于被动屏蔽，设计过程见 5.1.3 节，最终采用钢板材料的屏蔽盒，钢板的厚度为 2 mm；由于印制电路板上的插座连接液晶显示系统的数据线，因此插座处无法封闭，造成屏蔽盒的电气不连续。为解决这个问题，采用在显示控制系统调试通过后，搭接金属片与导电胶布结合的方式，尽量将孔的大小限制在与插座的大小相等的程度。

（2）为排除从供电系统引入的传导，采用安装电源滤波器并在电源线、数据线中串入磁环的方式来解决。

（3）尽量加粗印制电路板上电源线和地线的宽度，并使电源线与地线的走向和数据传递方向尽量一致；在集成电路的电源与地之间加去耦电容，去耦电容起蓄能电容的作用，可以提供和吸收集成电路工作在开关状态时的能量，还可以旁路掉该器件的高频噪声；在设备级上，对于设备地，进行等电位体连接，尽量消除地电位差，并设计信号隔离接口，消除地环路干扰。

（4）在硬件电磁兼容设计的基础上，为保证工作的可靠性，需要在设计 DSP 软件系统时添加抗干扰模块。

抗干扰模块共包括三个部分。

（1）限幅滤波模块。限幅滤波的作用是降低数据采集误差。激光器系统中传感器发送到控制系统中的模拟信号包括气压、温度等，由于强电磁干扰，采集的数据中包含了众多频干扰部分，因此需要采用限幅滤波法。限幅滤波法的流程是：根据经验确定两次 A/D 采样所允许的最大误差 Δx，若先后两次采样值的差小于 Δx，则本次采样值有效；若大于 Δx，则表明输入信号有干扰，去掉本次采样值，将上次采样值作为本次采样值。

（2）关键数据自诊断自恢复模块。由于电磁干扰有可能导致 DSP 系统中的运算数据被破坏，因此需要添加关键数据自诊断自恢复模块，图 7－13 所示为关键数据自诊断自恢复模块的流程图。

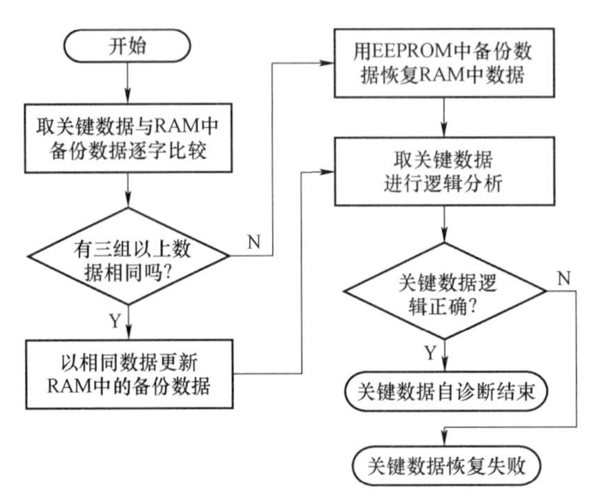

图 7－13 关键数据自诊断自恢复软件流程图

（3）抗复位干扰模块。用于保证若系统非正常复位，在启动后仍能保持复位前的工作状态，使系统能够继续正常工作，图 7－14 所示为抗复位干扰模块的软件流程图。

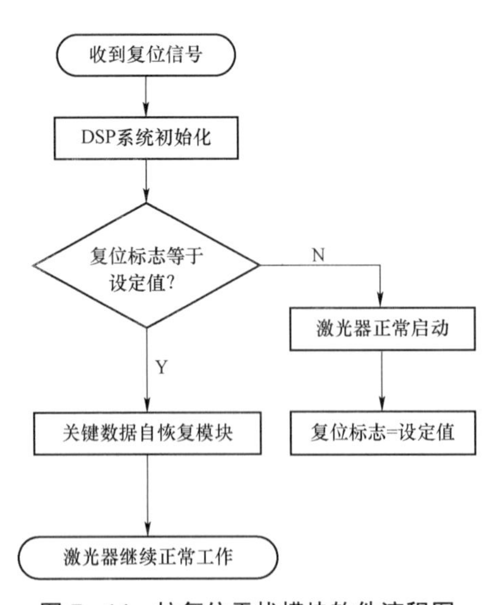

图 7－14 抗复位干扰模块软件流程图

显示模块采用了大连佳显公司生产的320×240点阵 YM320240B 型的LCD 模块，在显示控制系统中采用 DSP 来控制液晶显示模块的显示。图 7-15 所示为DSP 与LCD 模块的接口电路，控制系统已经采用了金属屏蔽盒进行了电磁辐射防护；LCD 显示模块本身也安装在金属盒中，可以提供一定的电磁辐射防护，而 DSP 与 LCD 的连接线缆将成为电磁不兼容的主要环节。

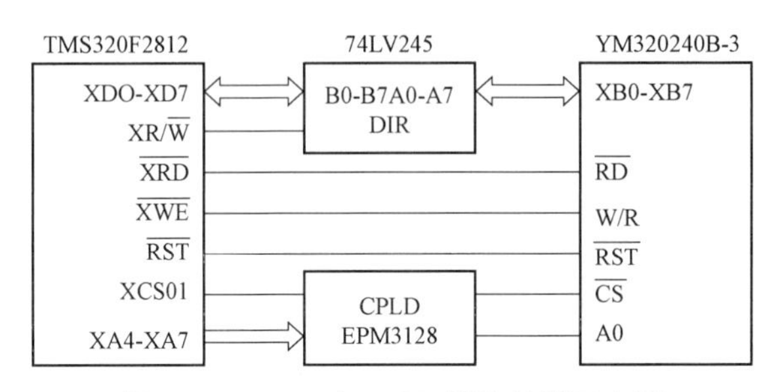

图 7-15　DSP 与 LCD 模块的接口电路

采用 TDS3052B 示波器对 LCD 侧的 5 V 供电电源线上电压进行测试，图 7-16 所示为干扰测试结果。分析测试结果可知，叠加到 5 V 电源线上的干扰电压达到 12 V，供电电源线引入了强烈的电磁干扰，这种强干扰信号进入液晶模块，使 LCD 模块的内部电路产生误动作，是使 LCD 显示混乱甚至无法显示的原因之一。

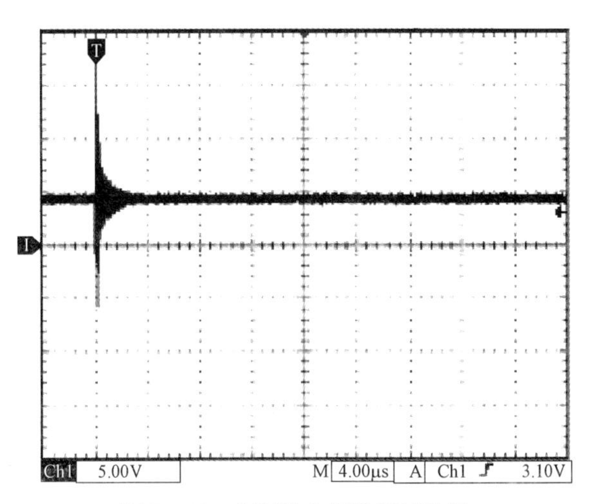

图 7-16　电源线上干扰测试结果

采用 TDS3052B 示波器测试对 LCD 与 DSP 连接的数据线进行测试，图 7－17 所示为受干扰的信号波形测试结果，分析测试结果可知在数据线上的信号由于电磁干扰的存在已产生严重畸变，在高电压与低电压处都产生了振荡，振幅最高约为 1 V。由于 TTL 电路低电压的最高输出电压通常为 0.8 V，工作时的噪声容限通常为 0.4 V，因而振荡的振幅超出了 TTL 电路的噪声容限，故 LCD 侧低电压只要有 0.5 V 干扰，就会引起电路的误动作，这种干扰是使 LCD 产生显示混乱现象的原因之二。

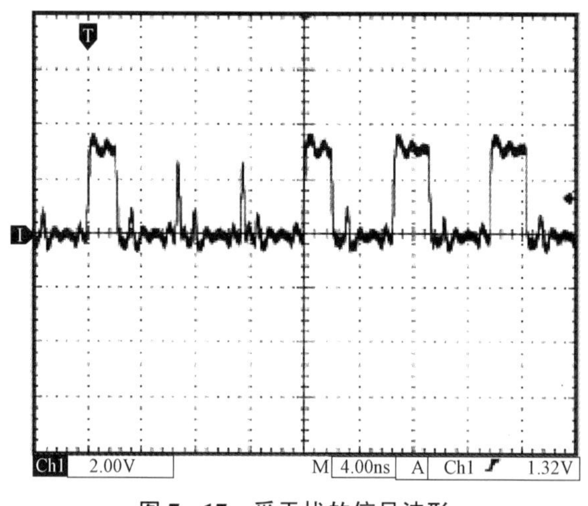

图 7－17 受干扰的信号波形

LCD 产生显示混乱现象的第三个原因是传输线效应的存在，若传输线的长度超过其最大匹配线长度，将使数字信号在从 DSP 控制系统传输到 LCD 的过程中发生反射，使信号产生畸变。

基于上述分析，针对液晶显示模块受干扰的情况，主要采取了以下措施。

（1）电源是液晶显示系统最重要的部分，电源的供电品质将直接影响到器件的工作性能，同时电源也最容易受到电磁干扰。电磁干扰对电源最主要的影响包括两个方面：一是电源线上的容易产生瞬变，瞬变包括振荡瞬变和脉冲干扰；二是工作电压长时间过低，因此在设计 LCD 模块的接口时，在 V_{SS} 引脚和 V_{DD} 引脚间接一个 0.1μF 的去耦电容，并且并接了一个 100μF 的滤波电容，用来提高电源输入的稳定性。

（2）通过有效电阻复位引脚，采用软件方式定期对 LCD 显示屏复位，目的是及时清除电磁干扰，以保证 LCD 显示屏长期工作的稳定性。

（3）为消除数据线的传输线效能，减少信号的传输反射，缩短 DSP 控制板与 LCD 模块之间的数据线长度，最长 20 cm。

（4）对于 LCD 显示区域进行屏蔽，液晶显示屏在不加电磁兼容防护措施的情况下，将成为电磁辐射最大耦合处，因此必须屏蔽。由于显示功能的限制，可以在两种屏蔽材料中选择，分别是金属丝网和导电薄膜。金属丝网的优点是对平面波的屏蔽效能较高，通常可达 70 dB 以上，但对低频磁场的屏蔽效能不高，而导电薄膜则正好相反；最终采用导电薄膜和金属丝网对 LCD 显示区域进行双层屏蔽的解决方案。

采取上述措施后，LCD 显示模块运行正常，无任何干扰现象出现。

7.5　电缆及接地设计

7.5.1　光电干扰系统的电缆电磁兼容设计

光电干扰系统中电缆的布置复杂，电磁耦合关系相应地也错综复杂，在这种情况下，需要从关键问题出发去解决线缆的电磁干扰耦合问题。通过电磁兼容预测，已经确定光电干扰系统中电缆耦合最严重部分发生在激光器方舱内部和光电跟踪系统中，经过场线耦合计算，在激光器方舱内，激光器的辐射电磁场耦合到通信电缆时，在频率为 30～60 MHz 及 75～85 MHz 范围内，干扰电流超出 GJB151A—97，最大超标 15 dB。在光电跟踪系统中，激光器电磁辐射耦合到视频信号传输电缆时，在频率为 30～40 MHz 及 80～100 MHz 范围内，干扰电流超出标准，最大超标 20 dBuA。上述选择的两个典型情况是在取极端条件下求解的，相应地，光电干扰系统内的其他电缆都存在潜在的电磁不兼容情况。因此，必须采取相应的电磁兼容控制手段排除潜在的干扰。电磁兼容控制手段中，电缆的布置是很重要的一个环节，线缆布置的基本原则可以参考相关文献。

在对电缆进行合理布局的基础上，抑制电缆干扰耦合的措施主要有两种：① 采用屏蔽电缆，电缆本身具有屏蔽层，通过良好的接地，屏蔽层可以将干扰电流引入大地中，从而保护了芯线免受干扰；② 在系统中铺设金属管道，将电缆布设于金属管道中，金属管道本身就是一种屏蔽体，可以切断电磁辐射源到电缆间的辐射传输路径，在光电干扰系统中，需要两种方法结合使用。

7.5.2 屏蔽电缆的选择和应用

由电磁兼容预测的结果可知，屏蔽电缆的屏蔽效能最低要达到 20 dB，由于设计时要保证具有一定的裕量，因此需要选择屏蔽效能在 30 dB 以上的屏蔽电缆。由于对不同种类的屏蔽电缆，都可以选择到屏蔽效能在 30 dB 以上的型号，因此选择的关键在于电缆的应用场合与相应的电磁环境及成本。

激光器分系统中的各种信号、控制、通信线缆，推荐选用编织丝网和金属箔组合封装电缆，可应用于工作频率接近 1 GHz 或需要全屏蔽的情况；而且电缆的屏蔽效能相对较高，适合应用于具有强电磁辐射的激光器分系统中；光电干扰系统中的交流电源线，全部采用双层编织带屏蔽双绞线；光电跟踪测量系统中，对于伺服电源线，选择 AFPF 屏蔽双绞线，测角模拟信号和视频差分信号都选用 AFRPF 线性的屏蔽双绞线；数字信号传输采用编织带屏蔽双绞线，视频信号的传输采用同轴屏蔽电缆。

通常屏蔽电缆本身完全满足屏蔽指标要求，但在实际应用中，若电缆与设备之间的搭接不良，将会降低屏蔽电缆本身的屏蔽效能，甚至会从搭接不良处引入干扰，使屏蔽层失效。因此，屏蔽电缆与设备的连接处要进行 360°

搭接，电缆的屏蔽层必须直接与设备的输入地相连接，避免使用尾线；在使用电缆连接器时，要使电缆屏蔽层与连接器获得完整而连续的金属对金属的搭接。

在满足上述要求的基础上，如果要进一步抑制电缆及连接器的电磁发射及天线接收能力，可以采用滤波器连接器。电缆屏蔽滤波连接器如图 7－18 所示，是指在每个插孔中都安装了低通滤波器的带屏蔽壳连接器，滤波器连接器按性能高低分为四种类型，包括普通经济型 D 形滤波器连接器、高性能/高密度 D 形滤波器连接器、超高性能 D 形滤波器连接器和军用滤波器连接器，使用时最重要的是要保证良好接地。

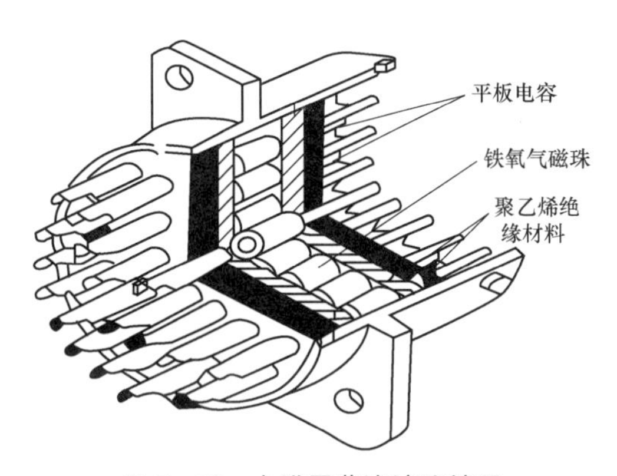

图 7－18　电缆屏蔽滤波连接器

7.5.3　金属管道的设计

金属管道主要应用在大功率 TEA CO_2 激光器分系统中，可以将一些激光器系统与其他系统的连接线缆铺设于管道中，避免受到强电磁场的干扰，如可以将激光器与上位机的通信线缆铺设在管道中。

金属管道属于圆筒形屏蔽体，圆筒屏蔽体的屏蔽衰减为

$$SE = 20\lg(\mathrm{ch}\,\gamma t) + 20\lg\left[1+\frac{1}{2}\left(N+\frac{1}{N}\right)\mathrm{th}\,\gamma t\right] \tag{7-13}$$

式中，$N=\dfrac{Z_d}{Z_m}$，Z_m 为金属屏蔽体的波阻抗（Ω），对于钢来说，$Z_m=0.483\times10^{-9}\sqrt{f}$，$Z_d$ 为空气波阻抗，在近场时有经验公式 $Z_d=7.9\times10^{-9}fr$；t 为金属层的厚度。

与屏蔽方舱类似，金属管道的屏蔽指标也定为 60 dB。若金属材料选择钢材，则在频率为 1 MHz，厚度为 1 mm 时，有 SE = 663.6 dB，远超指标要求。因此，若金属管道与方舱壁的接缝处电气连续性进行有效处理，采用金属管道可以达到完全屏蔽的目标。

7.5.4 光电干扰系统的接地设计

接地设计首先要进行系统的安全接地设计，安全接地的目的是使设备与大地之间有一条低阻抗的电流通路，用来保证用电人员的人身安全和设备的安全。接地的有效程度取决于接地电阻的大小，光电干扰系统的接地电阻要求小于或等于 4Ω，通常接地体采用管状接地体。

管状接地体接地电阻的计算公式为

$$R=\frac{\rho}{2\pi l}\left[\ln\left(\frac{4l}{d}\right)\right] \tag{7-14}$$

式中，ρ 为土壤电阻率（Ω·m）；l 为管子长度（m）；d 为管子直径（m）。

表 7-3 所列为单钢管的接地电阻值，由表可见，单根钢管在不同土壤的接地电阻达不到 4 Ω。

表 7-3 单根钢管的接地电阻值

土壤种类	土壤平均电阻率/（Ω·m）	$l=1$ m		
		$d=4$ cm	$d=5$ cm	$d=6$ cm
沼泽	20	14.6	14	13.4
黑土	50	36.5	35	33.5

续表

土壤种类	土壤平均电阻率/（Ω·m）	$l=1$ m		
		$d=4$ cm	$d=5$ cm	$d=6$ cm
黏土	60	43.8	42	40.2
砂质黏土	80	58.4	56	53.6
砂土	300	219	210	201
湿砂	400	292	280	268
中等湿砂	440	321.2	308	294.8

通常，管径可取为 2.5～4 cm；而在坚硬的土壤中则可把管径取为 4～6 cm，或有直径相同的实心铁棒作为接地体。虽然增加管长可以降低接地电阻，但长度超过 3 m 以后，施工困难很大并且接地电阻下降不多，因此通常采用 1～3 m 长的金属管作为接地体。

因此，为了得到较小的接地电阻值，需要由几个并联的单个接地体来组成总接地体，但是单个接地体并联在一起时并不完全服从电阻并联的规律。

N 个接地电阻都相同的接地体在使用导体并联起来时，总接地电阻为

$$R_z = \frac{R}{\eta N} \tag{7-15}$$

式中，η 为接地体的利用系数，在工程估算中，取 0.8；N 为接地体的数目。

以东北的黑土土质进行计算，接地电阻 R_z 的结果如表 7-4 所列。

表 7-4　接地电阻的变化　　单位：Ω

直径/cm ＼ 接地体/个	5	6	7	8	9	10
4	9.1	7.6	6.5	5.7	5	4.56
5	8.75	7.3	6.25	5.4	4.86	4.37
6	8.375	7	6	5.2	4.65	4.2

由表 7-4 可见，在黑土的情况下，至少要 10 个接地体并联才能达到要求。其他的土壤情况必须采取降阻措施。

由于光电干扰系统的机动性，应用场合难免更换，因此处理好接地电阻问题是系统稳定工作的必要条件。最终采取接地栅网的解决方案，接地栅网采用直径 10 mm 圆钢或 12 mm×4 mm 扁钢焊成接地网，网孔尽量均匀，其作用是使接地网范围内电位尽量相近，再将栅网与接地棒相连，如图 7-19 所示，可以保证在不同土质下，接地电阻满足指标。

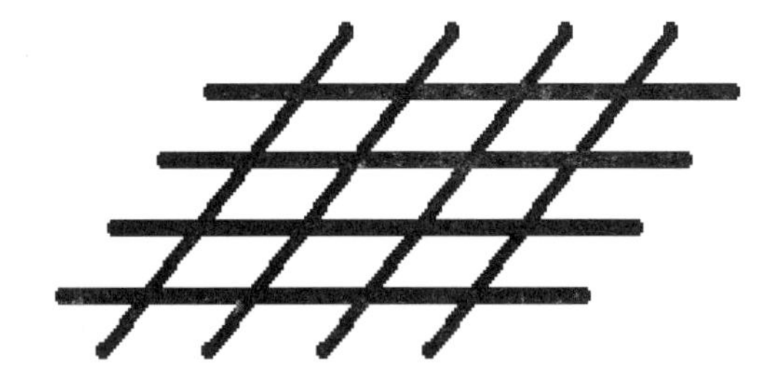

图 7-19　接地栅网

在确定了安全接地的形式后，需要确定光电干扰系统中各设备与分系统接地的形式。由于光电干扰系统的信号种类多，信号形式复杂，信号强度差别大，因此对于光电干扰系统中的各分系统，分成几套各自相对独立的地线系统。在光电干扰中，需要接地的部位主要有各种电磁屏蔽方舱、电缆屏蔽层、电源地线等，由于各用电设备均需接地，因此在方舱内铺设铜带构成地线母线，地线母线包括强信号地、弱信号地、屏蔽地、安全保护地等，敷设在分系统的底部或舱壁上；所有的地线母线在分系统的电源口处汇合，接入大地；在设备端，地线可以分别接入设备的信号地和安全保护地，以最大限度地抑制各设备之间的地环路干扰。

图 7-20 所示为光电跟踪系统中接地带的铺设方案（横截面），图 7-21 所示为计算机指挥控制系统中接地带的铺设方案（横截面）。

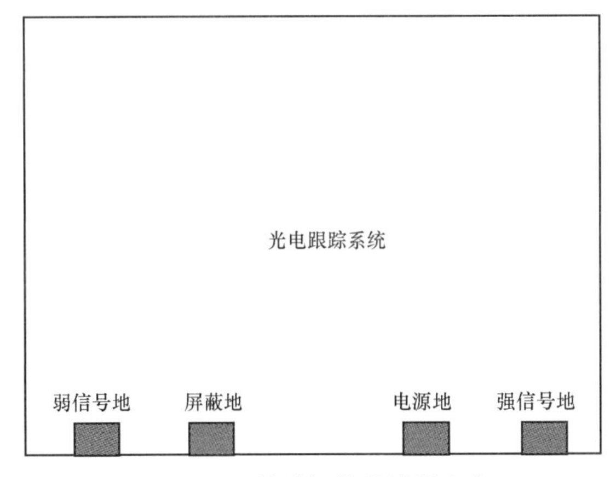

图 7-20　接地铜带的铺设方案

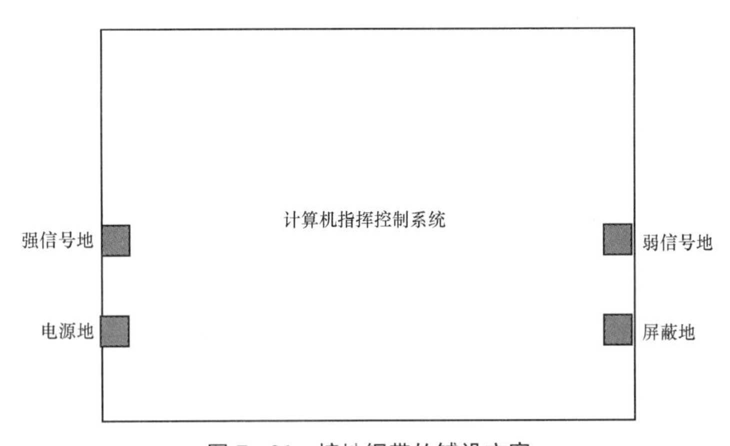

图 7-21　接地铜带的铺设方案

图 7-22 所示为光电干扰系统整体接地设计示意图，其中，弱信号地接地带与屏蔽地接地带并非悬浮，而是在舱内最后汇于大地接地点，屏蔽地接地带与弱信号地接地带在舱内空间上为平行分布，各 EMI 接口的屏蔽地、电缆屏蔽地、滤波器屏蔽地建议与屏蔽地接地带连接；各种探测器的信号可能达到射频范围，因此采用多点接地；强信号地用于各种伺服电机、小型激光器的接地。TEA CO_2 激光器的激励电源为高压电源，直接与安全地连接。

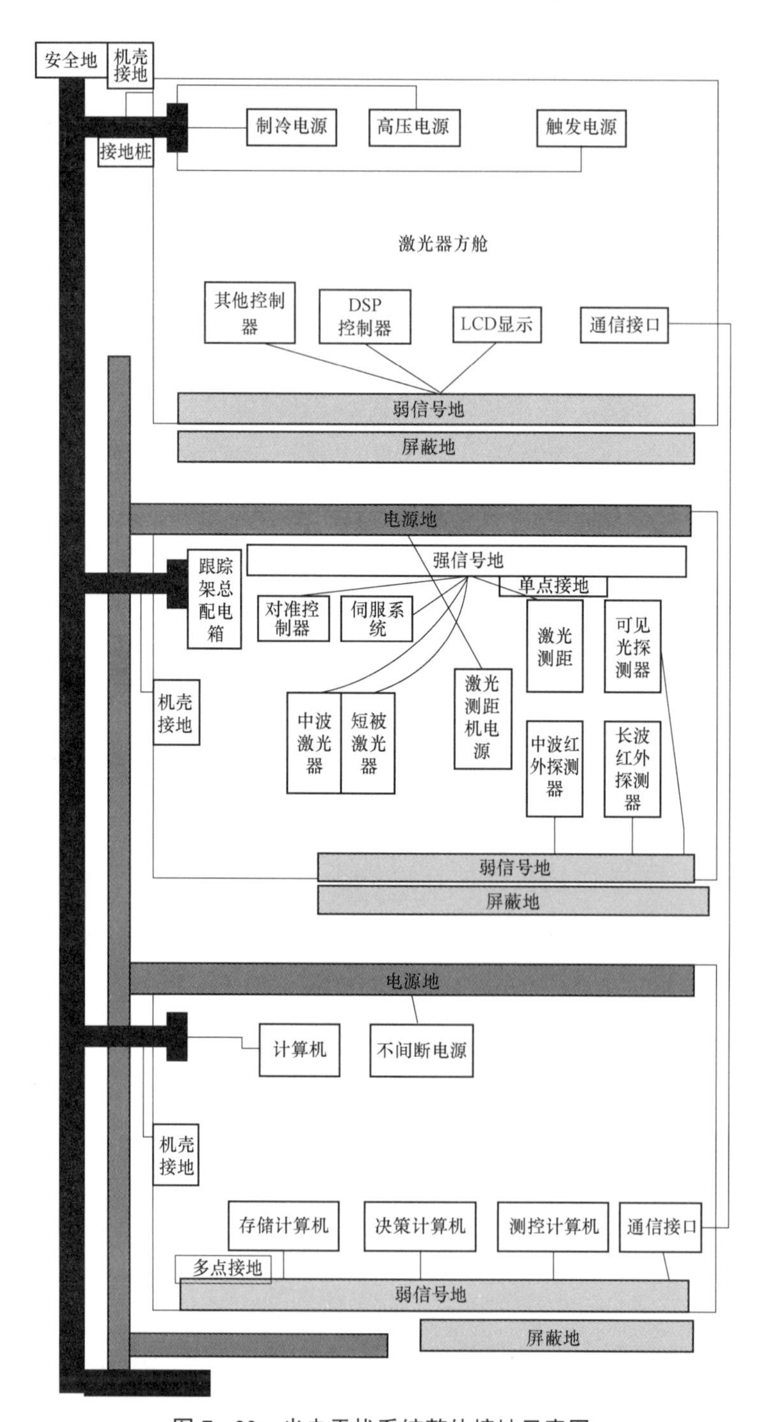

图 7-22 光电干扰系统整体接地示意图

第8章

舰载光电设备高功率微波防护设计

高功率微波（High Power Microwave，HPM）是指微波的脉冲峰值率大于100 MW，频率在0.5～300 GHz 范围内的电磁脉冲。目前，HPM技术是国际上研究的热点，包括美国、俄罗斯、法国等都很重视 HPM 技术的发展。HPM 系统在运行时会产生强电磁干扰，以光学传感器为核心的光电设备的强电磁防护设计问题是近年来 HPM 研究过程中的突出问题。本章介绍了某舰载光电设备HPM防护设计的要点，在鉴定试验中，该设备在HPM的辐照下成功生存。

8.1 概　　述

GJB8848 标准中 HPM 定义频率为 300 MHz～300 GHz，脉冲峰值

功率在 100 MW 以上（一般大于 1 GW）或平均功率大于 1 MW 的强电磁辐射。它基本描述了 HPM 的主要特征，即位于微波频段、输出功率高。在一定范围内，其辐射场相应的很强。实际情况下，最常见的高功率微波有两种形式：一种是窄谱（或窄带）高功率微波；另一种为超宽谱（或超宽带）HPM。所谓的窄谱是指信号的频谱宽度小于 1%。窄谱 HPM 脉冲通常为矩形调制的正弦波脉冲，脉宽在几十纳秒到几百纳秒。

某舰载光电设备要求能够在窄带 HPM 辐照下成功生存，辐照结束后电子器件无毁伤，产品能正常工作。光电装备跟瞄部分在舱外，电控部分在舱内，HPM 与光电设备中的大多数等效天线结构存在电磁耦合关系，包括孔缝、线缆、电气接口等。脉冲往往通过辐射耦合和传导耦合或者两者结合的方式在集成电路的输入端产生瞬间的浪涌过电流或者过电压，这些瞬间的浪涌过电流或者过电压叠加在原电路信号上，当这些信号达到一定程度时，可导致输出端逻辑值状态的改变，即有“1”变为“0”或相反，从而产生误码，造成数字电路发生错误的操作，导致信号丢失、图像信号状态改变等现象。

8.2 光电设备电磁兼容要素分析

某型号光电设备主要由主机部分、机下电控部分、随动圆顶三大部分组成，其中主机部分包括主光学系统、大视场彩色实况分系统、中波红外测量分系统、激光测距分系统及精密跟踪架；每套测量系统都包括光学镜头、探测器、调光调焦控制分系统；精密跟踪架包括方位轴系、俯仰轴系、编码器、力矩电机、导电环和光纤滑环。

电控部分包括主控计算机分系统、跟踪控制系统、可见光图像处理及记录分系统、空间目标图像处理及记录分系统、中波红外图像处理及记录分系统、彩色实况图像处理及记录分系统、天文定位系统、光度测量分系统等。

随动圆顶包含圆顶罩和圆顶控制分系统。

每一路光学测量系统对应一台相机和一套镜头控制系统，包括视频流光纤传输转换模块、数据通信模块、调光调焦模块三个部分，主要完成对镜头的调光调焦控制、对相机数字视频进行光纤转换并将图像分发到电控部分的各系统，包括图像处理和记录分系统以及红外辐射特性数据处理分系统，以实现对各路图像的目标提取、无损记录、图像输出等后续处理。光电设备的跟踪测量部分在舱外，如图 8-1 所示；电控部分在舱内甲板下，如图 8-2 所示。

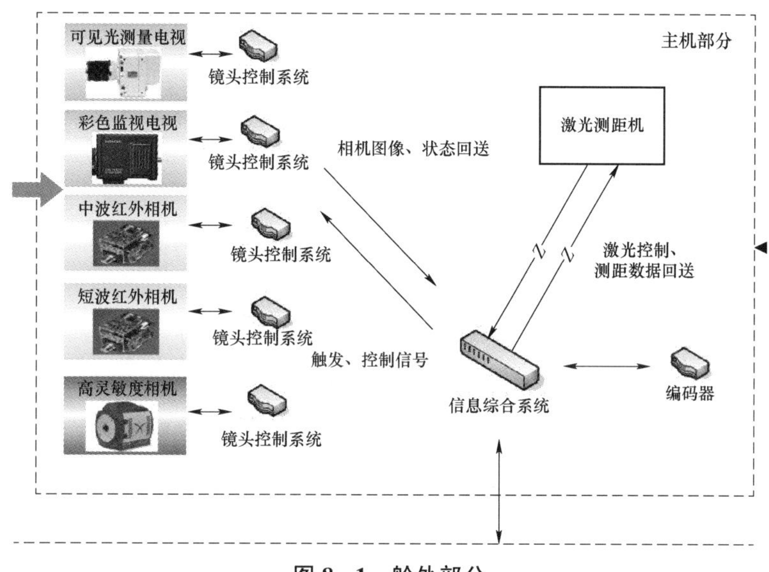

图 8-1　舱外部分

电磁敏感设备的特点为工作于低电压、弱电流（频段）条件下，由图 8-1 和图 8-2 可知，光电设备的电子学组成结构中存在大量的起关键作用的电磁敏感设备，包括计算机、各类电子学单元等。HPM 可通过电磁屏蔽体上的离散耦合通道穿透进入系统内部，如天线、通风口、门缝和焊缝等。此外，像电源线和通信线缆以及它们与腔体屏蔽层之间的绝缘材料等，都提供了可将外部电磁能量耦合进入系统内部的通道。

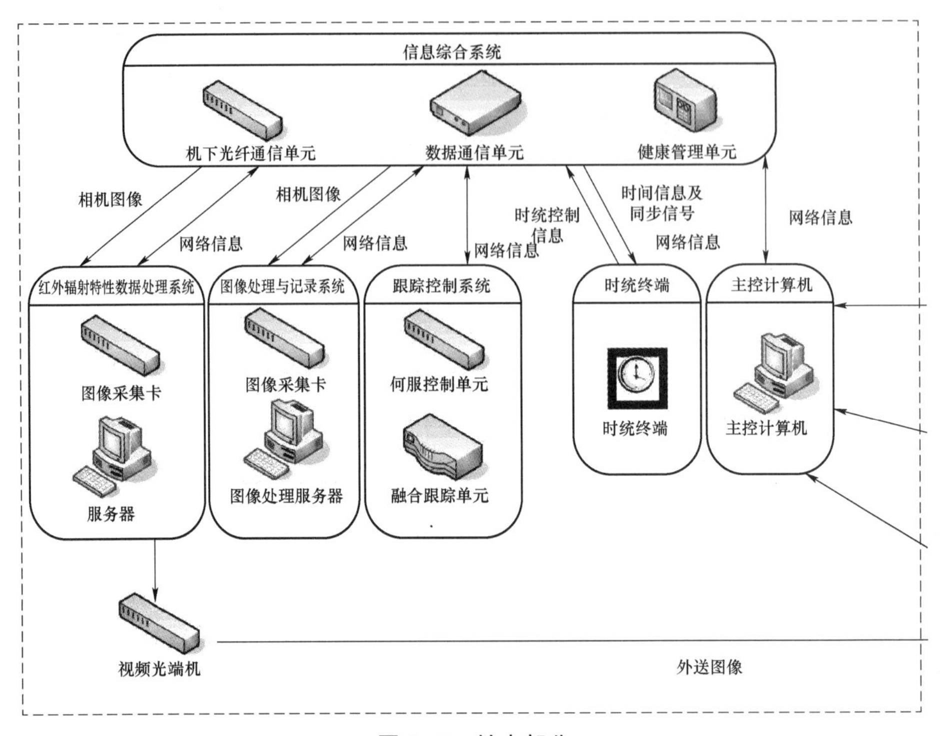

图 8-2 舱内部分

下面介绍具体的耦合途径。

（1）等效天线耦合。暴露于电磁场环境下的任何金属导体都能看作天线，如电源线、各类信号传输线、回路等。由于电磁波的存在，等效天线会耦合产生干扰电流或电压。高频率的电磁波能够在很短的天线上感应出很大的电流或电压，并传输到天线连接的电子设备内部，严重情况下会损坏电子设备内部的电子元件。

（2）孔洞及缝隙耦合。电磁波穿透完整屏蔽体产生的电磁泄漏几乎可以忽略，但当金属壳体上的孔洞或缝隙的尺寸近似于电磁波的波长时，电磁波在金属壳体内部就会产生很强的耦合干扰；当金属壳体上的孔洞或者缝隙的尺寸小于电磁波的波长时，电磁波则无法穿过孔缝，不会在金属壳体内部产生耦合干扰；当金属壳体上的孔洞或者缝隙的尺寸大于电磁波的波长时，电磁波将会穿过孔缝进入到金属壳体内部，产生耦合干扰。

（3）地回路耦合。任何回路在有电磁波或者大电流通过的情况下均能形成电磁场耦合。回路耦合是一个比较复杂的问题，它与工程设计的回路不同，通过大地和周围空气均可以构成耦合回路。在电磁脉冲的干扰下，产生大电流并注入大地，在大地上形成高低电位，通过地回路影响其他电子系统。

8.3　电子学组件防护设计

HPM 的辐照能量极高，因此导致各电子学组件必须进行屏蔽加固，将 HPM 的能量进行衰减。

电子学组件的电磁屏蔽体系统化设计流程如图 8-3 所示，电磁屏蔽设计的技术指标为整体屏蔽效能大于 60 dB，同时设计应留有裕量，确保 HPM 的辐射场强得到足够的衰减。

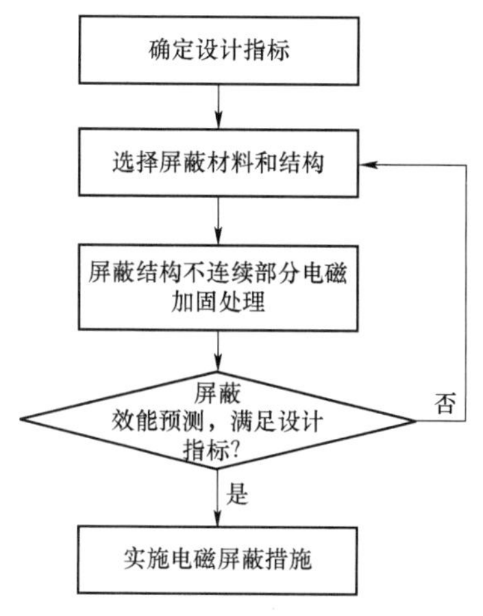

图 8-3　电磁屏蔽的设计流程

屏蔽壳体的选材从屏蔽层金属材料种类的确定、屏蔽层厚度、屏蔽层的层数三个方面确定，金属材料种类和屏蔽层厚度的确认方法见 7.2 节。为了满足设计指标要求，采用双层盒式屏蔽体。

在选材工作的基础上，需要设计屏蔽体的尺寸，避免屏蔽体成为系统中存在的某一个主要频率源的谐振腔。当电磁发射源的某一个主要干扰频率与屏蔽体的固有频率相同时，屏蔽体就会产生谐振现象。

理想情况下，用金属板组成的屏蔽层可以完全屏蔽监测设备的辐射电磁场。但是，这在实际工程中是不可实现的，电子学组件中进出线缆的开孔、接缝、指示按钮等结构都会导致屏蔽结构的不连续性，降低电磁屏蔽效能。因此，必须对这些孔缝结构进行电磁加固，即屏蔽结构的完整性设计。

孔缝结构影响电磁屏蔽效能的原理：电磁波入射到金属屏蔽层时，会在表面上产生感应电流，屏蔽的作用是将屏蔽层上的电流在最小扰动的情况下疏导到大地，而孔缝结构将导致导电路径的中断，使屏蔽效能降低。降低程度取决于缝隙或孔洞尺寸与信号波长之间的关系。电磁波具有较长波长时，只有一个小孔则不会明显降低屏蔽效能；而对于较短波长的电磁波来说，屏蔽效能将剧烈下降。

对于所有电子学组件，供电电源线是最主要的进出电缆，其他的信号电缆采用光纤，并在过孔处进行波导化处理，能够最大限度地减少电磁脉冲耦合。供电电缆本身需选择屏蔽电缆，电缆的屏蔽效能至少应大于 40 dB。过线孔是屏蔽结构最薄弱的环节之一，屏蔽层上有两个圆孔时的屏蔽效能为

$$\mathrm{SE}=20\lg\left(\frac{\lambda}{2\sqrt{2}\pi R}\right) \tag{8-1}$$

式中，λ 为波长；R 为圆孔的半径。

在结构设计中，R 取 20 mm，则 $\mathrm{SE}=20\lg\lambda+15$，图 8-4 所示为孔的屏蔽效能与频率的关系。由图 8-4 可见，孔的存在将降低屏蔽体的屏蔽效能。

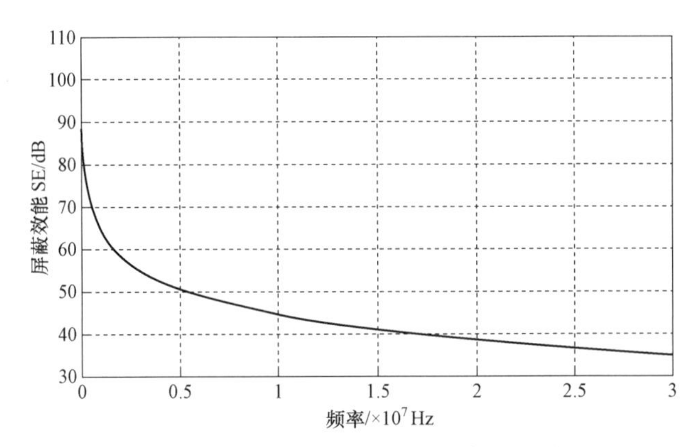

图 8-4　孔的屏蔽效能与频率的关系

对于孔洞的屏蔽加固，可采取的措施如下。

（1）用金属屏蔽网、蜂窝波导通风板、屏蔽玻璃（编织的细金属丝网加于两块玻璃之间以增加透光性）对孔洞减小耦合。这些金属屏蔽网基于蜂窝波导的原理对电磁波进行屏蔽。高于波导截止频率的电磁波可以畅通，而低于截止频率的电磁波则随频率提高很快衰减。在截止频率以下，屏蔽效率以 -20 dB/10 倍频程下降。还可以用导电玻璃作为电子设备的窥视窗以防电磁波进入窗口对电子设备造成干扰或破坏，导电玻璃是在玻璃上喷镀一层金属，如铜薄膜。导电玻璃的透光率比较高（60%～80%），但屏蔽效能比金属网屏蔽玻璃要低得多。

（2）在必须开孔的地方，在开孔面积相同的条件下，尽量开成圆孔，因为矩形孔比圆形孔的泄漏大。此外，在孔的背面要安装附加屏蔽罩，在面板与屏蔽罩之间加入导电衬垫，以减小缝隙，改善电接触，增加屏蔽效果。

（3）电源线和信号线在机箱的出入处都要采取滤波的屏蔽处理，减少不必要的干扰信号能量耦合进入腔体。

（4）在永久孔洞可以配上截至波导管，在按键开关上可用管帽套住并配上金属垫片以获得屏蔽；对于一些不再使用的孔洞，如电话线、面板接头、熔断器座等，可用金属帽盖上。

（5）当把一个较大的孔分成几个有一定间距的小孔时，通过这些小孔耦合进屏蔽腔的能量要比通过原来的单个大孔洞的耦合能量有明显减少。所以，在保持孔洞面积不变的情况下，把孔交错分布地开在两层壁上，这样电磁脉冲耦合进腔体的能量要比从单层壁上的孔耦合进入的能量有明显减少。因此，在实际设计金属屏蔽腔时，应该根据上述结论妥善设置腔体上的孔缝，以达到最佳的屏蔽效果，从而使对腔体内部设备的影响最小。

为了防止屏蔽室通风窗口造成的电磁泄漏，可采取以下措施。

（1）用穿孔金属板作通风窗口。可直接在屏蔽体上打孔，也可单独制成穿孔金属板，然后安装到屏蔽体的通风孔口上。穿孔金属板的屏蔽性能稳定优于金属丝网，但通风效果不如金属丝网。

（2）截止波导式通风孔。金属丝网和穿孔金属板只适于入射场频率低于100 MHz且屏蔽效能要求不高的场合。截止波导式通风孔则有着广泛的适应性，其屏蔽效能高，工作频段宽，即使在微波波段仍有较高的屏蔽效能，而且机械强度高，工作稳定可靠。截止波导的工作原理：当电磁波的频率低于波导截止频率时，在波导中传输的电磁波将很快地衰减，有效地抑制了截止频率以下的电磁波泄漏。与金属丝网和穿孔金属板相比，截止波导式通风孔优点显著。其缺点是体积大、成本高。

电子学组件的另一个屏蔽不连续部分是缝隙，接缝是导致电磁屏蔽效能降低的重要因素，具有狭缝的有限厚度的屏蔽结构的总的屏蔽效能为

$$\mathrm{SE}=20\lg\left(\frac{\lambda}{2\pi}\right)+27.2\frac{t}{l} \tag{8-2}$$

式中，λ为波长；t为屏蔽层厚度；l为狭缝的长度。在结构设计中，最长缝隙为300 mm，则在1 mm厚度下，屏蔽效能与频率的关系如图8-5所示。

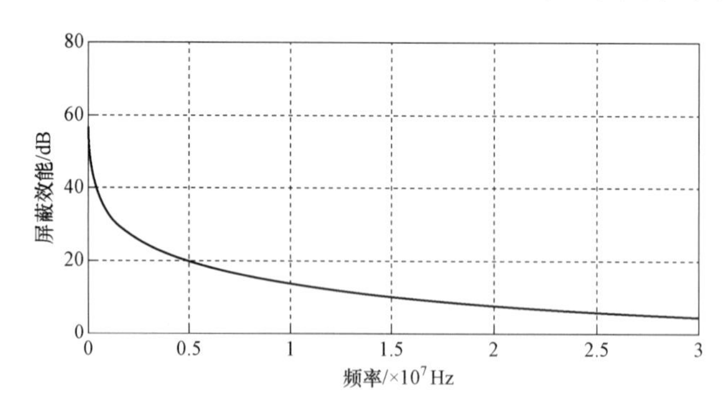

图8-5　缝隙屏蔽效能与频率的关系

对于缝隙的电磁屏蔽加固措施主要目的是减小狭缝的长度，采用如下措施进行处理。

（1）减小缝隙，使盒体与板盖接触良好。

（2）增加缝隙的厚度。增加厚度可以减小直接耦合，为了不增加屏蔽板的厚度常采用在接缝处弯折交叠的方法。

（3）可用导电衬垫填充孔缝间隙，吸收耦合进入孔缝的微波能量，从而阻止电磁脉冲进入腔体。它具有良好的导电性和弹性，加塞在缝隙中，在一定的压力下利用弹性变形来消除缝隙，提高电磁屏蔽能力，常用的有导电橡胶衬垫、金属网衬垫及屏蔽布网等。

（4）减小缝隙的长度。一般情况下，应使缝隙的长度远小于被屏蔽的电磁波波长，即缝隙长度 $l<\lambda/10$。当 $l>\lambda/4$，缝隙将成为电磁波辐射器，使得屏蔽体屏蔽效能大大降低。

为考察缝隙电磁加固处理的效果，用毫欧表对屏蔽窗所在的箱体侧进行搭接电阻测试，在关窗的情况下，测量该面最远两端的搭接电阻，测试结果为 1.2 mΩ。测试结果表明，缝隙进行电磁屏蔽加固处理后，搭接效果良好，实现了电气连续。

8.4　电缆耦合防护设计

设备内部和外部的连接线要进行合理的屏蔽处理（如前面所讲的电源线和音频线），接插件端和电源线端均要求要有相应的防脉冲的滤波器。另外，合理的接地也是很重要的环节。

电缆的防护设计主要是改变电缆的转移阻抗，从而减小电磁脉冲感应电压或者减小电缆外导体与大地构成的环路面积等方面入手。

考虑电缆在使用过程中的损耗，屏蔽电缆需要多个备件。

（1）增加电缆的屏蔽效果。

① 增加外屏蔽体厚度，或者增加外屏蔽层的细密度；

② 采用多屏蔽层，需要注意的是绝缘介质必须隔离在屏蔽层与屏蔽层

之间，否则其屏蔽效果会大打折扣；

③ 良好的接地对于屏蔽层或带屏蔽体的结构都是十分必要的，一般采用 360° 全搭接。

（2）通过浪涌抑制元件来降低电磁脉冲的耦合幅度，采用滤波器件来滤去电磁脉冲在易干扰频段的频率。

① 浪涌抑制元器件一般包括以空气为导电介质的气体放电管、以硅来作瞬变吸收结构二极管、压敏电阻（一般为金属氧化物为介质的压敏电阻）和固体放电管等，它们都有浪涌抑制作用，而这种方式也是属于低价高效的防护方式。

② 使用差模或共模滤波器，滤波频段主要在电磁脉冲耦合频段，在电磁脉冲耦合频段内，滤波器应具有较大的差模及共模插入损耗。

③ 光纤不受电磁脉冲耦合的干扰，但光纤十分脆弱，光纤屏蔽层也要考虑核强度。

对于不得不在地面以上的传输线或电源线，也可以通过对电缆采取屏蔽措施进行电磁脉冲防护，但是往往由于线缆长度的高成本原因，而采用成本相对低廉的加装抗浪涌滤波器的方式来实现。

总体来说，对于从电源线及各类信号电缆耦合的高功率微波信号，可采用滤波器和浪涌抑制器件结合的方式进行抑制。

滤波器可以由无损耗的电抗元件构成，也可以由有损元件构成。前一种滤波器能阻止有用频带以外的其余成分通过，并把它们反射回信号源，称为反射滤波器，适用于电源线。后一种滤波器则是把不希望的频率成分吸收掉，以达到滤波的目的，称为吸收滤波器，适用于用于信号线。吸收滤波器可以直接装在电连接器的插头上，它具有低通滤波器的频率特性。滤波的目的是滤除带外的电磁干扰，保证信号的纯净。滤波根据安装位置的不同有多种方式，其中连接在设备上的电缆滤波一般考虑穿芯电容和磁环等器件。穿芯电容可以有效滤除信号线上的高频干扰，磁环内部的铁氧体可以抑制涡流的产生，多用于高频电路中。对于印制电路板上的滤波，则可以通过电阻、电容、电感等无源器件或有源器件进行设计，根据滤波要求选用适当的器件实现。

浪涌抑制器件包括 TVS 和 PIN 二极管等。瞬态电压抑制器简称 TVS 管，具有极快的响应时间（亚纳秒级）及多种电压挡次。TVS 管有单方向（单个二极管）和双方向（两个背对背连接的二极管）两种。当浪涌电压冲击时，TVS 管两极间的电压由额定反向关断电压 V_{WM} 上升到击穿电压 V_{BR}，随着击穿电流的出现，流过 TVS 管的电流将达到峰值脉冲电流 I_{PP}。同时，在其两端的电压被限压到最大箝位电压以下。其后随着脉冲电流按指数衰减，TVS 管两极间的电压也不断下降，最后恢复到初态。在选用 TVS 管时，它的额定反向关断电压 V_{WM} 应大于或等于被保护电路的工作电压，最大反向箝位电压应小于被保护电路的损坏电压，最大的峰值脉冲功率 PM 必须大于被保护电路可能出现的峰值脉冲功率。TVS 管适用于电压等级相对较低而且浪涌电流不是很大的电路，作为比较精确的过电压保护。

对光电设备，应确定重点防护对象，通过在进出单元的线束上接入防护模块的方式实现对重点防护对象的防护，图 8–6 所示为电磁脉冲防护电路的构成。

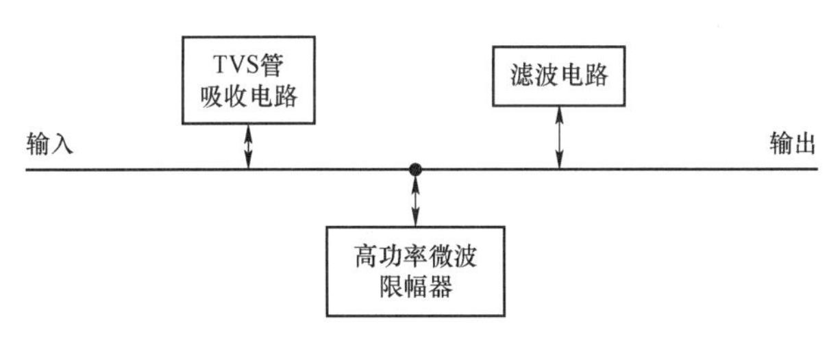

图 8–6 电磁脉冲防护电路

PIN 二极管在相应时间和功率限幅等方面具有良好的表现，连续波耐受功率可达数瓦，因此高功率微波限幅器采用 PIN 二极管作为核心器件，通过级联以及增加电调衰减器等方式将限幅器整体的功率容量提高至数十瓦（峰值功率可达数千瓦），满足高功率微波限幅防护的需要。在最终方案中，采用 PIN 二极管、TVS 吸收二极管、EMI 滤波器等主要防护手段，实现对线缆上耦合进入的瞬态强电磁干扰以及高频电磁干扰的集中抑制，有效保护系统中的关键敏感电路单元。

8.5 光学窗口防护设计

光学探测等光电设备，在强磁场和强辐射环境下运行时，会出现瞬间黑屏、图像抖动或出现条纹的现象，甚至会导致光电设备发生不可逆转的损坏。因此，要保证光电设备稳定可靠地运行，就必须开展在 HPM 工作环境下光电系统的强电磁防护技术的研究。

从能量角度出发，每个脉冲能量大于 1 J 也可以称为高功率电磁脉冲，由于脉冲包含的能量极高，可以暂时性干扰或永久性破坏重要传感器，毁坏关键电子部件，使系统失灵。HPM 脉冲对光电探测系统的干扰或毁坏的机理实质上是 HPM 脉冲对其内部的电子或电路设备的破坏过程，这个破坏过程可以分为耦合、传输和破坏三个阶段，因此高功率微波防护的基本目的就是减少或阻断微波能量渗透。

在对光电设备的干扰损伤过程中，高功率微波所蕴含的能量主要是以后门耦合的方式进入光电设备，国内外对这种方式主要采取金属屏蔽防护或相应电磁波频率的截止波导管，如常用的电磁屏蔽柜、波导管等。信号处理部分可以采用 8.3 节的金属屏蔽箱防护设计，但是光学镜头需要探测图像，镜头处不能用金属防护，而强电磁脉冲仍然会从镜头处进入内部的内部电路，导致光电系统异常。如果在镜头处采用截止波导管的措施,一方面会影响光学探测器的视场范围;另一方面在镜头上加装波导管，安装工艺也较为复杂，难以实现。光学镜头的屏蔽性能与可视性能是一对矛盾。因此，对光电探测系统光学镜头的电磁屏蔽，需要设计一种既具有高电磁屏蔽性能，又不影响光学镜头探测观察目标图像的高电磁屏蔽光窗。同时，在信号传输和接地、电源滤波等方面同时采取措施，针对不同特性采用不同方法，从整体上提高光电设备的电磁屏蔽性能。

根据研制的目标要求，对部分成像要求不高的光学探测组件，在设计中采用了以下的方法：首先在两块光学玻璃之间加一层金属网丝（铜丝）；然后使用胶接的工艺，将两片光学玻璃紧紧黏结在一起，制备成金属网丝夹层的屏蔽光窗。这个原理还是利用了截止波导管的原理，即金属丝网的每个网眼均可看成一个个小的波导管，电磁波频率高于波导管的截止频率时，可自由通过；电磁波频率低于波导管截止频率时，将会被截止。采用光学玻璃和金属网栅相结合的方法制备屏蔽光窗，既具有高电磁屏蔽性能，在一定程度上也不影响光学镜头图像探测功能，有效解决了在强辐射、强电磁干扰环境下光学系统的电磁防护问题。同时，也可以根据实际要求，选择金属网栅的线宽和目数，制备具有不同屏蔽效能的屏蔽光窗。

参考文献

［1］路宏敏．工程电磁兼容［M］．3版．西安：西安电子科技大学出版社，2019.
［2］刘培国．电磁兼容技术［M］．北京：科学出版社，2018.
［3］陶冠时，张尤尤．MIL－STD－461G 标准解读［J］．船舶标准化与质量．2016，（04）：24－25＋30.
［4］宋健，贺庚贤，葛欣宏．空间光学有效载荷电磁兼容故障诊断［J］．现代电子技术．2018，41（06）：74－78.
［5］葛欣宏．光电系统的电磁兼容设计技术研究［D］．北京：中国科学院研究生院，2011.
［6］王威．航天光学遥感器 EMC 优化设计的研究［D］．北京：中国科学院研究生院，2011.
［7］吕英华，王旭莹．EMC 分析方法与计算模型［M］．北京：北京邮电大学出版社，2009.

［8］葛欣宏，孟范江，宁飞，等．激光器方舱穿线孔布设位置的 EMC 预测［J］．东北师范大学学报（自然科学版），2016，48（01）：97－100.

［9］Taylor CD，et al. The response of a terminated two-wire transmission line excited by a nonuniform electromagnetic field［J］．IEEE Trans.Antennas and Propagation，1987，13（6）：987－989.

［10］Agrawal AK，et al. Transient response of multiconductor transmission lins excited by a nonuniform electromagnetic field［J］．IEEE Trans. Electromagn. Compat.，1980，22（2）：119－219.

［11］孙守红，郭立红，葛欣宏．瞬变电磁场辐照下液晶显示模块的电磁兼容预测［J］．光学精密工程，2014，22（12）：3160－3166.

［12］曹晟，葛欣宏．军用设备地线传导敏感度的测量不确定度评定研究［J］．长春理工大学学报（自然科学版），2017，40（06）：69－72.

［13］葛欣宏，宁飞，贺庚贤等．星载大容量固态存储器 EMI 辐射测试与分析［J］．电子测量与仪器学报．2015，29（04）：569－576.

［14］葛欣宏，郭立红，孟范江，等．大功率 TEA CO_2 激光器的电磁辐射测试及屏蔽方舱设计［J］．光学精密工程，2011，19（05）：983－991.

［15］卓红艳，刘志强，彭文，等．光学探测系统电磁屏蔽设计与应用［J］．红外与激光工程，2020，49（06）：146－150.

［16］金华标，吴军，李鹤鸣．船用电子设备电磁兼容性设计［J］．武汉理工大学学报（交通科学与工程版），2009，33（03）：479－482.

［17］葛欣宏，宁飞，李晓林．光电系统监测设备电磁屏蔽设计的系统法研究［J］．国外电子测量技术，2014，33（09）：42－45＋58.